图书在版编目（CIP）数据

中国园林博物馆 / 北京市公园管理中心，中国园林博物馆筹建指挥部办公室编著. —北京：中国建筑工业出版社，2013.5
ISBN 978-7-112-15365-7

Ⅰ.①中… Ⅱ.①北… ②中… Ⅲ.①园林艺术—博物馆—介绍—北京市 Ⅳ.①TU986.1－282.1

中国版本图书馆CIP数据核字（2013）第082485号

责任编辑：杜　洁
书籍设计：付金红
责任校对：刘梦然　王雪竹

中国园林博物馆

北京市公园管理中心
中国园林博物馆筹建指挥部办公室　编著

*

中国建筑工业出版社出版、发行（北京西郊百万庄）
各地新华书店、建筑书店经销
北京圣彩虹制版印刷技术有限公司制版
北京雅昌彩色印刷有限公司印刷

*

开本：965×1270毫米　1/16　印张：15¼　插页：12　字数：536千字
2013年5月第一版　2013年5月第一次印刷
定价：248.00元
ISBN 978-7-112-15365-7
(23470)

中国园林博物馆

中石题

北京市公园管理中心
中国园林博物馆筹建指挥部办公室 编著

中国建筑工业出版社

编委会

Editorial Board

序言 Foreword

众志玉成中国园林博物馆

定于2013年5月18日开幕的第九届中国（北京）国际园林博览会由于要创建史无前例的中国园林博物馆，早在2010年6月11日就启动了。市长郭金龙主持召开市政府专题会，审议并原则通过了园博会和园博馆的总体工作方案，明确北京市公园管理中心负责中国园林博物馆的建设、运营、管理。这种及早投入的策划有若“笨鸟先飞”，何况是只灵鸟，先下手为强。我著此序值2013年4月16日，正夜以继日地建设，以保证按期之优质完成。

中国数千年的园林文化，无论从实践或是理论而言都积淀了独特、优秀的中华民族园林传统，但却还没有相应的学科博物馆。加之风景园林已上升到一级学科，真需要建立一座以园林为主题的国家级专题博物馆以增强我国的综合国力。我作为一个本学科的教师和学者，耐不住内心心喜如狂，决心尽微薄之力把这项工作做好。但历史的机遇总是伴随困难而生的，欲玉成此事谈何容易。园林博物馆要体现中国园林的特色，“虽为人作，宛自天开”、“巧于因借，精在体宜”、“景以境出”和“景面文心”，以诗情画意创造空间，与时俱进地满足人民对园林综合效益的要求，博物馆室内名园展要与室外的景园合为一体，博物馆要融汇到自然山水的环境中去。承担设计的必然是建筑设计与园林设计的联合体。两个不同的设计学科要合一地思考和设计是很难的，要靠磨合，可时间又有限，两者从混合到融合是艰巨而不可少的历程，总之，中国园林博物馆偌大的任务，唯“博采众长”，集多方面的力量拧成一股绳才能完成。最后的成果是超出我原来的想象的，功归介入此工程的所有人员，我在此表示最诚挚和崇高的感谢，感谢您们为人民长远、根本的利益做出了汇滴水为川的无私贡献，功在千秋。

在党中央的感召下，市委常委会确定了组织机构方案，住房和城乡建设部副部长仇保兴、北京市副市长夏占义任园博馆筹建指挥部指挥，市公园管理中心郑西平、张勇任筹建办主任并由中心总工李炜民任筹建办常务副主任，负责日常筹建工作。他们共同贯彻了科学发展观，动员专家、群众共同玉成园博馆，上下一心，有志者事竟成。

科学发展观就是实事求是，更加客观实际办事，对于年老、行动不便的老专家他们采取登门家访的方式，到北京吴良镛院士、孙筱祥教授、余树勋研究员和上海程绪珂老专家家中进行专访。专家评议会请了城市规划界宣祥鎏、文物古建界罗哲文和园林专家等有关方面的专家把关，还拜访和邀请了含国家历史博物馆在内的各类型博物馆的专家出谋划策，认真评议，可以说每走一步必以专家指导为基础。

在征求中国园林博物馆的设计方案阶段，有各联合体的八个方案应征，都很规范地展出了文字、图纸和模型。八个方案都倾注了认真的精力，思路各异而各有千秋。在公平合理的专家评议中选出两个优胜方案，其一为北京建筑设计研究院和北京中国风景园林规划设计研究中心联合体的方案设计一，其二是深圳市建筑设计研究总院有限公司和深圳市北林苑景观及建筑规划设计院有限公司联合体的方案设计五。方案一立意“理想家园，山水静明”，特色是“漂浮的屋顶，消失的外墙”的意向和整体感强的观感。在馆和山水环境融合方面下了工夫。方案五在因山就水的环境中强调了“负阴抱阳”的传统、在中国园林特色“景面文心”方面下了工夫并用景物表现。布局是庭馆贯穿，由分而合。市委书记刘淇、市长郭金龙、仇保兴副部长原则同意在专家推选优秀方案基础上吸收其他方案优点尽快深化完善。由方案一执笔优化调整，承担单位根据数次专家评审的意见和建议反复修改，不厌其烦，每改必有获，直到大家认为已做到尽可能的美为止。执笔人运心无尽、精益求精的创新精神是值得赞扬的。新材料、新技术、新形象，给人“似曾相识又不曾相见”的传统时代感，成功地实践了“时宜得志，古式何裁”的传统理法而又有所创新。其“借山于西、聚水于南、三面围合、一轴渐变”的布局要领较之于初衷是很明显的进步。进步何来，来之于众，博采众长、精于合一。

园博馆的外形和内在的内容是相辅相成的，共同的任务是展品的保存、陈列展览、科学普及、科学研究、爱国主义教育和文化教育，并于中得到“赏心悦目”的物质和精神的享受。犹如以皮包囊，皮从囊起，囊因皮存。专家们第二项审议的内容就是中国园林博物馆的展陈大纲。这个难点在于大家平日并未对此项共同研究，对中国园林文化艺术发展史和中华民族传统的艺术理法缺少交流，很可能出现难统一的分歧。由于筹建办请北京林业大学园林学院和北京市公园管理中心共同制定展陈大纲的讨论稿，并按此做出形象的展陈设计令观者一目了然，充分准备的基础为专家审议创造了方便的条件。大家各抒己见、共同论证，通过反复论证终于得到基本统一的认识，共同确定了室内展园以北京、苏州、广州三个地带城市的名园，尽可能在室内条件下忠实于原作，对室外展园则因地制宜地分析地宜，借地宜造园，各园皆请本地的能工巧匠负责设计、施工和管理。这是比较科学的和符合中国传统理法的。可以尽可能彰显中华民族文人写意山水园的独特风韵和魅力，“花木情缘易逗，园林意味深求”。

伴随施工队伍进场就进入施工阶段了，施工是实现设计意图的，施工中还含施工设计，设计人员到施工现场配合。第一环节是设计、第二环节是施工、第三环节是管理。在项目论证阶段园博馆是“心中之馆”，设计完成以后转向“眼中之馆”，施工将设计化为空间形象成为“历身之馆”，养护管理再玉成尽可能完善之生活空间和园林空间。

中国园林博物馆开幕，我们要感谢全部参与人员所付出的辛勤劳动，世上少有绝对的美满，多是做到尽可能的美满。众志玉成的中国园林博物馆以艰苦、智慧铸成尽可能的美满。我们工作中也必然会有不足和过错，诚挚地欢迎大家批评指正，园博今日之成也是融入中国梦之始，与时俱进的积累汇入中国梦。“从来多古意，可以赋新诗”，为了表达我对致力于本馆全体人员的感谢和祝贺，不顾浅陋作七言以释情怀：

永定河西鹰山东　园博融汇山水中
灰瓦金顶蕴紫气　博物洽闻诗意浓

孟兆祯 于北京
2013.5.18.

永定河西鷹山東
園博融滙山水中
灰瓦金頂蘊紫氣
博物洽聞詩意濃

中國園林博物館開館誌喜
癸巳年四月初九

孟兆禎撰書

前言 Preface

建馆理念：中国园林——我们的理想家园

建馆目标：经典园林 首都气派 中国特色 世界水平

2010年1月6日，住房和城乡建设部正式致函北京市政府同意由北京市和住房和城乡建设部共同主办2013年第九届中国（北京）国际园林博览会，并建设一座以园林为主题的国家级专题博物馆。

2010年6月11日，郭金龙市长主持召开市政府专题会议，审议并原则通过第九届中国（北京）国际园林博览会机构方案，决定成立园博会组委会，由住房和城乡建设部姜伟新部长、北京市郭金龙市长任主任。下设园博园筹备指挥部和园博馆筹建指挥部，园博馆筹建指挥部由住房和城乡建设部仇保兴副部长、北京市夏占义副市长任指挥，园博馆筹建指挥部办公室设在北京市公园管理中心，由北京市公园管理中心负责中国园林博物馆的筹建、运营和管理工作。

2010年7月28日，北京市委常委第154次会议研究确定了第九届园博会建设的相关事宜，批准组织机构方案。正式决定建设中国园林博物馆。

中国园林博物馆是第一座以园林为主题的国家级博物馆，是以收集、保护、展示、教育和研究中国园林为主题的文化窗口和国际园林文化交流中心。中国园林博物馆以中国历史和社会发展为背景，以中国传统文化为基础，以园林文物及相关藏品为重要支撑，以展示中国园林的艺术特征、文化内涵及其历史进程为主要内容，生动体现园林对人类社会发展的深刻影响，承担着科普教育和学术研究的双重使命。

2010年10月11日，中国园林博物馆指挥仇保兴副部长、夏占义副市长主持召开了筹建指挥部第一次全体会议，标志着中国园林博物馆筹建工作全面启动。

中国是一个有着五千年悠久历史的文明古国，大地山川的钟灵毓秀，构成了美丽中国的壮丽景观。历史文化的深厚积淀，孕育出中国园林这样一个源远流长的文化体系。它以丰富多彩的内容和高超的艺术水平在世界造园艺术中独树一帜，其独特的文化精神内涵和辉煌的艺术成就为世界所瞩目。

中国园林是自然与人文、环境与艺术的完美融合，是人类追求与自然和谐的理想家园。中国园林富有哲理与诗情画意，具有独特的民族风格，是中华文化的重要组成部分。园林作为城市中唯一具有生命的基础设施，对宜居城市建设、生态文明保护、民族文化传承有着不可替代的作用，是维护可持续城市健康发展，构建社会和谐不可或缺的物质基础。园博馆筹建指挥部指挥、住房和城乡建设部仇保兴副部长指出："中国园林博物馆是本届园博会的点睛之作，要将几千年博大精深的中国园林文化浓缩展示、传承发展，要建成一座充满魅力的国际水平博物馆"。

中国园林博物馆的建设是中国城市建设与园林事业快速发展的重要标志，是中国园林发展史上的一个里程碑，是国家重视生态文明与文化建设的必然结果。园博馆的建成确立了园林在未来城市建设发展中新的历史地位，将全面促进中国园林事业的发展，推进宜居城市的建设，将成为弘扬中华传统文化、推进爱国主义教育的重要窗口，成为北京建设世界城市过程中的重要成就。

中国园林博物馆筹建过程

中国园林博物馆筹建指挥部第一次会仇保兴副部长讲话（2010年10月11日）

中国园林博物馆筹建指挥部第一次会夏占义副市长讲话（2010年10月11日）

中国园林博物馆筹建指挥部第一次会议（2010年10月11日）

2010年6月13日　园博馆筹建工作移交会

2010年7月22日　踏勘现场

2010年7月22日　园博馆筹建专家踏勘现场

2010年9月11日　绿化局董瑞龙局长和专家交流

2010年9月12日　郭金龙市长视察

2010年10月13日　第九届园博会新闻发布会现场

2010年10月17日　程绪珂先生就园博馆筹建工作提出建议

2010年11月17日　园博馆筹建办就筹建工作征询园林界老领导、老专家意见

2010年12月14日　与会专家领导到园博馆现场踏勘

2010年12月22日　仇保兴副部长等领导观看征集方案沙盘

2011年1月7日　园博会规划设计成果展

2011年1月11日　夏占义副市长参观规划成果展

2011年1月21日　郑秉军书记观看规划成果展

2011年3月31日　园博馆筹建办全体人员到现场勘察

2011年4月13日　园博馆筹建办到国家博物馆调研

2011年5月18日　国际博物馆日主题活动颐和园主会场

2011年7月1日　单霁翔局长听取园博馆筹建工作汇报

2011年8月20日　园博馆奠基仪式

2011年8月20日　园博馆奠基仪式

2011年9月28日　专家就《中国园林博物馆展陈大纲（征求意见稿）》进行讨论

2011年12月2日　园博馆党支部成立大会

2011年12月6日　陈蓁蓁副司长观看汇报展

2011年12月6日　孟兆祯院士观看汇报展

2011年12月19日　宋新潮副局长观看汇报展

2011年12月28日　张寿全副主任查看园博馆工地

2012年1月17日　郑秉军书记查看工地情况

2012年2月21日　郑秉军书记与刘云广主任等编办领导会晤

2012年2月21日　市编办领导到园博馆施工现场调研

2012年2月25日　园博馆室外展区植物种植施工现场

2012年3月2日　园博馆筹建办到潭柘寺戒台寺管理处调研

2012年3月13日　园博会组委会办公室听取汇报

2012年4月6日　园博馆展陈大纲专题研讨会

2012年4月10日　园博会组委会第二次会议

2012年4月12日　园博馆展陈设计方案招标评审会

2012年4月23日　园博馆藏品征集工作动员会

2012年4月28日　夏占义副市长视察园博馆工地

2012年5月4日　园博馆筹建办青年团员到园博馆施工现场参观

2012年5月16日　孙筱祥先生展示捐赠藏品

2012年6月15日　徐波副秘书长视察园博馆工地

2012年7月12日　市公园管理中心与市财政局座谈

2012年7月19日　陈蓁蓁副司长和安钢副秘书长视察园博馆工地

2012年8月24日　《中国园林博物馆展陈大纲》征求意见专题会

2012年9月19日　仇保兴副部长视察园博馆工地

2012年9月27日　董瑞龙主任到园博馆施工现场调研

2012年10月19日　仇保兴副部长视察园博馆工地

2012年10月19日　徐波副秘书长视察园博馆工地

2012年10月31日　副市长陈刚、夏占义视察园博馆工地

2012年11月20日　朱利君与园博馆筹建办全体人员合影

2012年11月29日　访谈结束后全体人员合影

2013年1月26日　张勇主任查看园博馆工地

2013年2月8日　园博馆开馆倒计时100天动员会

2013年2月25日　张勇主任指挥调度园博馆筹建工作

2013年3月16日　张勇主任查看屋顶展园——片石山房

2013年3月20日　张勇主任在大会上发言

2013年3月29日　住建部郭允冲副部长植树

2013年3月29日　住建部纪检组组长杜鹏视察园博馆

目录

Contents

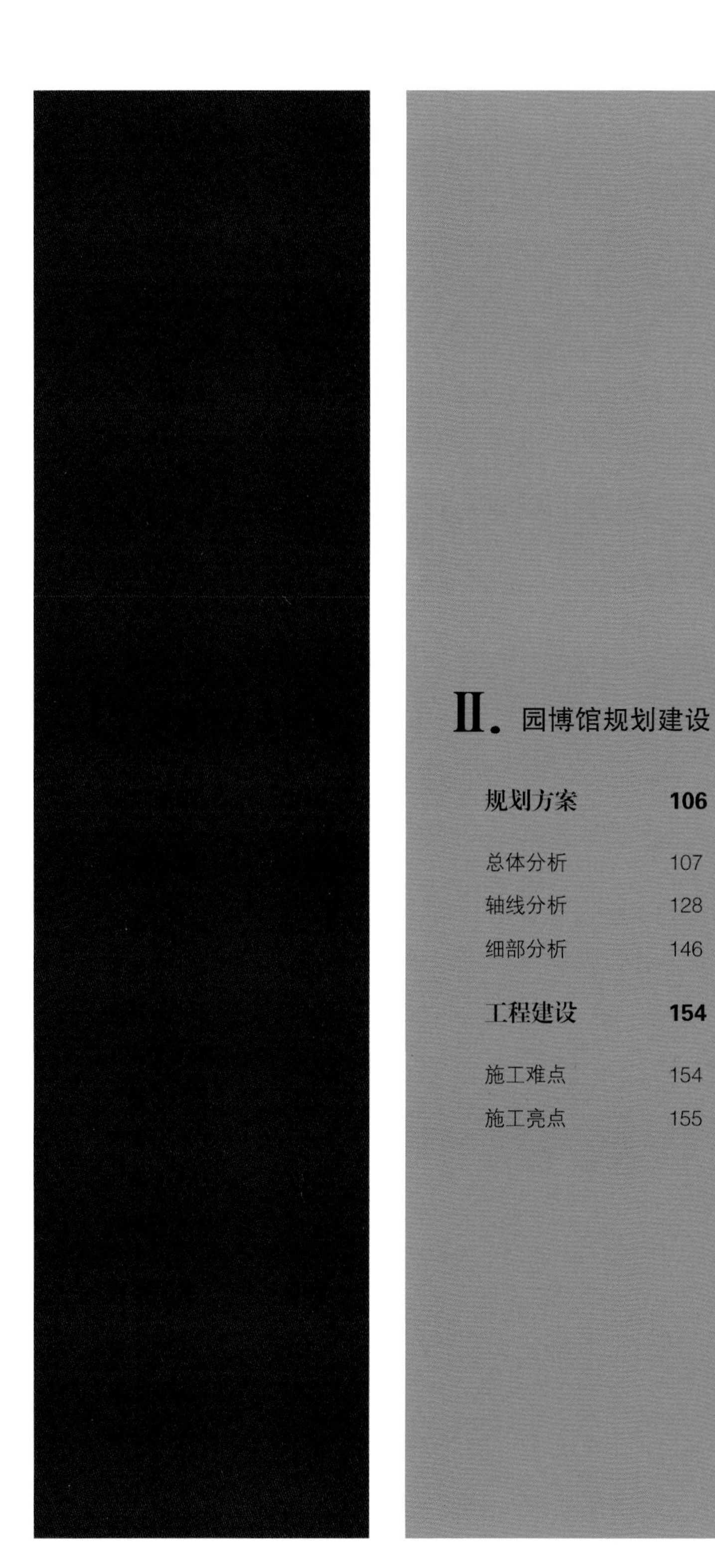

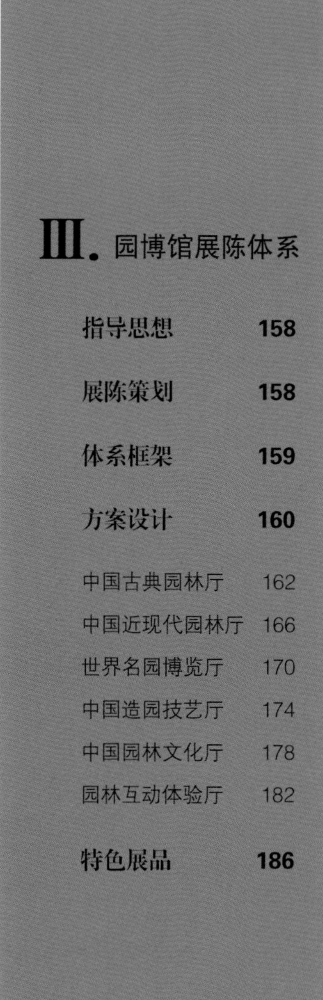

I.

The Museum of Chinese Garden: Solicitation Scheme

园博馆方案征集

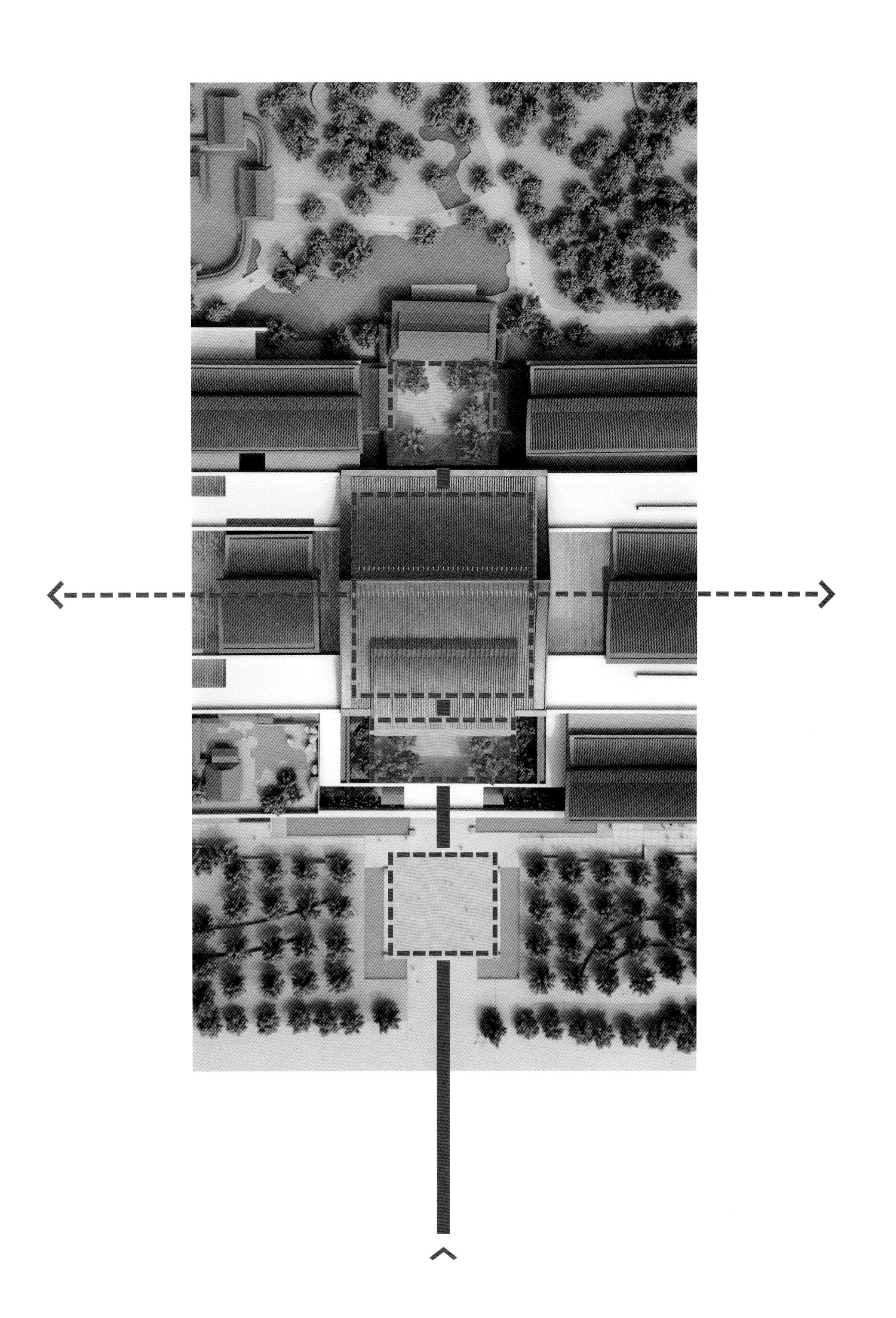

规划原则

建筑规划适用经济美观安全

建筑外貌体现传统园林元素

建筑设计满足现代展示需要

建筑结构防震防洪防渗防火

建筑理念体现绿色人文科技

建筑形式与周边环境相协调

建筑主体与室外展园相融合

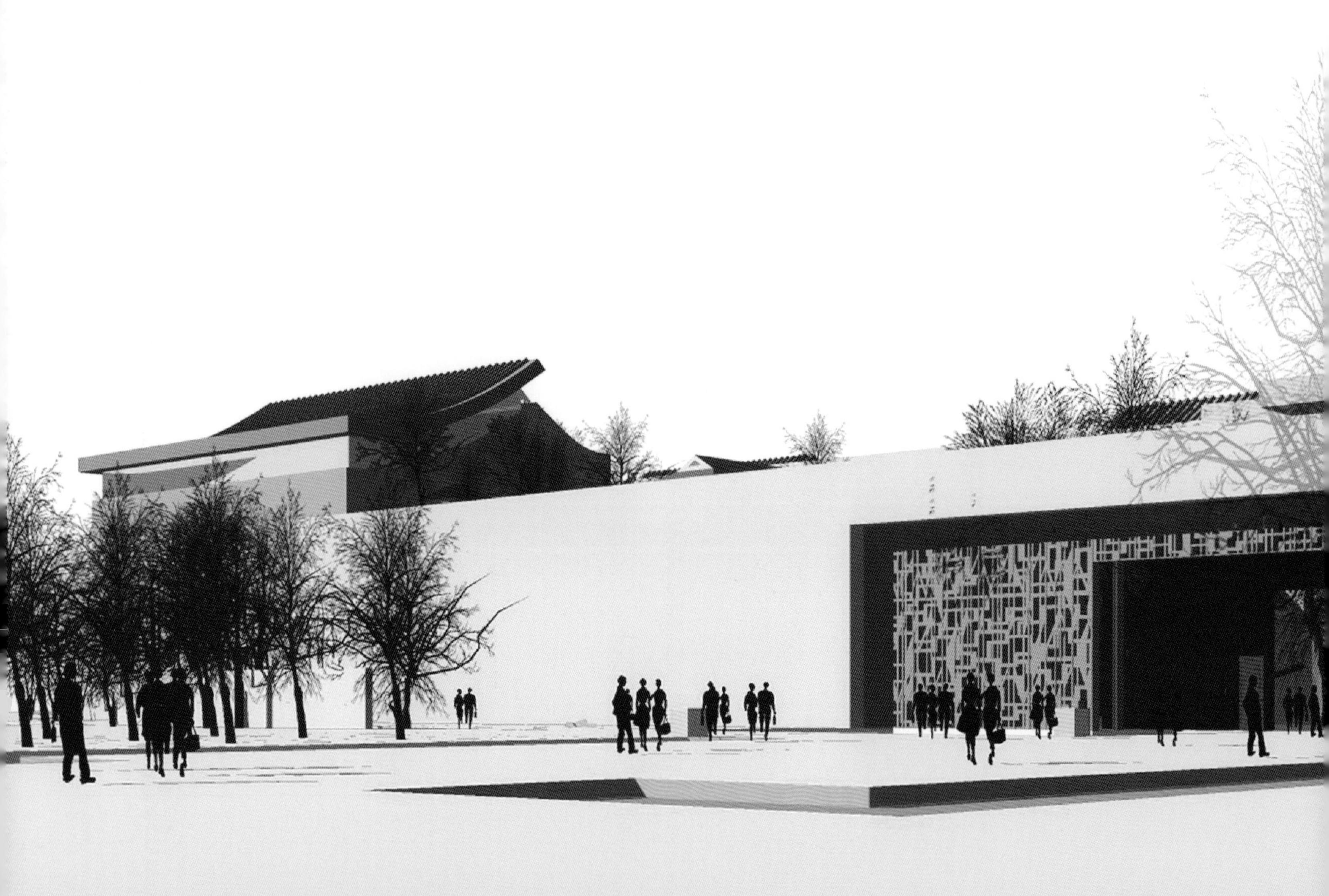

中國園林博物館

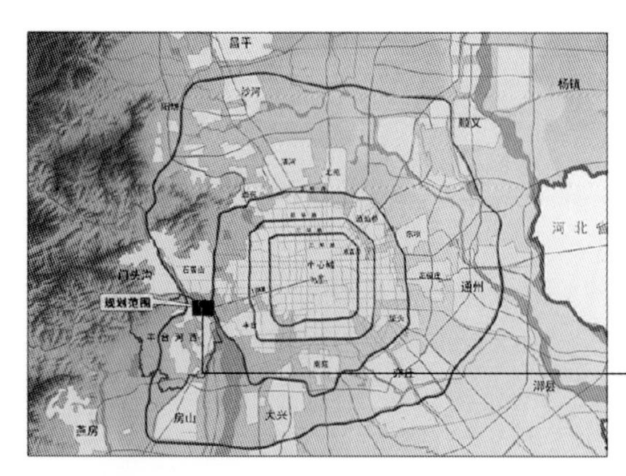

园博馆位于北京市位置

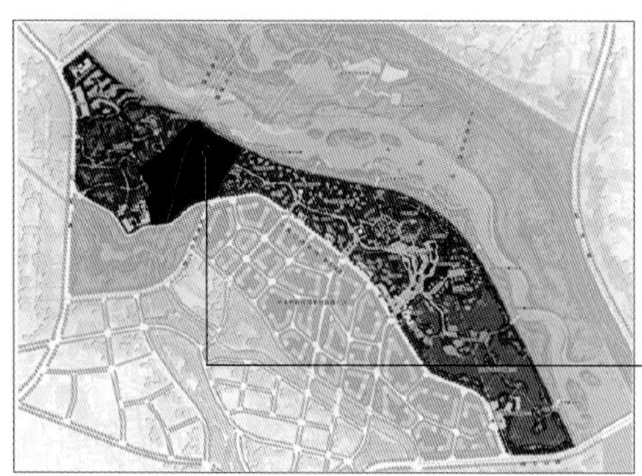

园博馆位于园博会位置

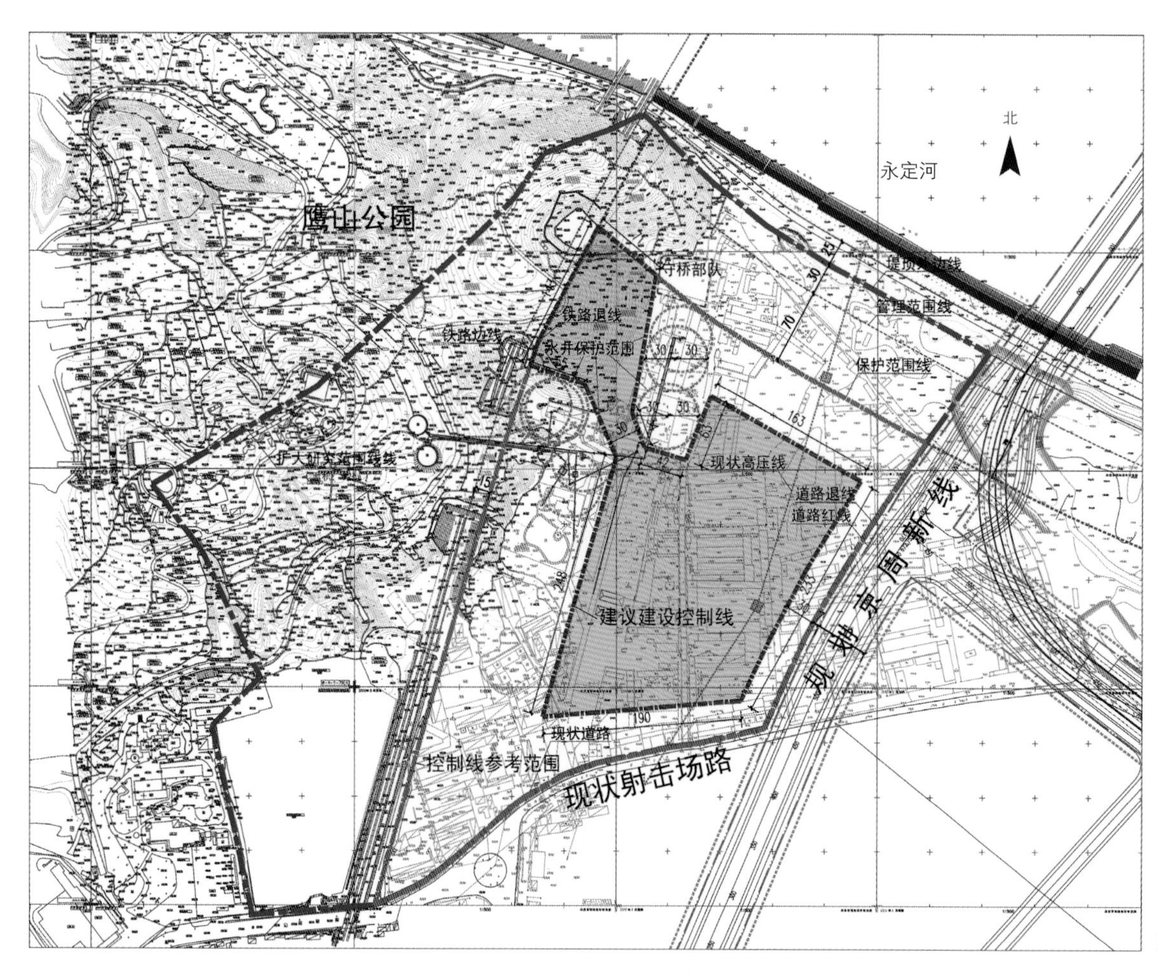

园博馆扩大研究范围

方案征集

2010年10月，园博会组委会办公室和园博馆筹建办公室联合组织开展中国园林博物馆规划设计方案公开征集工作，经过资格评审，推选出八家应征人承担园博馆的规划方案编制工作。2010年12月组织专业技术人员对八家应征单位提交的规划设计方案进行了技术核对，形成技术初审意见。2010年12月14-15日组织召开中国园林博物馆征集规划设计方案专家评审会，由中国工程院院士、北京林业大学教授孟兆祯先生任组长主持评审工作，经过认真考察、评议，推选出两个优秀方案报组委会审定。

设计单位

方案一：北京市建筑设计研究院和北京中国风景园林规划设计研究中心联合体

方案二：中国建筑设计研究院

方案三：北京中核四达工程设计咨询有限公司和北京市园林古建设计研究院联合体

方案四：中建国际（深圳）设计顾问有限公司和城市建设研究院联合体

方案五：深圳市建筑设计研究总院有限公司和深圳市北林苑景观及建筑规划设计院有限公司联合体

方案六：北京中联环建文建筑设计有限公司和中国市政工程西南设计研究总院联合体

方案七：清华大学建筑设计研究院和北京腾远建筑设计有限公司联合体

方案八：华南理工大学建筑设计研究院和广州园林建筑规划设计院联合体

方案设计一

设计方案主题立意为“理想家园，山水静明”。整体布局“三界三区、一殿六园、一轴三环、功能完备、绿化分级”，东、西、北三个界面，山地、平地和水景三个区域，一个主体建筑，六个室外展园。设计意向为“漂浮的屋顶，消失的外墙”。

设计单位：北京市建筑设计研究院和北京中国风景园林规划设计研究中心联合体

园林 + 博物馆 = ？

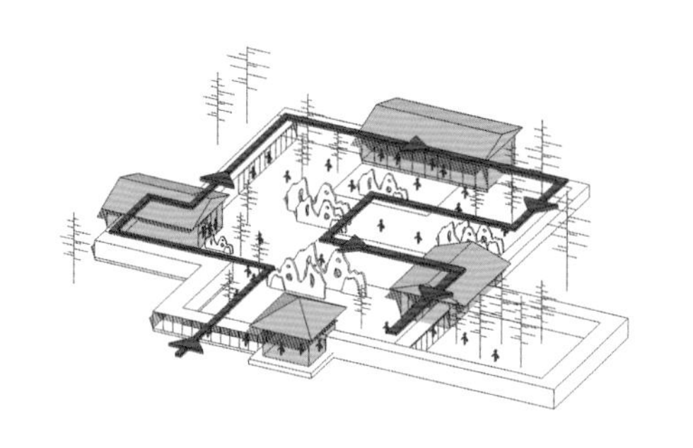

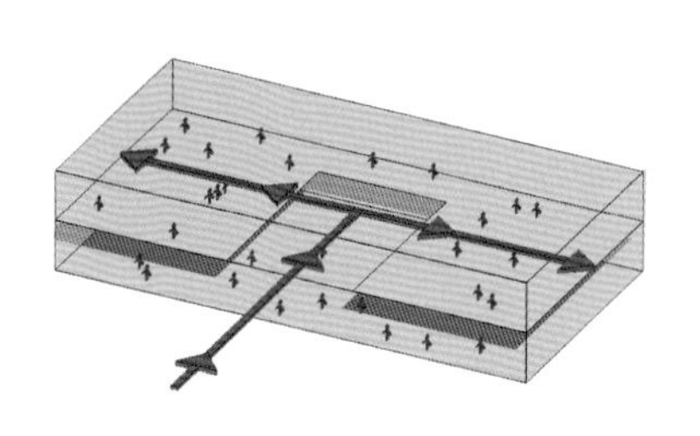

自然 ← 曲折迂回 室外为主 小 …… 空间 行为模式 体量 …… 直接高效 室内为主 大 → 城市

分析图

立面图

总鸟瞰图

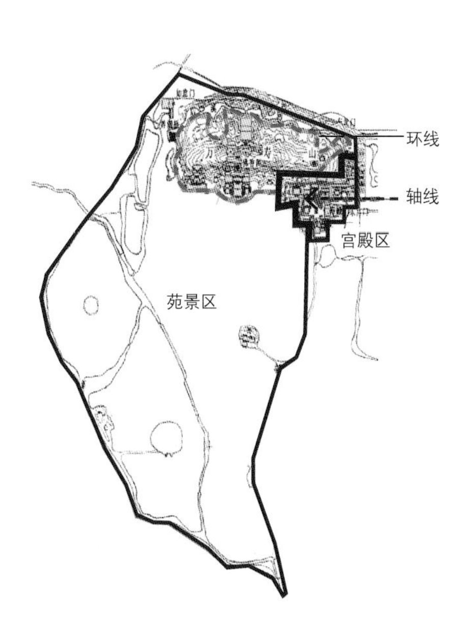

皇家园林颐和园——前殿后苑

私家园林留园——前宅后院

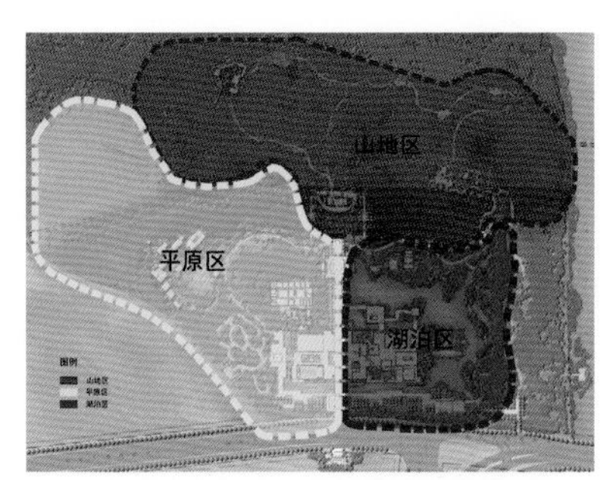

“三界三区”

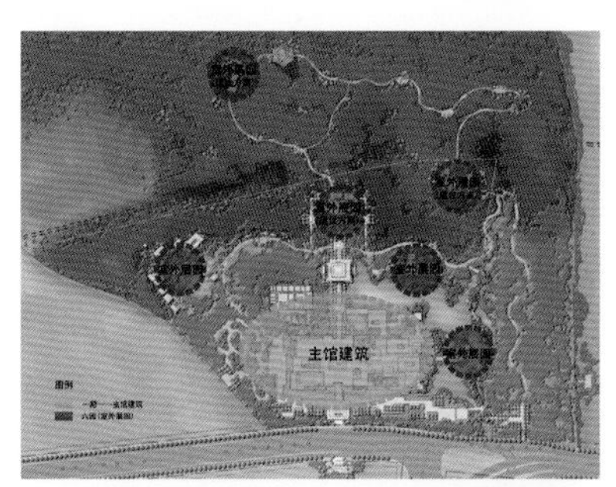

“一殿六园”

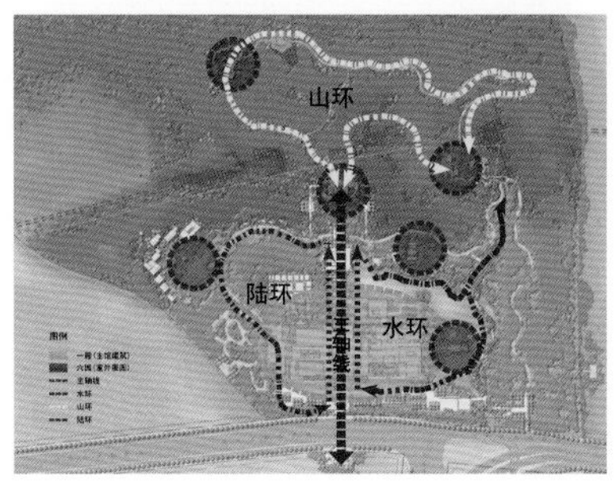

“一轴三环”

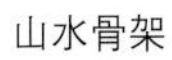

山水骨架

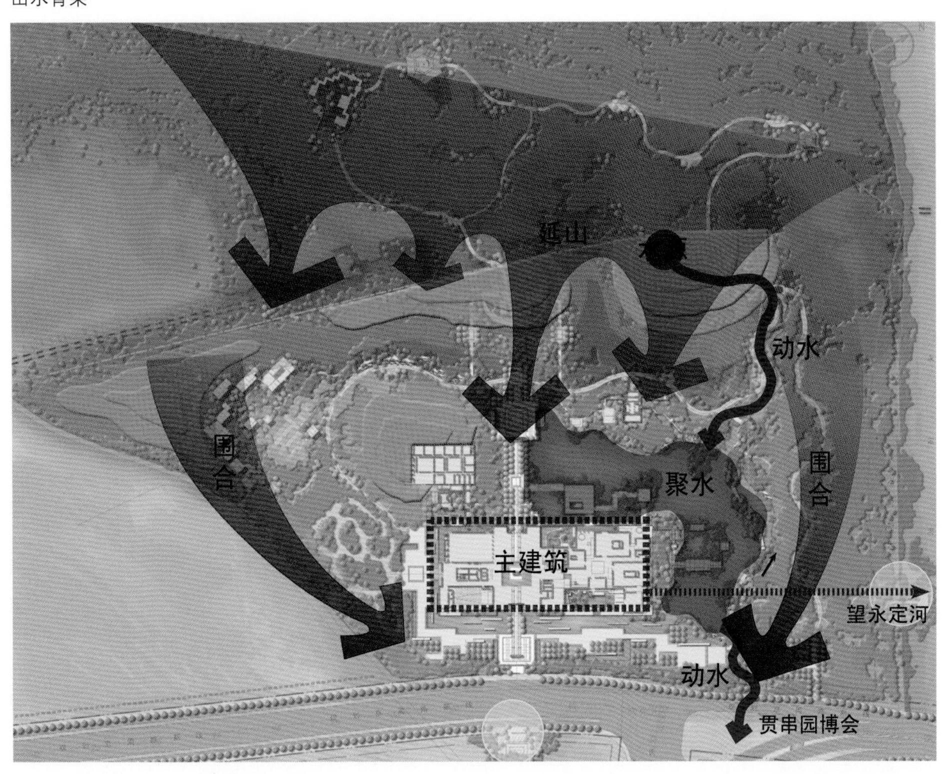

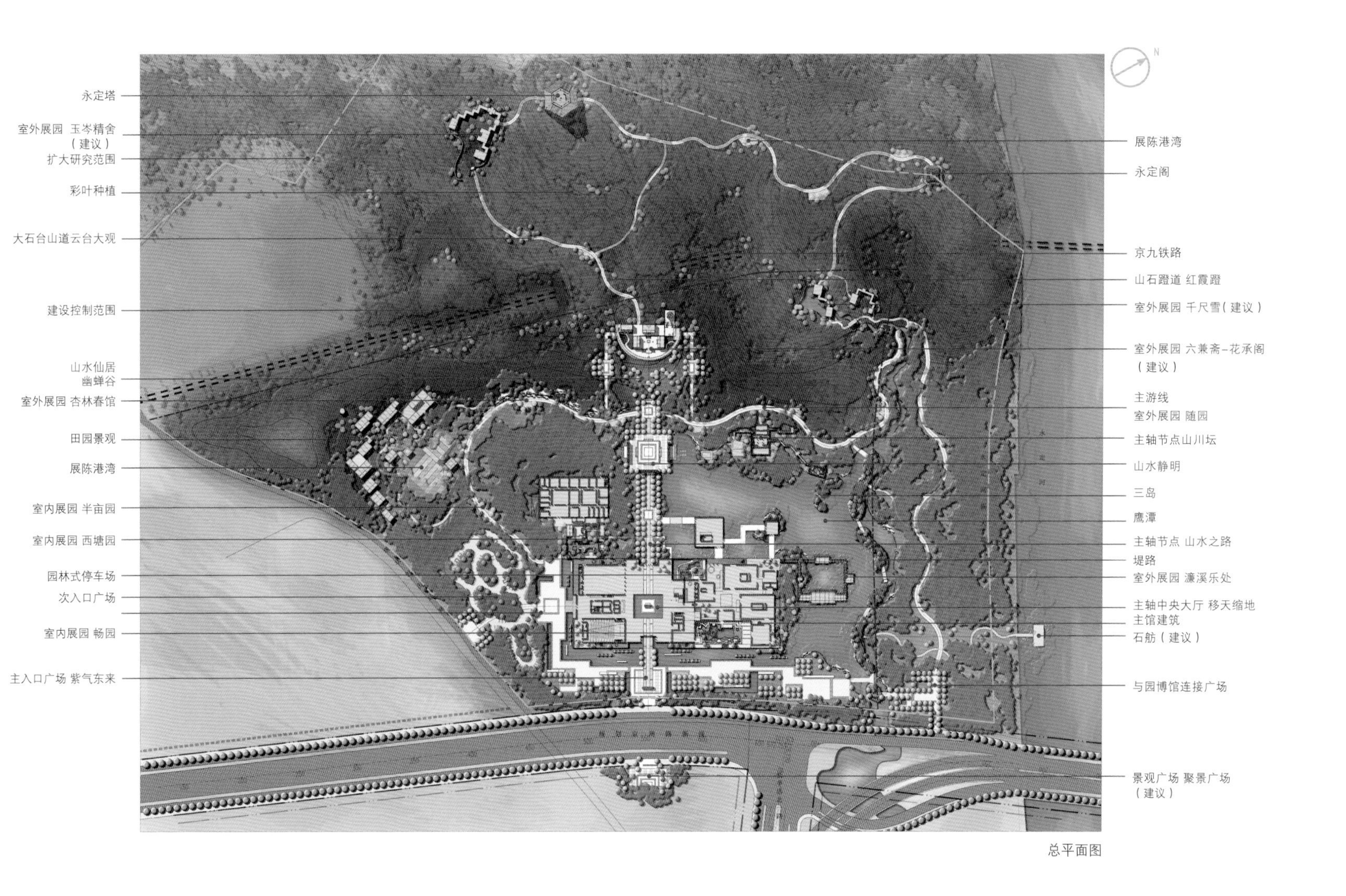
永定塔
室外展园 玉岑精舍（建议）
扩大研究范围
彩叶种植
大石台山道云台大观
建设控制范围
山水仙居
幽蝉谷
室外展园 杏林春馆
田园景观
展陈港湾
室内展园 半亩园
室内展园 西塘园
园林式停车场
次入口广场
室内展园 畅园
主入口广场 紫气东来
展陈港湾
永定阁
京九铁路
山石蹬道 红霞蹬
室外展园 千尺雪（建议）
室外展园 六兼斋-花承阁（建议）
主游线
室外展园 随园
主轴节点山川坛
山水静明
三岛
鹰潭
主轴节点 山水之路
堤路
室外展园 濂溪乐处
主轴中央大厅 移天缩地
主馆建筑
石舫（建议）
与园博馆连接广场
景观广场 聚景广场（建议）
总平面图

六兼斋
题名"六兼"，意为此地兼有"良辰美景、赏心乐事、贤主嘉宾"六种人生美事；"花承阁"意为鲜花承托着楼台、承托着美好，"佛座盘云"寓意佛国的极乐世界。

杏花春馆
霏香红雪韵空庭
肯让寒梅占胆瓶
最爱花光传艺苑
每乘月令验农经

玉岑精舍
玉岑近对笋峥嵘
林间苍鹿鸣不已
想是无端认客生

随园
买得青山号小仓
一丘一壑自平章
梅花绕屋香成海
修竹排云绿过墙

效果图

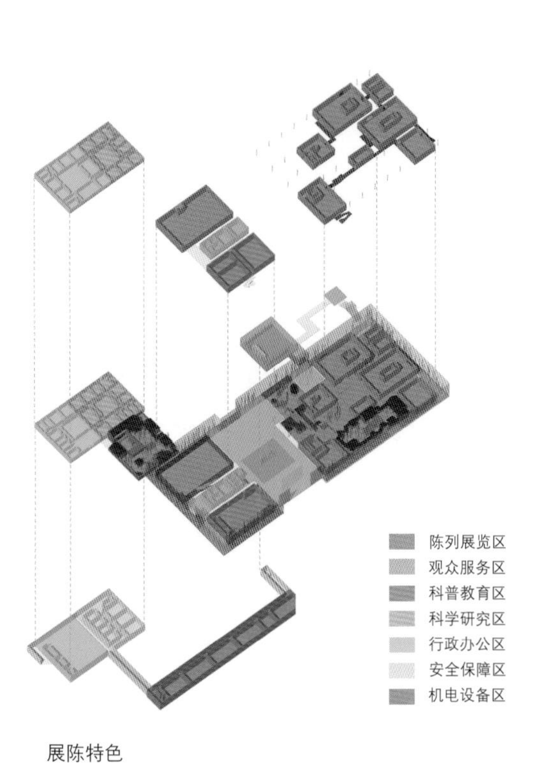

展陈特色

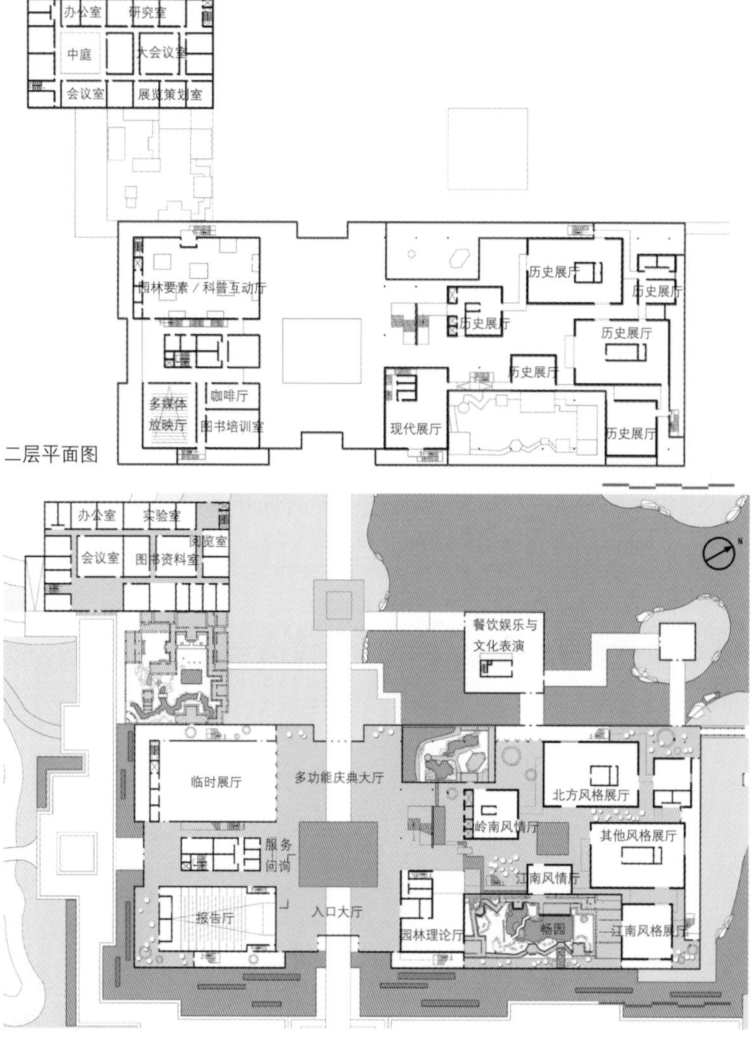

二层平面图

首层平面图

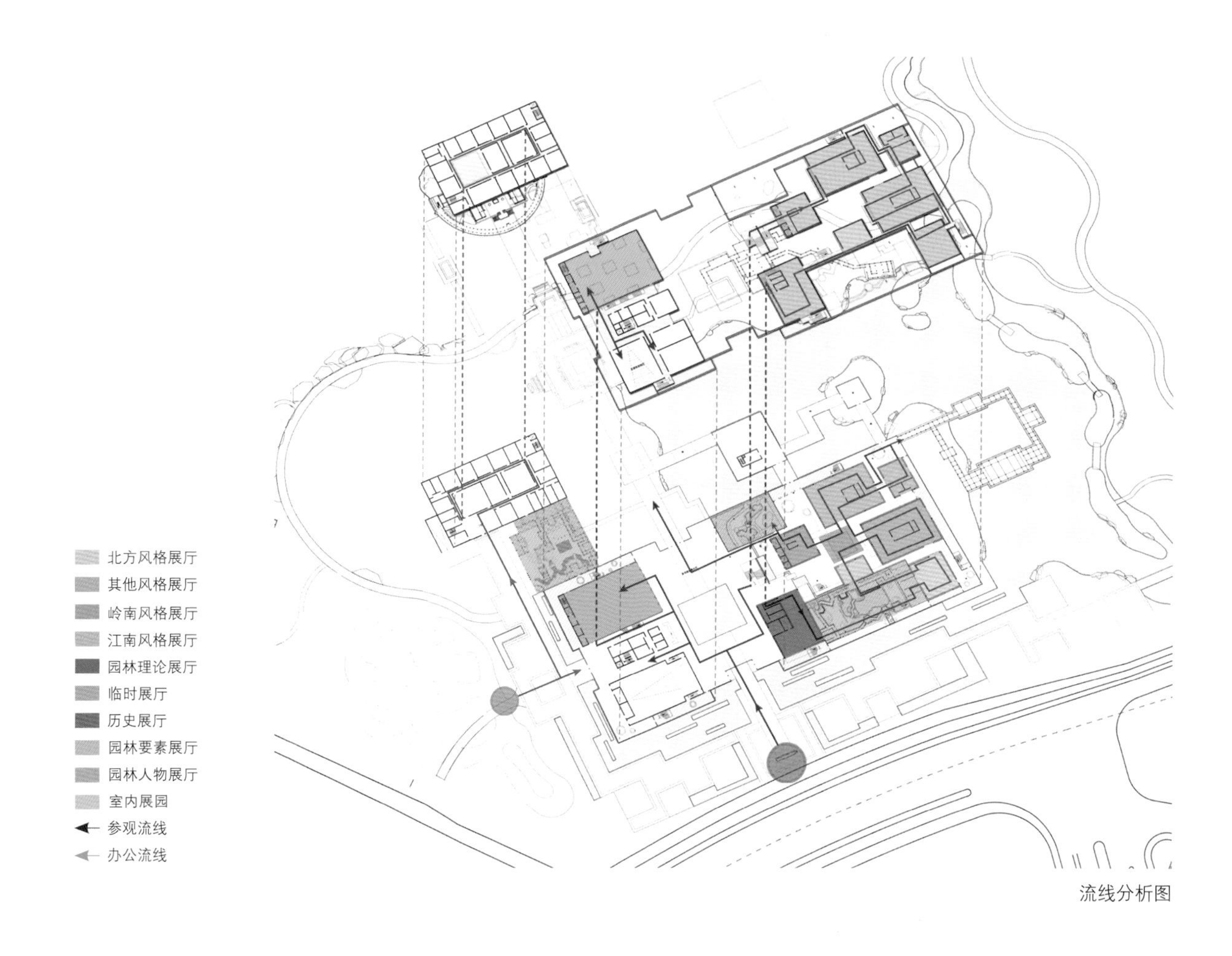
北方风格展厅
其他风格展厅
岭南风格展厅
江南风格展厅
园林理论展厅
临时展厅
历史展厅
园林要素展厅
园林人物展厅
室内展园
参观流线
办公流线

流线分析图

剖面图

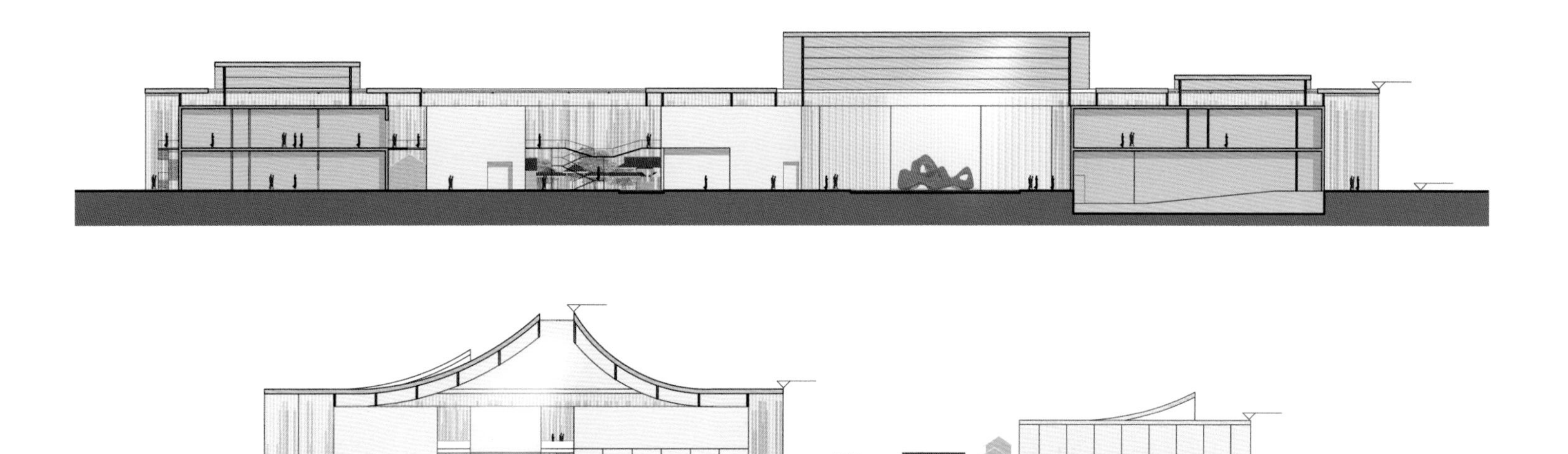

方案设计二

方案着力体现中国园林的精髓，诗画入园，园林如画，人在画中游。穿越时空的园博馆，如画面上的一方赏印。顺应基地二元构成逻辑，建筑主体采用边长为145m的两个正方形组织空间与功能。正南方向正方形厚重而开放，容纳展示古典园林；北倾东的正方形轻灵而闭合，容纳展示现代园林与理想家园。

设计单位：中国建筑设计研究院

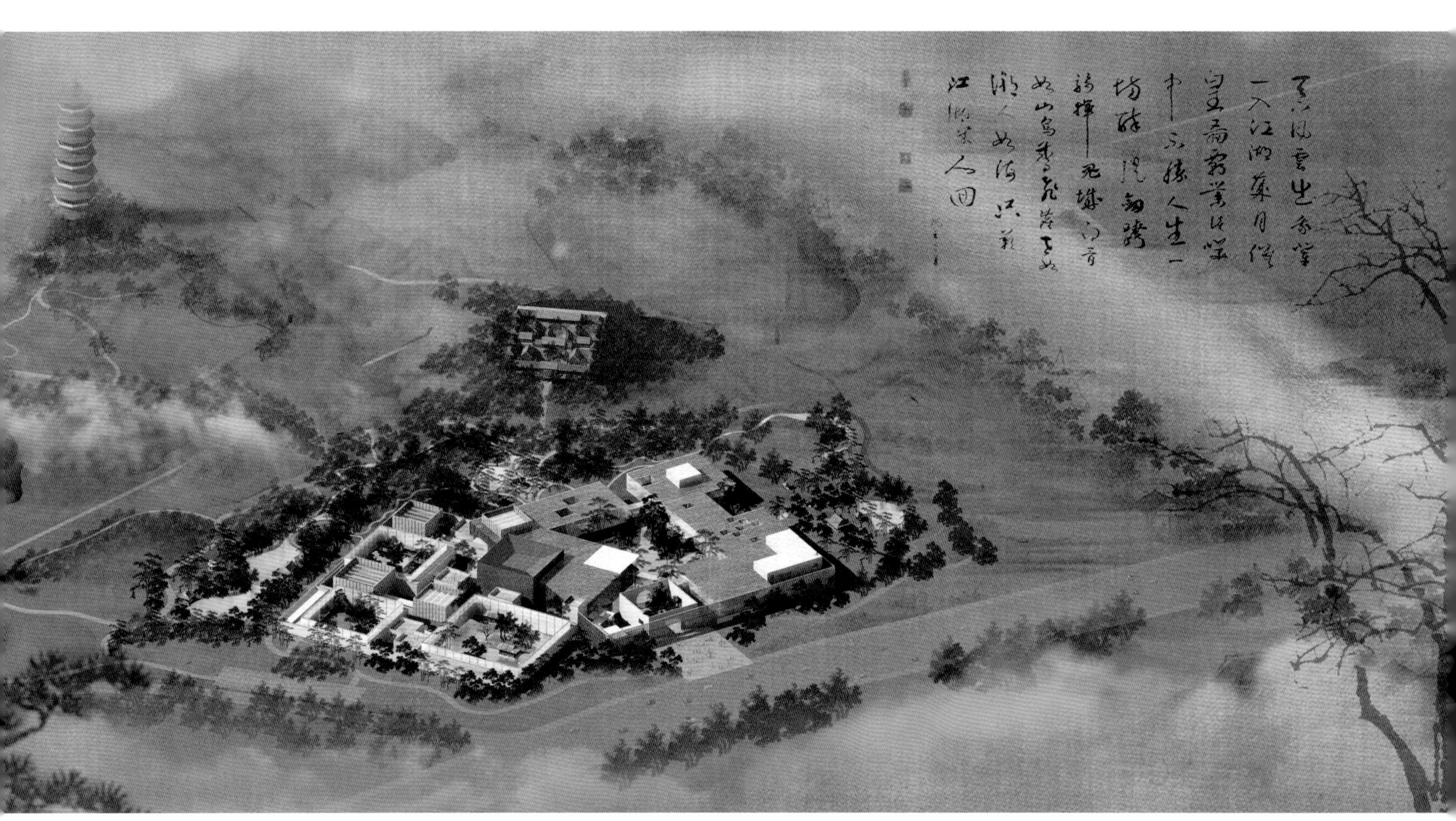

总体鸟瞰图

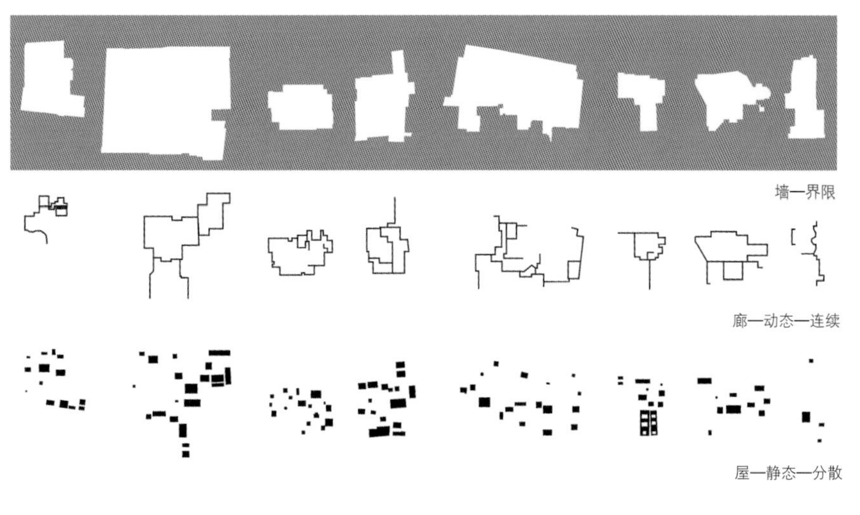

对园林的理解

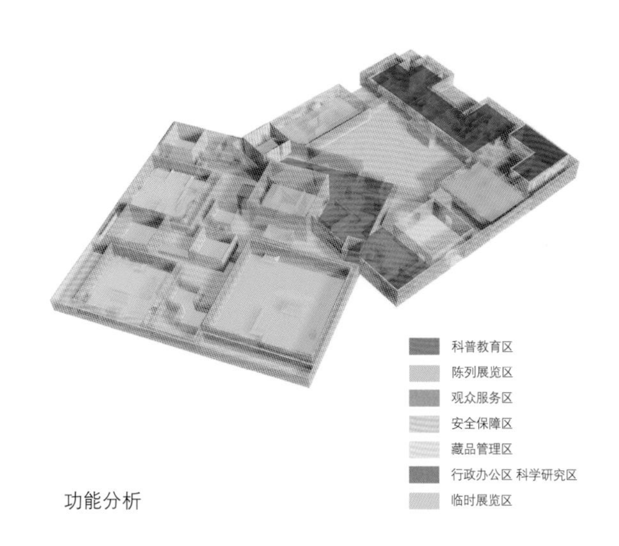

功能分析

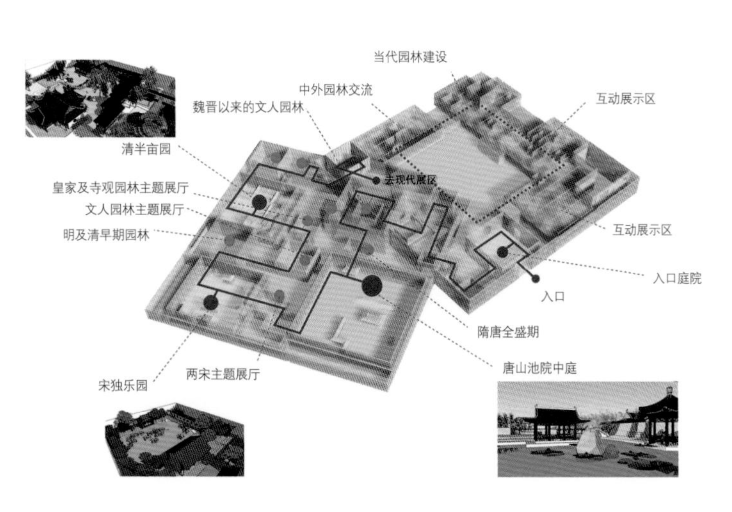

室内流线

向外观鹰山景区及梨花伴月展园

梨花伴月

绛守居

穿越

董氏西园

向外观永定河景区

向内观清半亩园

向外观鹰山景区

及绛守居室外展园

向内观宋长乐园

向内观唐山池园

屋顶公共开放流线示意

入口

东园

向外观园博园展区

向外观

室外展园之东园

室外流线

交通

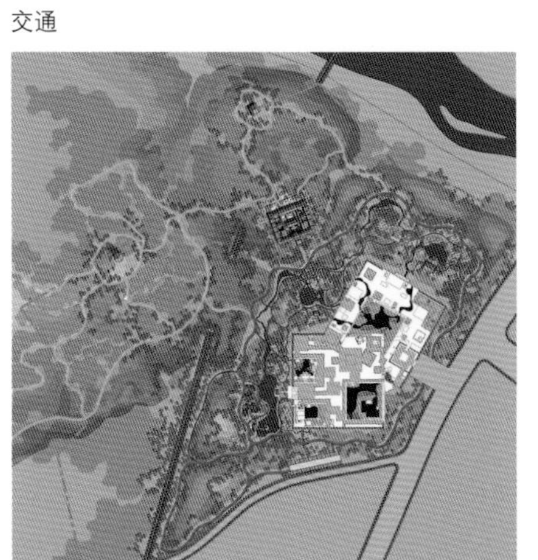

功能

水系

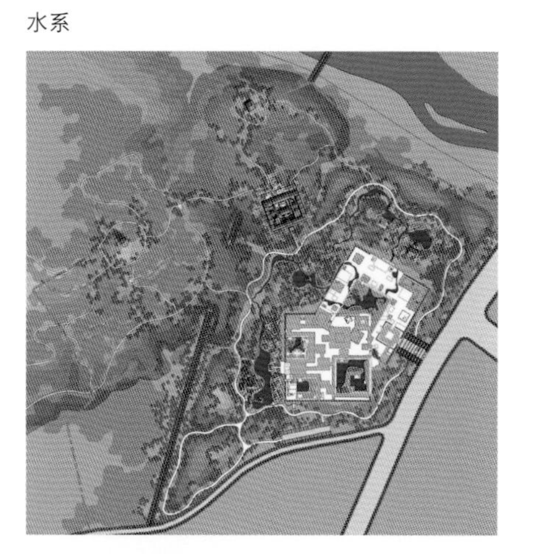

总平面图

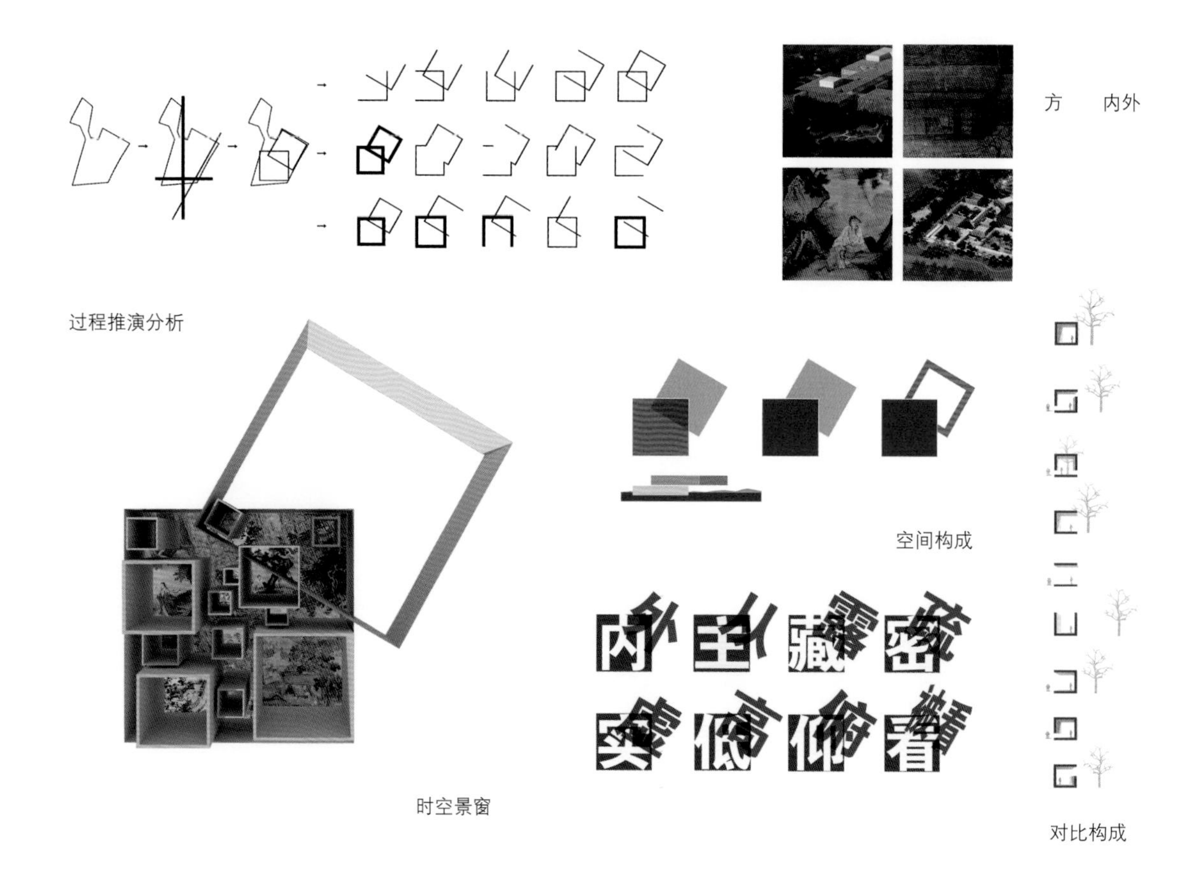

过程推演分析

空间构成

时空景窗

对比构成

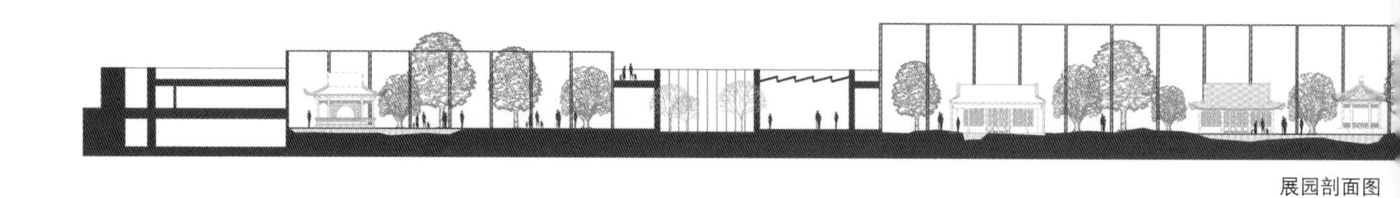

展园剖面图

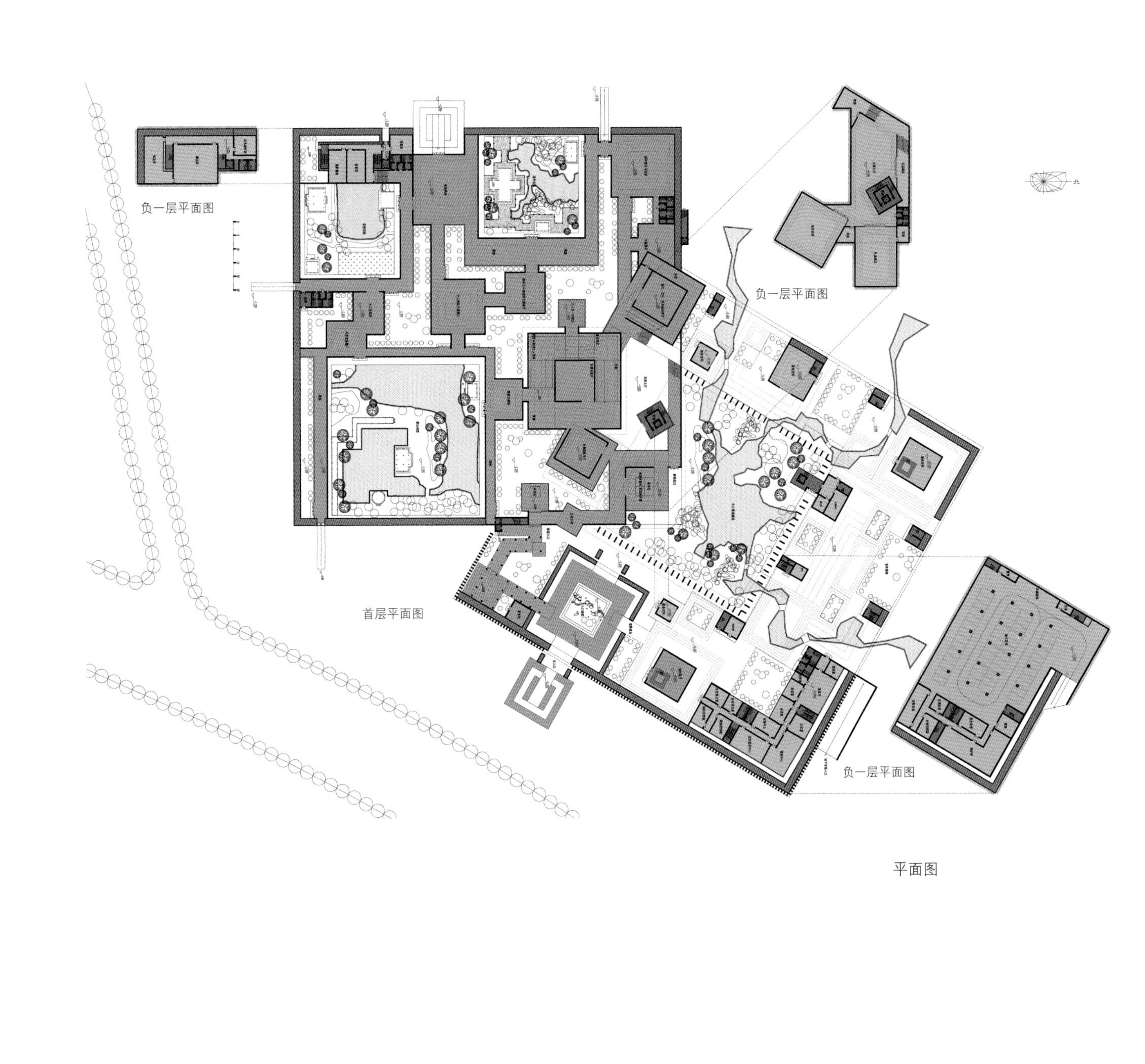

平面图

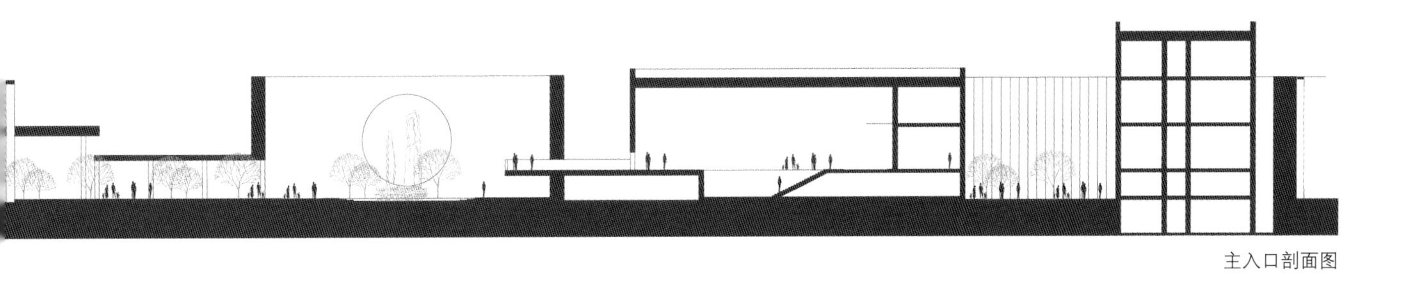

主入口剖面图

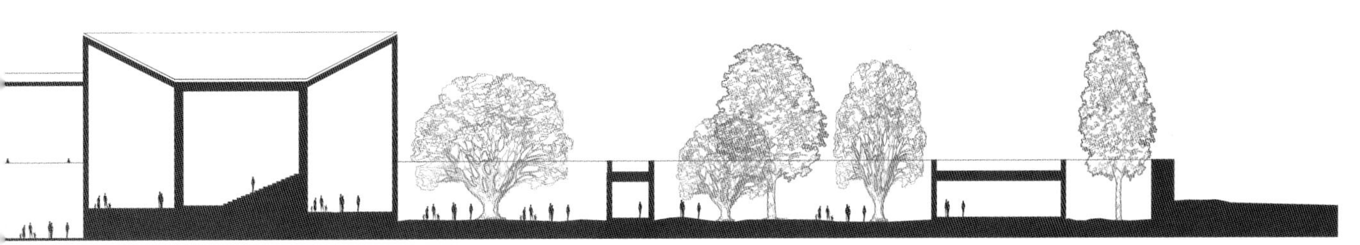

总体剖面图

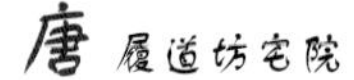

唐 履道坊宅院

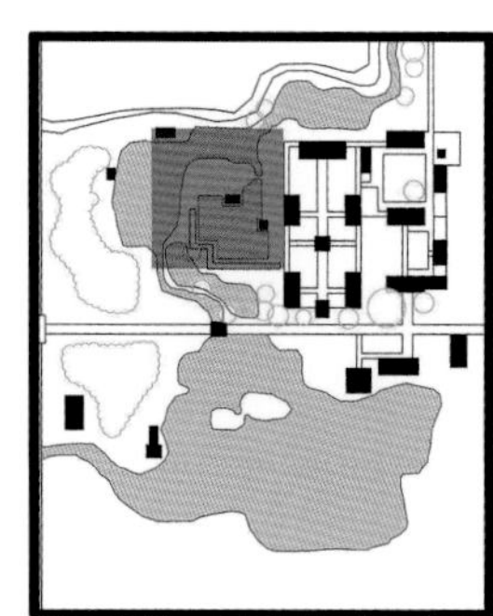

履道坊宅院是白居易一生中家居时间最长的地方。

履道坊宅院在该里坊之西北角，院北、西墙临里巷。对照隋唐洛阳城考古发掘图，可知其园池具体位置在今洛河南狮子桥村东，水渠东的地方。

关于宅院的布局大体是：

宅门向西临坊里巷，西巷有伊渠从南往北，又往东流去。园内水由西墙下引入，在园内周围绕流，由东北隅流出入伊渠。南面有园，有水池，宅第在东北，宅第西是西园。府西水亭院修建了水斋，叠置了明月峡和白苹洲，新建了池上小阁、草亭和岸边明月廊等，种植了大量的竹和花木等。

白居易洛阳履道坊宅院想像鸟瞰图

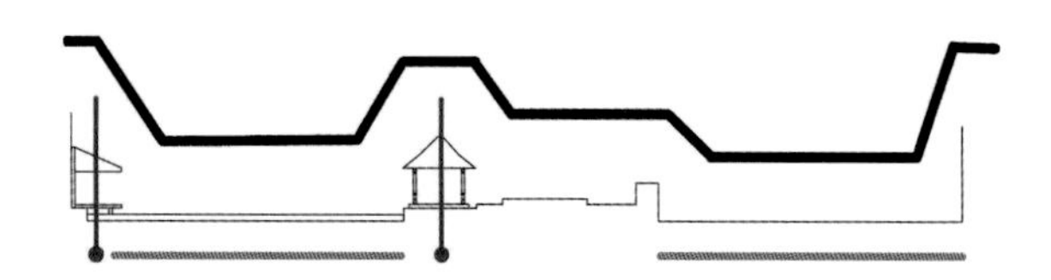

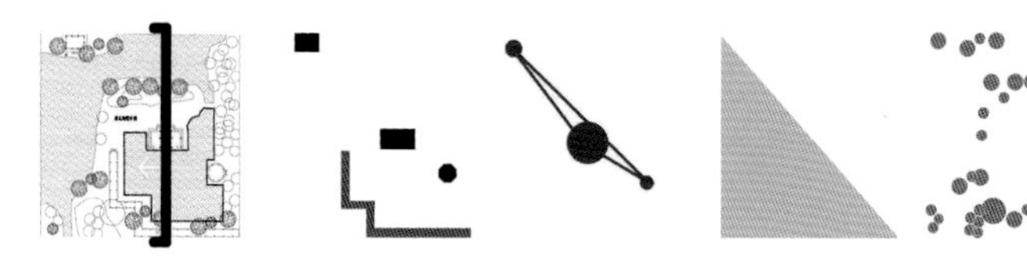

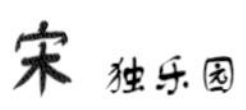

宋 独乐园

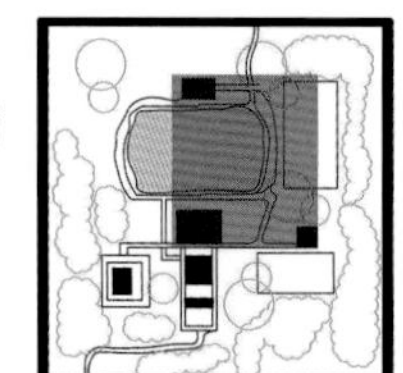

独乐园是北宋著名的历史学家司马光居洛阳时所创的园林，建于神宗熙宁六年（1073年）。

独乐园是我国古园中以小胜多的范例，占地仅二十亩。主体建筑读书堂只有数十椽屋，浇花亭益小，弄水、种竹二轩犹小，见山台高不过寻丈。其庭园的布置采用当时常见的模式，以水池为中心，池岸环列各种建筑和景物。池南是读书堂，堂南为一组院落，以弄水轩为主体，大池之北是种竹斋，前后多植美竹，横屋六楹，东辟门，南北开窗，厚其墉茨，是清暑之所。池东有采药圃，杂种草药，圃北又植竹，药圃之南是花栏，栽芍药、牡丹及杂花，花栏以北有亭名浇花亭。另外在园中起台，其上构屋，遥望四外群山，称之为见山台。

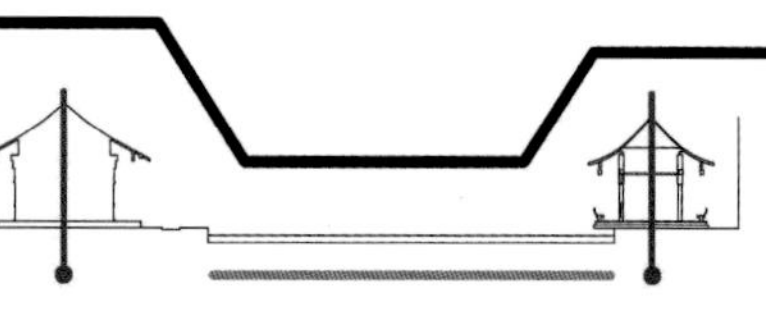

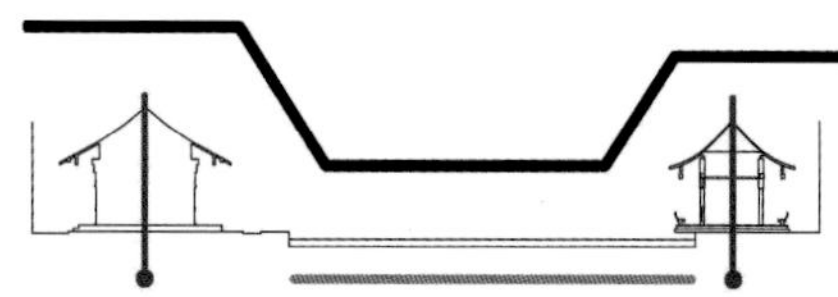

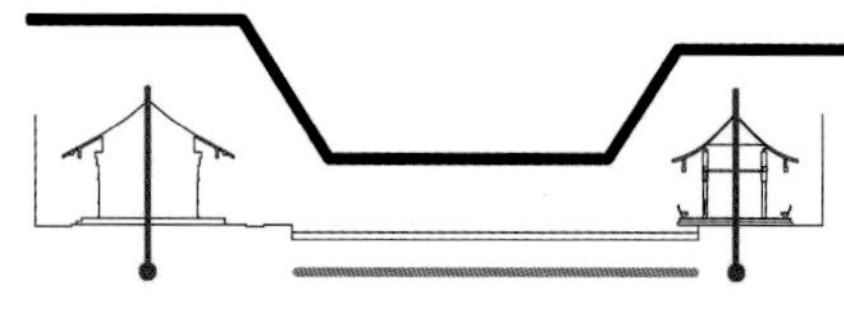

清 半亩园

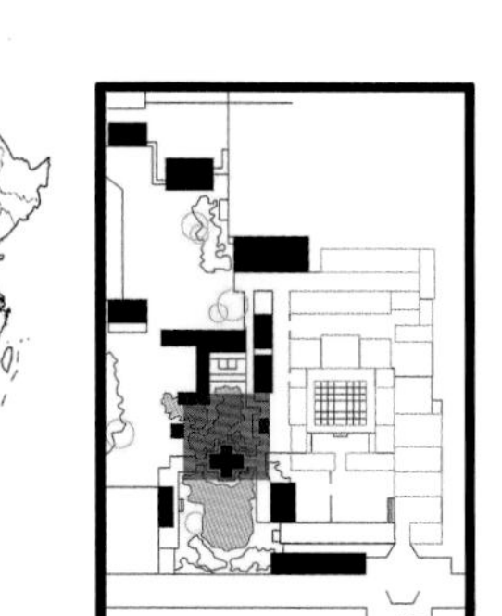

半亩园位于北京内城弓弦胡同（今米黄胡同）是清代著名的园林建筑师李渔（笠翁）设计的宅园，所叠假山誉为京城之冠。

半亩园建自清初，据《鸿雪因缘图记》载，园本贾胶侯中丞（名汉复、汉军人）宅，道光初麟见亭（麟庆）得之，大为修葺，其名遂著，其后直到民国年间又屡易其主，曾不断地进行改建扩建，20世纪80年代初尚能见到假山及古石。

半亩园布局及景点，据《鸿雪姻缘图记》一书中，“半亩营园”、“拜石拜石”、“嫏嬛藏书”、“近光伫月”、“园居成趣”、“退思夜读”、“焕文写像”七张图，加上七篇小记，即可得知半亩园概貌。

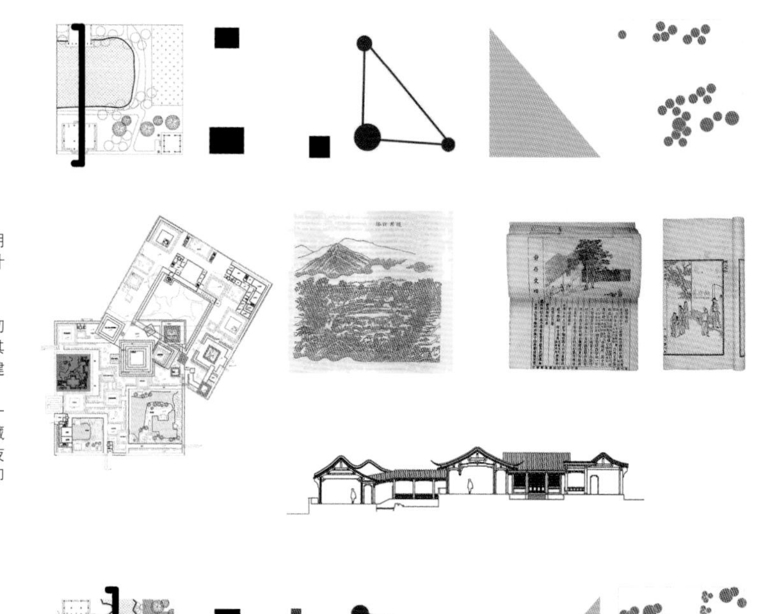

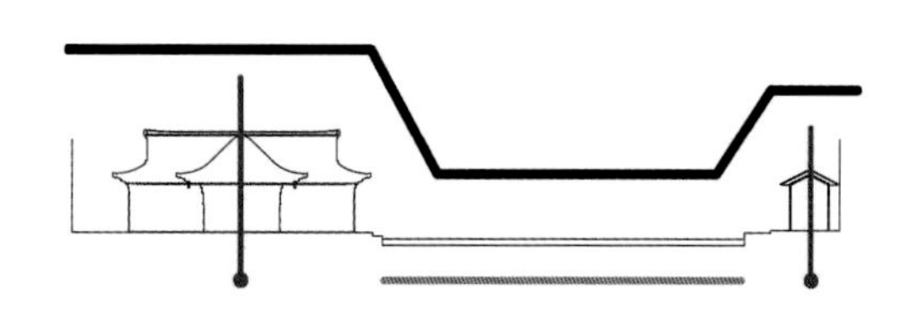

分析图

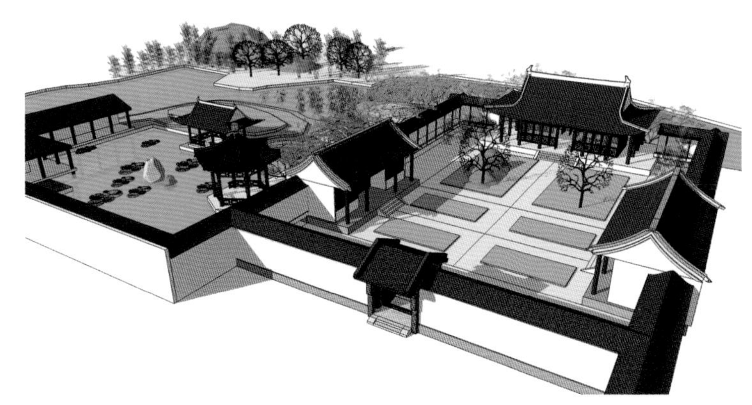

1.鸟瞰图
2.西水院透视图
3.西水院透视图
4.水斋透视图

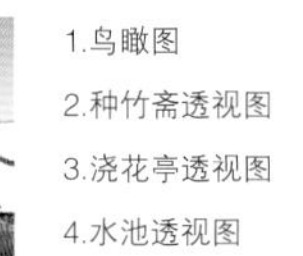

1.鸟瞰图
2.种竹斋透视图
3.浇花亭透视图
4.水池透视图

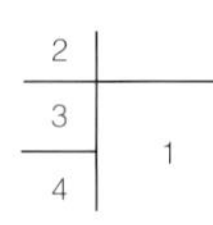

1.鸟瞰图
2.A点透视图
3.B点透视图
4.C点透视图
5.D点透视图

5 2
3
1
4

明 东园

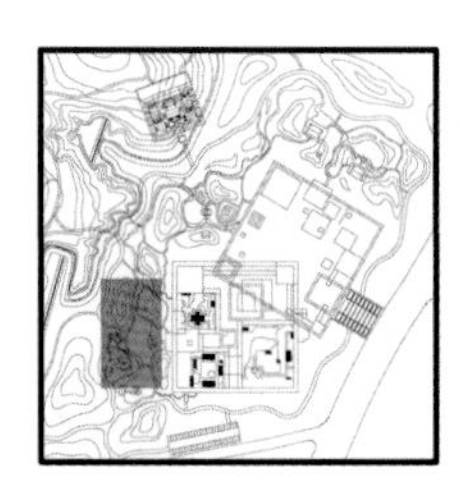

1.小蓬莱 2.一鉴堂 3.水亭 4.心远堂

东园又名“太傅园”，为明开国元勋徐达后人所有。王世贞在《游金陵诸园记》中记载：“若最大而雄伟者，有六锦衣之东园。”

进园主厅堂名为心远堂，堂前有月台，台上置石数峰。心远堂之后临小水池，隔池与假山“小蓬莱”成对景。假山亦临水堆筑为峰峦洞壑，山上建小尺度的亭。

掇山

园林石，无石不成园，石头成为中国古典园林中最基本的造园要素之一，正是因为具备了象外之象、景外之景的生发能力，从而也成为园林意境营造的最佳要素。它既是古典园林的工程建筑材料，也是重要的造景材料、装饰材料。通过建筑与造景又在园境营造中发挥着不可替代的独特作用。古代造园家通过对石头的巧妙利用和设置体现出中国园林独特的山水自然情趣，也营造出了独具华夏审美特色的园林意境。

梨花伴月建于康熙四十二年（1703年）到康熙四十七年间（1708年），是承德避暑山庄初步建成第一阶段的主要景点。景点主要是一组依坡而筑的建筑群。主要建筑依冈群台地三层而筑，布局严密，总平面呈田字形。两侧爬山廊基础依山坡做梯级形，梯级百重。由于廊顶为翼变歇山顶，即山花向前，做歇山式，如从下眺上，数个歇山面相连，仿佛直上云霄。仰视苏尚斋，好似空中楼阁，更显结构巧妙之处。梨花伴月院内，池水清冽，假山错落，院外是梨园。初春，满坡梨花清香净谷，配以山花野草，景色素淡清幽，夕阳西下，万籁俱静，梨花万树，同微云淡月融合在一起，加之清香袭人，令人 不饮自醉。

清 梨花伴月

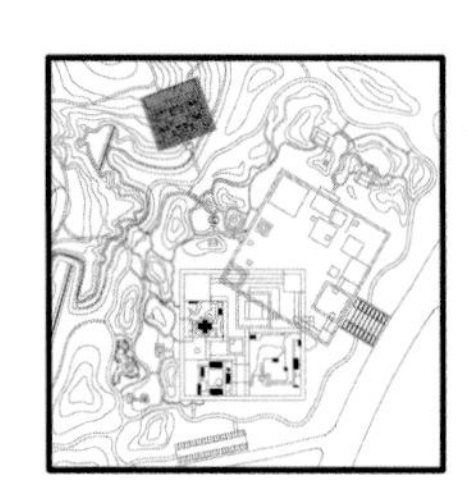

屋宇

园林建筑是建造在园林和城市绿化地段内供人们游憩或观赏用的建筑物，常见的有亭、榭、廊、阁、轩、楼、台、舫、厅堂等建筑物。通过建造这些主要起到园林里造景，和为游览者提供观景的视点和场所；还有提供休憩及活动的空间等作用。

中国的园林建筑历史悠久，在世界园林史上享有盛名。在3000多年前的周朝，中国就有了最早的宫廷园林。此后，中国的都城和地方著名城市无不建造园林，中国城市园林丰富多彩，在世界三大园林体系中占有光辉的地位。

唐 绛守居园池

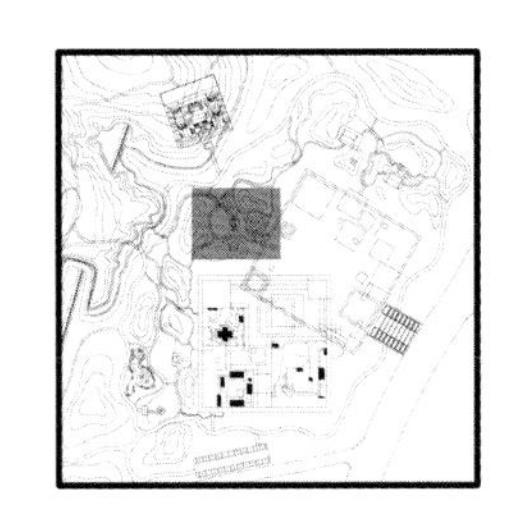

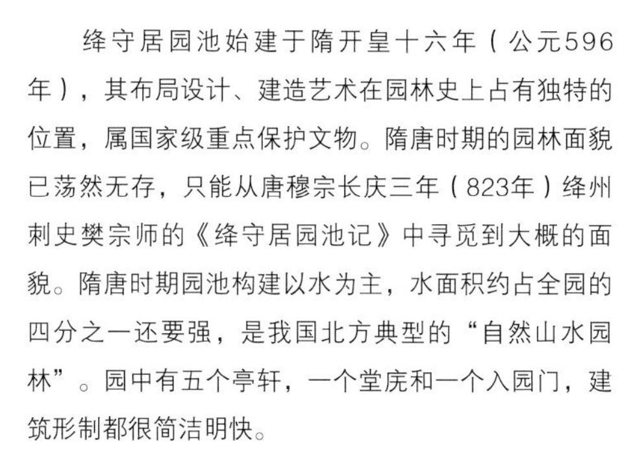

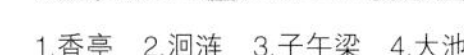

1.香亭 2.洄涟 3.子午梁 4.大池

绛守居园池始建于隋开皇十六年（公元596年），其布局设计、建造艺术在园林史上占有独特的位置，属国家级重点保护文物。隋唐时期的园林面貌已荡然无存，只能从唐穆宗长庆三年（823年）绛州刺史樊宗师的《绛守居园池记》中寻觅到大概的面貌。隋唐时期园池构建以水为主，水面积约占全园的四分之一还要强，是我国北方典型的“自然山水园林”。园中有五个亭轩，一个堂庑和一个入园门，建筑形制都很简洁明快。

理水

中国传统之理水，要充分发挥水的造景作用，以溪流、瀑布、平湖、湖沼等多种形式来表现水的动态、静态特点，不仅观水形，还听水声，因水成景。水是造园之主要手法之一，理水首要问题是要沟通水系，“疏水之去由，察源之来历”。最忌讳水出无源，成死水一潭。园林博物馆内庭与室外展园的水系沟通，形成既有开阔湖面，又有涓涓溪流的水体景观，水面动静结合，主次分明，开阖有致，并与东侧博览园水系连成一体，形成自我循环，保持水体自洁。

绛守居上有来水小溪，前有开阔湖面，阴阳虚实，湖岛相间，形成以传统造园之理水手法为主要特点的展园。

宋 董氏西园

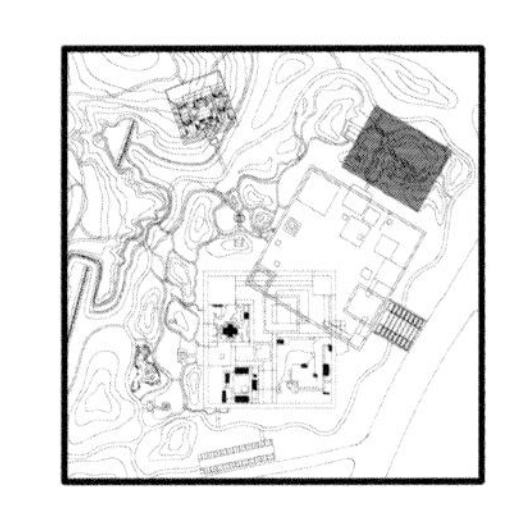

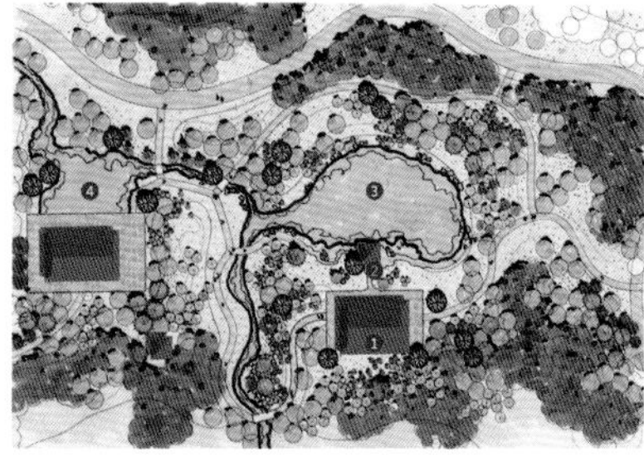

1.主厅堂 2.水亭 3.主水面 4.石芙蓉（石雕荷花）

董氏西园始建于宋朝洛阳城内，具体位置以及最初原主人有待进一步考证。据宋朝李格非《洛阳名园记》记载董氏西园亭台的布置，不采用轴线、对称等处理手法，花木的种植也不成行列，为取山林自然之胜，不愧“城市山林”之称。西园最大的特色，便是在不大的园地中，通过植物与地形的围合，展开一区复一区的景物。

种植

园林种植是造园重要手法之一，中国传统造园之植栽以中国画论为基础，追求自然，树木自然生长，利用植物题材，表达造园意境，或以花木作为造景。同时，植物造景不仅是一种视觉艺术，还涉及到听觉、嗅觉等多种感官。此外，春夏秋冬等时令变化都会改变空间的意境而深深地影响到人的感受。而园林植物恰恰是这些因素发挥作用的重要媒介。

方案设计三

本方案采取馆舍建筑与描写自然的景观环境融为一体的自由构图。园博馆应该具备鲜明的现代风格，同时内含传统文化特征。方案力求总体气势的“大器”，山水是本方案景观环境的主题。

设计单位：北京中核四达工程设计咨询有限公司和北京市园林古建设计研究院联合体

鸟瞰图

位置图

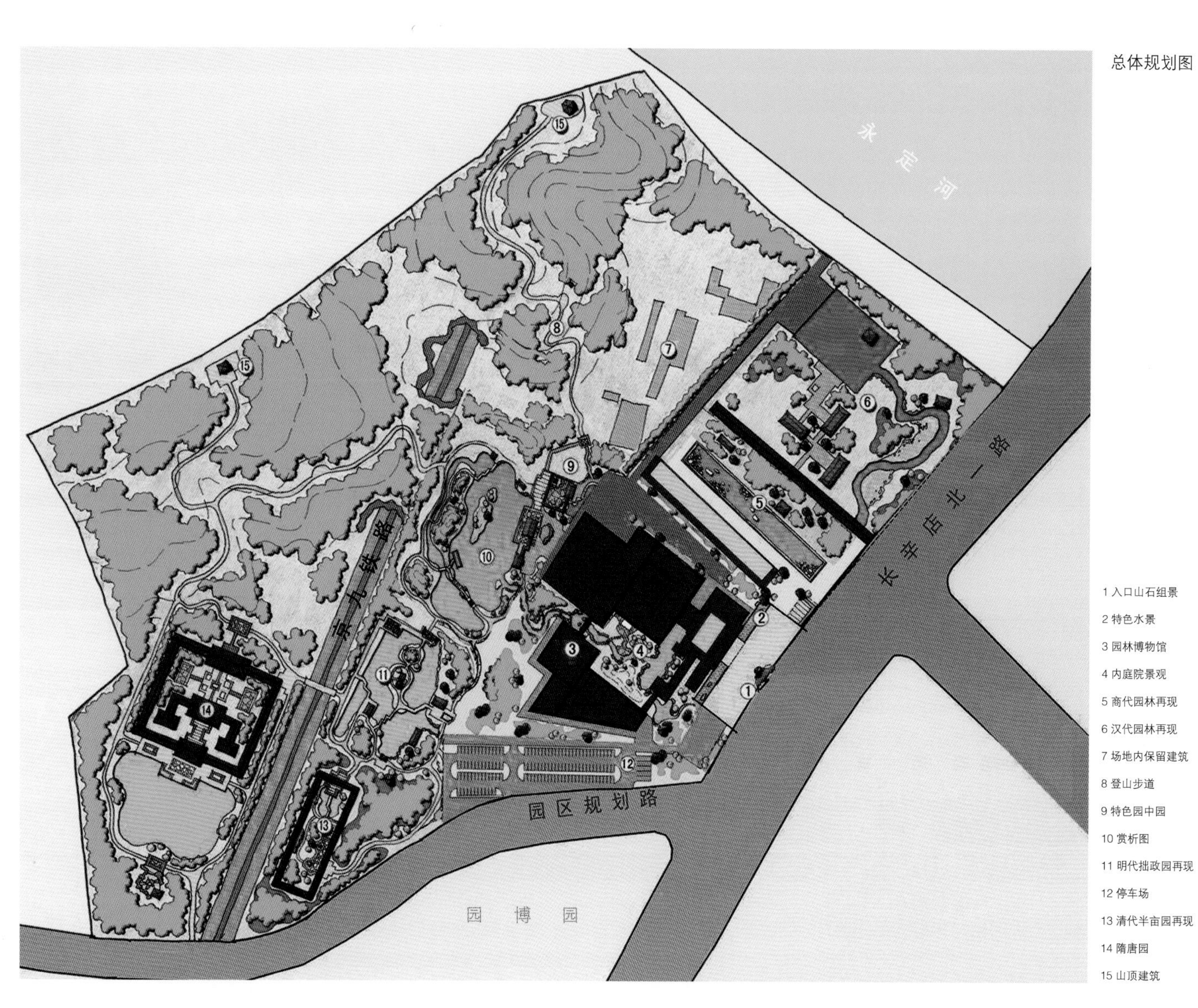

总体规划图

1 入口山石组景
2 特色水景
3 园林博物馆
4 内庭院景观
5 商代园林再现
6 汉代园林再现
7 场地内保留建筑
8 登山步道
9 特色园中园
10 赏析图
11 明代拙政园再现
12 停车场
13 清代半亩园再现
14 隋唐园
15 山顶建筑

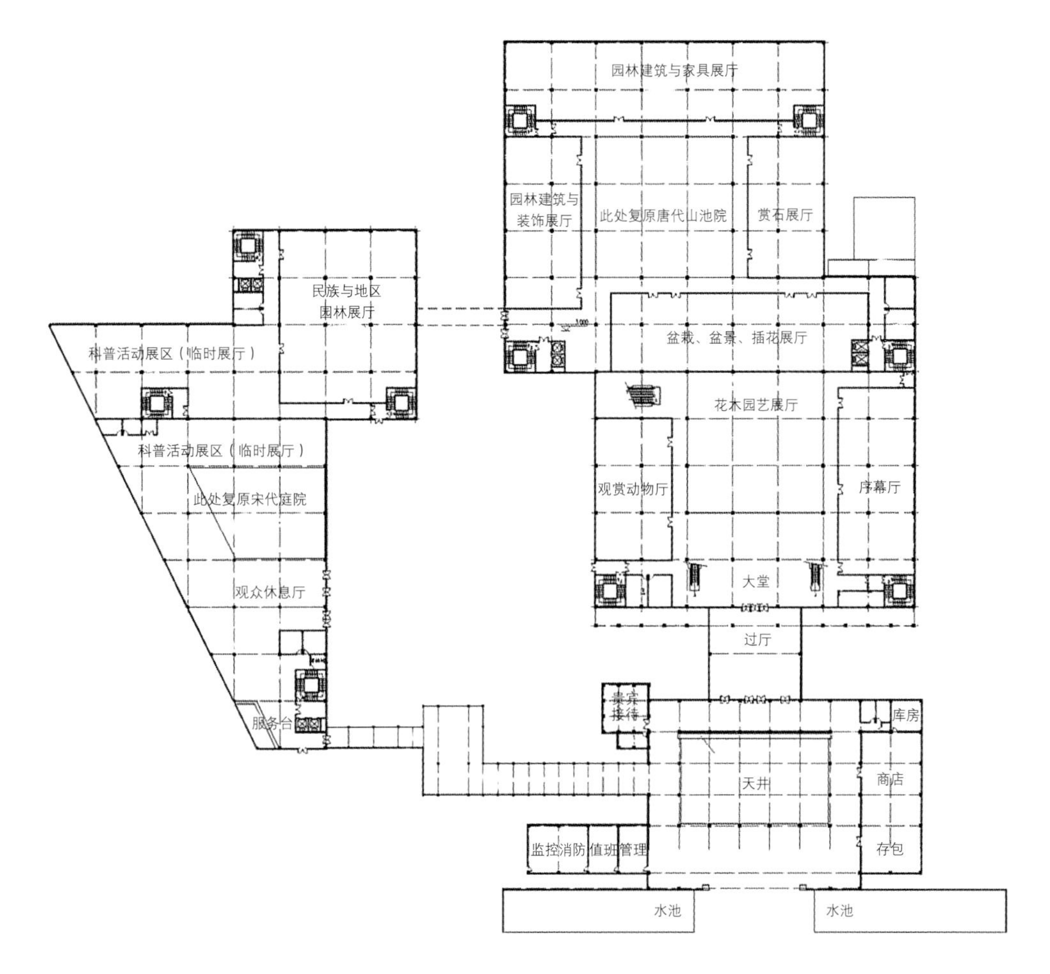
园林建筑与家具展厅
园林建筑与
装饰展厅
此处复原唐代山池院
赏石展厅
民族与地区
园林展厅
科普活动展区（临时展厅）
盆栽、盆景、插花展厅
花木园艺展厅
科普活动展区（临时展厅）
此处复原宋代庭院
观赏动物厅
序幕厅
观众休息厅
大堂
过厅
贵宾
接待
库房
服务台
天井
商店
监控消防
值班
管理
存包
水池
水池

首层平面图

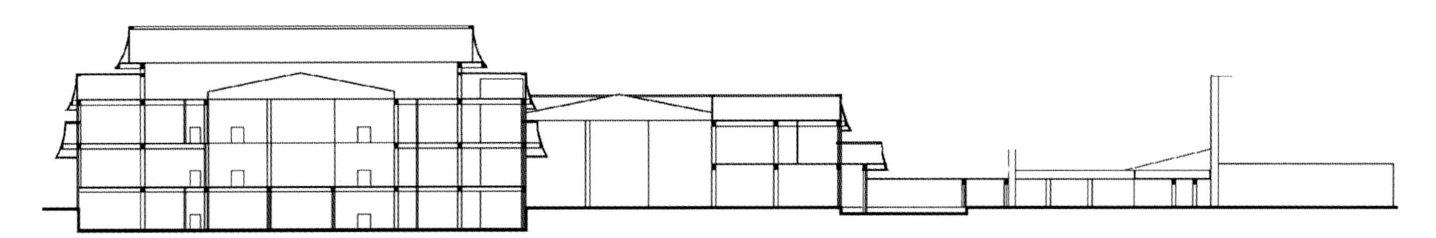

剖面图

北立面图

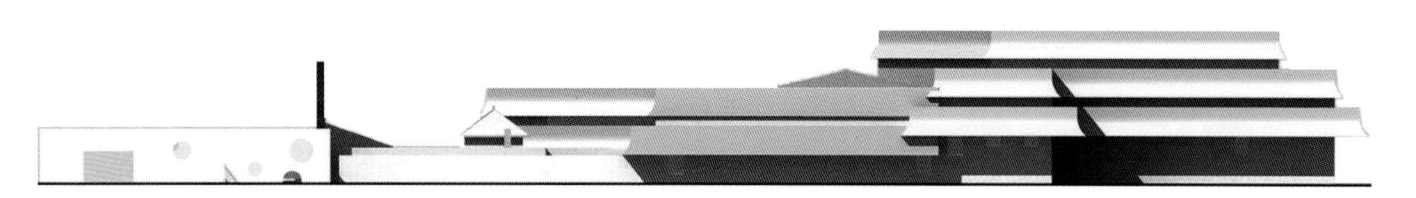

东立面图

西立面图

入口广场一点透视

门厅一点透视

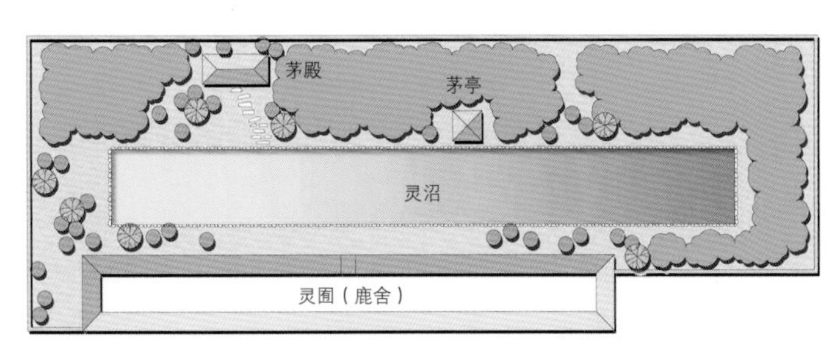

商王宫后苑平面图

赏析园总平面图

入口庭院透视图

内庭院透视图

方案设计图

设计理念来自于建筑与自然的融合，创作灵感源于中国传统山水，建筑被赋予“镶嵌在自然中的美玉”的概念，创造出四座山体环绕着建筑与自然柔和相接的变化。

方案设计单位：中建国际（深圳）设计顾问有限公司和城市建设研究院联合体

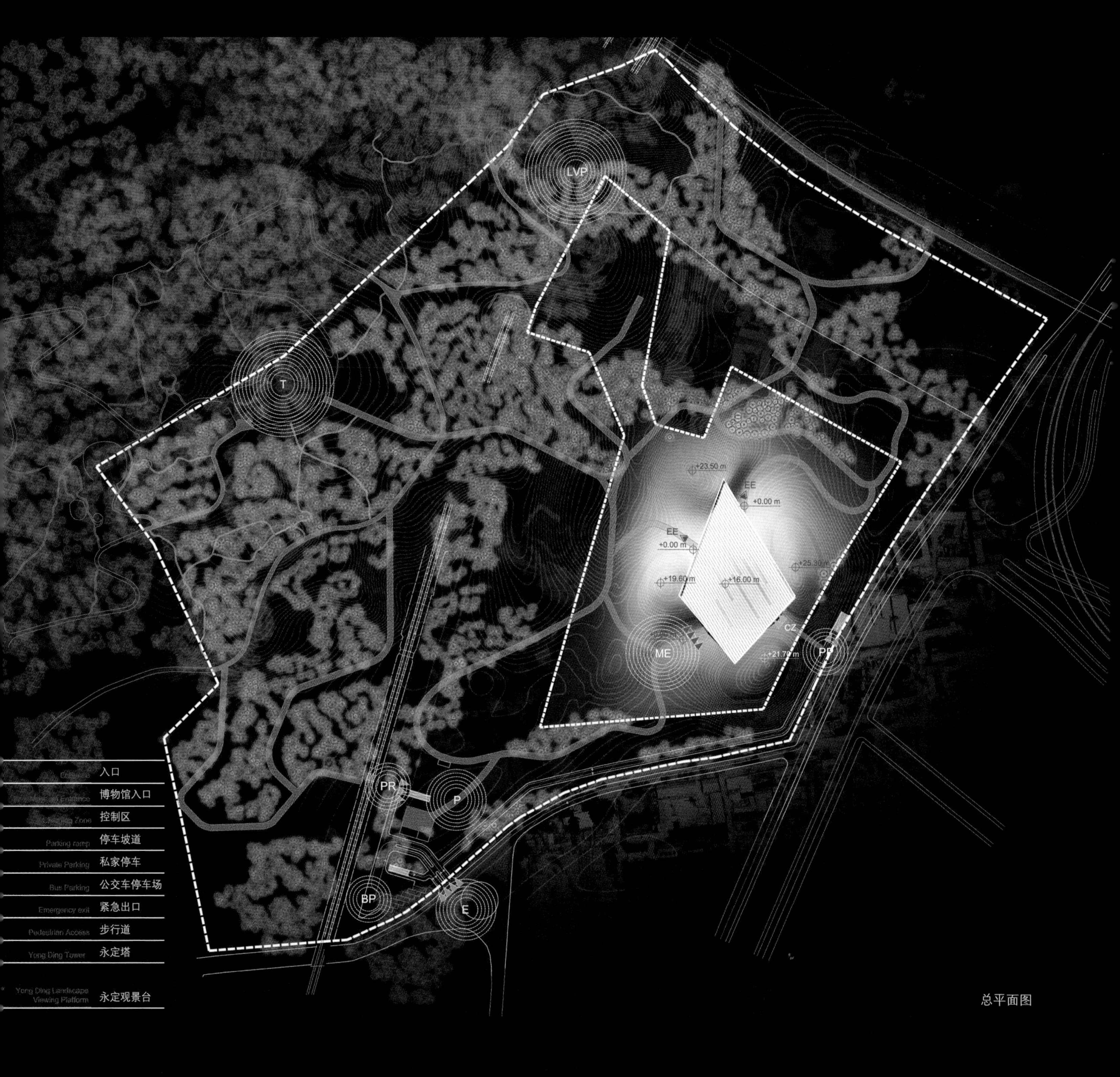
LVP
T
+23.50 m
EE
+0.00 m
EE
+0.00 m
+25.30 m
+19.60 m
+16.00 m
CZ
ME
+21.70 m
PP
PR
P
BP
E
入口
博物馆入口
控制区
Parking ramp 停车坡道
Private Parking 私家停车
Bus Parking 公交车停车场
Emergency exit 紧急出口
Pedestrian Access 步行道
Yong Ding Tower 永定塔
Yong Ding Landscape Viewing Platform 永定观景台

总平面图

鸟瞰图

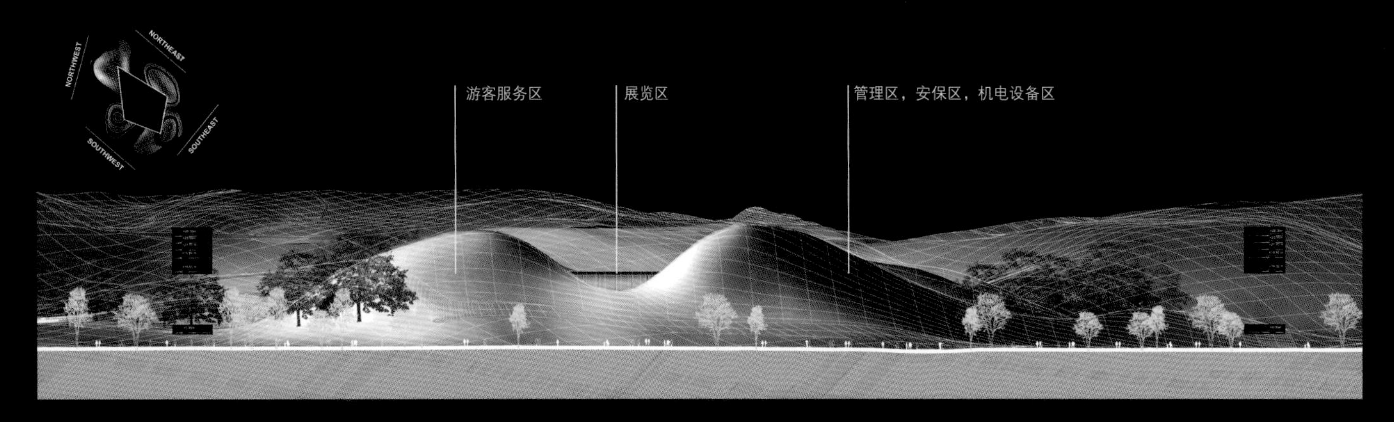

东南立面图

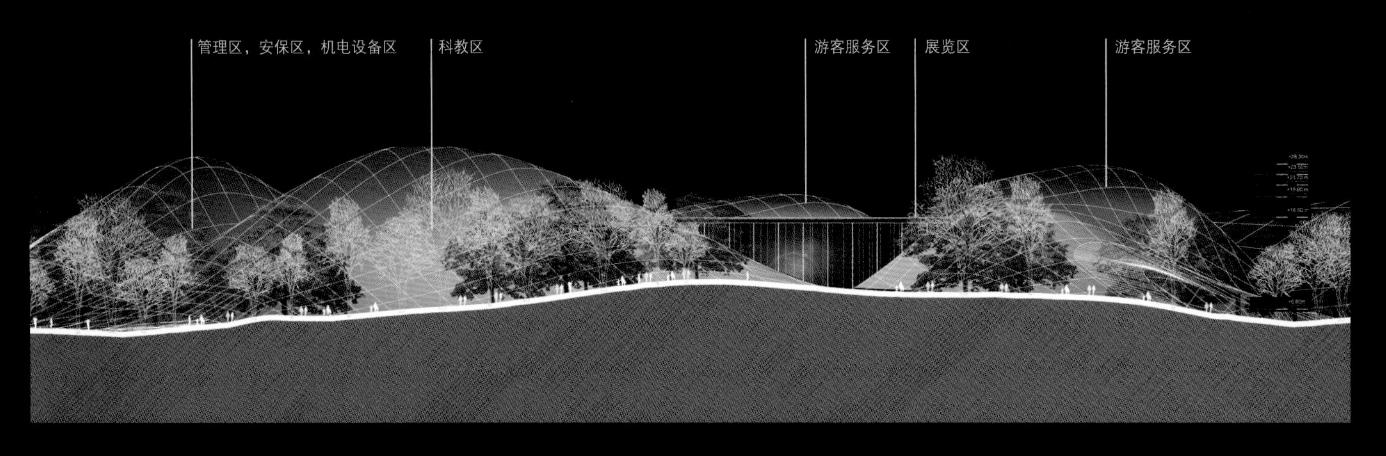

东北立面图

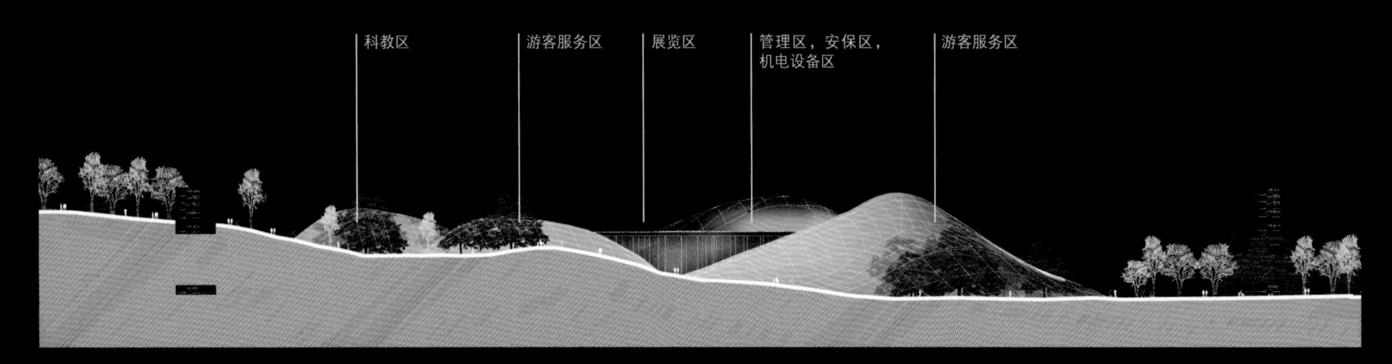

西南立面图

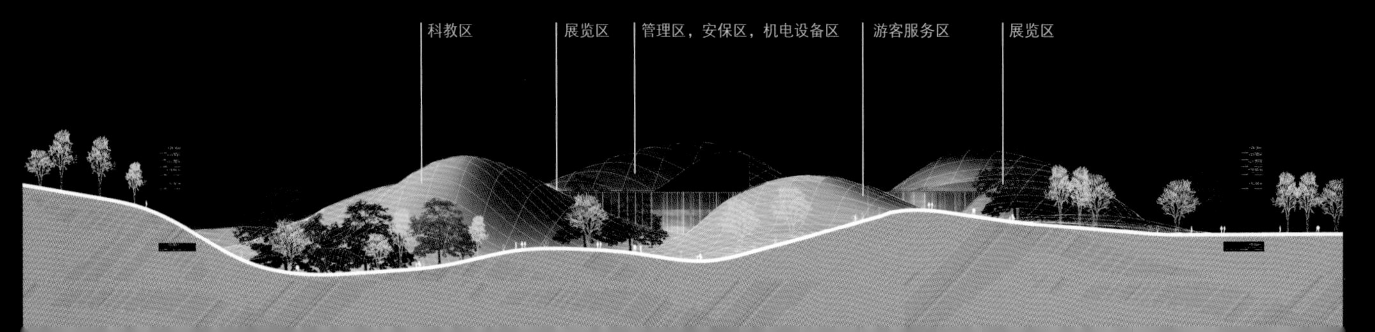

西北立面图

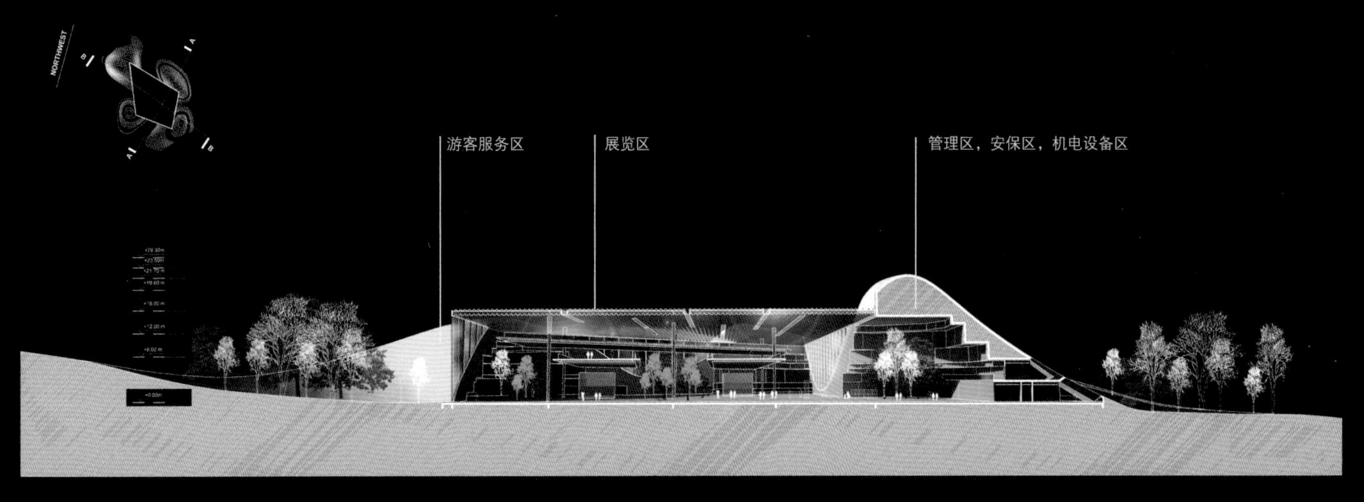
NORTHWEST
游客服务区
展览区
管理区，安保区，机电设备区

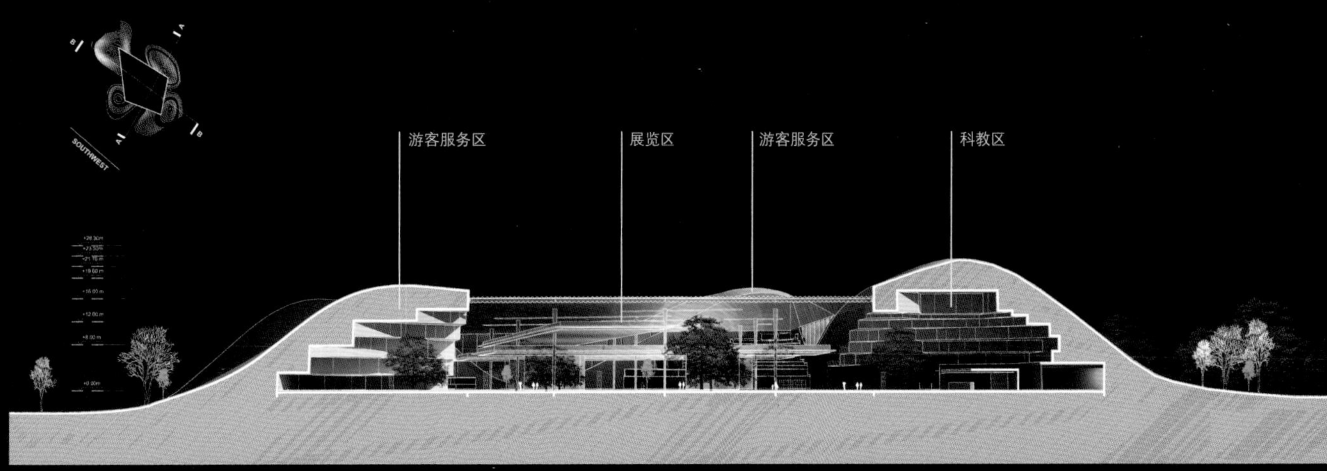
SOUTHWEST
游客服务区
展览区
游客服务区
科教区

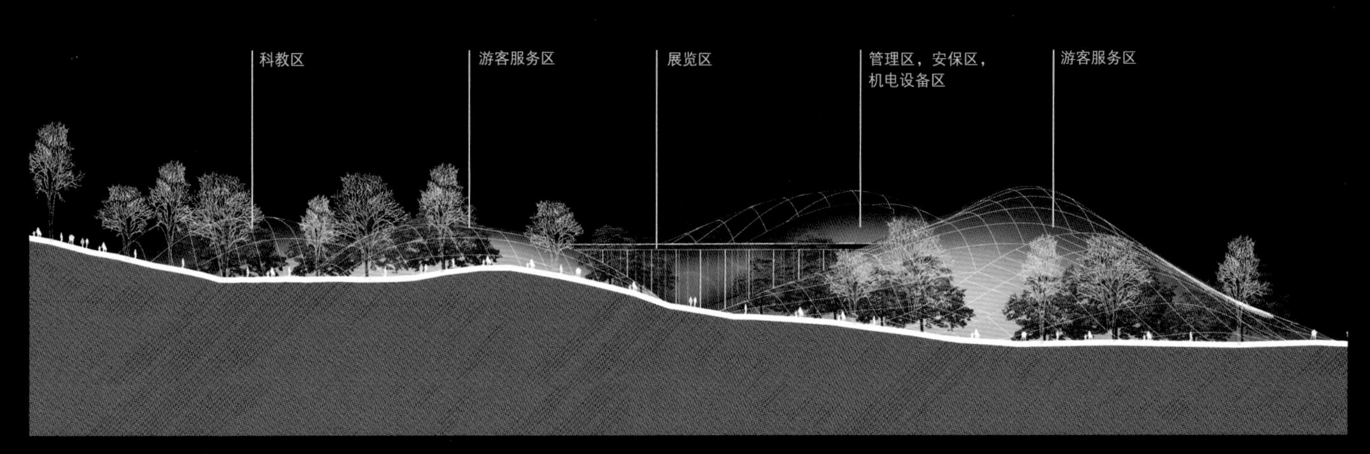
科教区
游客服务区
展览区
管理区，安保区，
机电设备区
游客服务区

剖面图

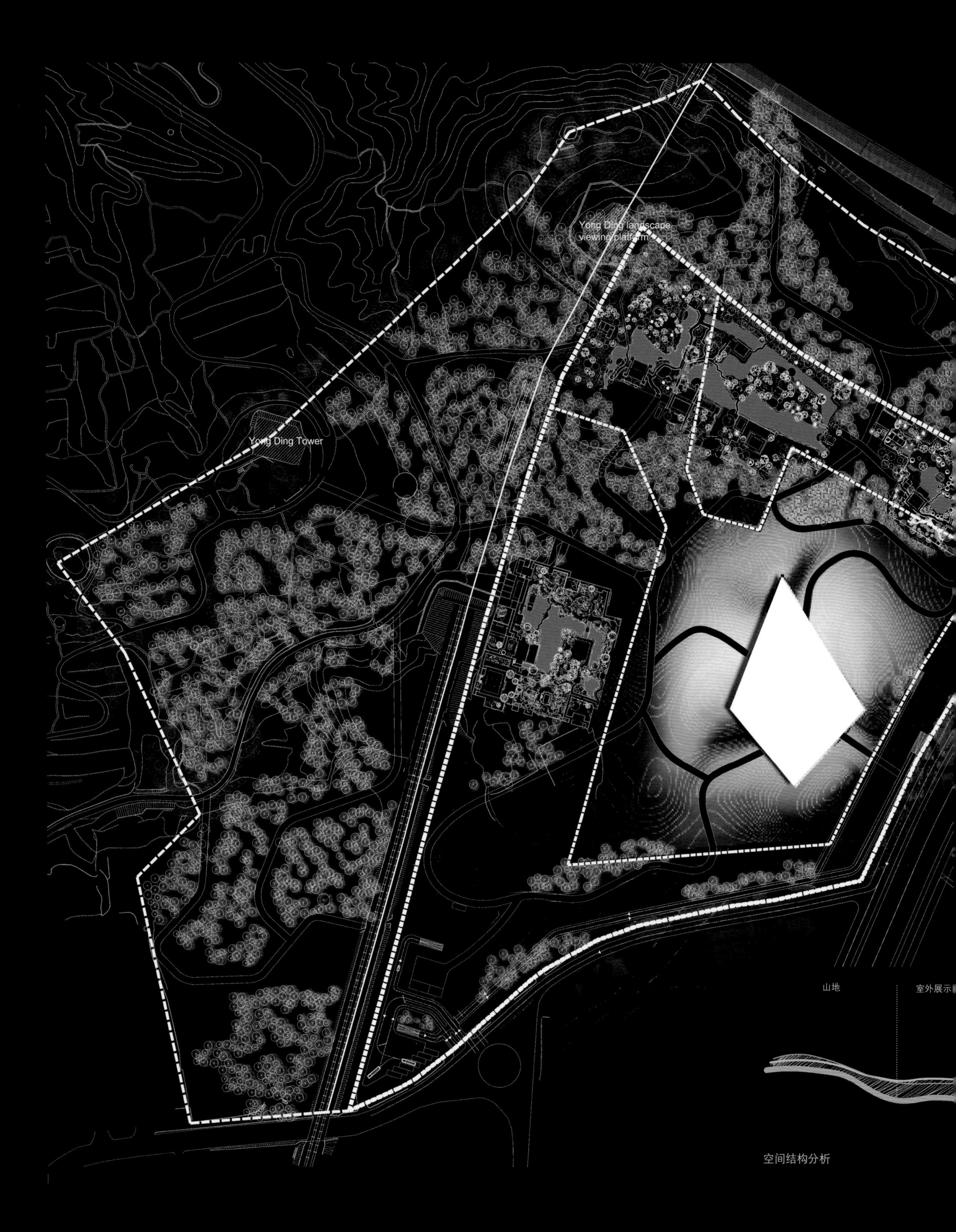
Yong Ding landscape
viewing platform
Yong Ding Tower
山地
室外展示

空间结构分析

通过中国古典园林抒发情趣，追求意境。通过看与被看的关系将建筑山体融于一体，展现古典与现代融合之美。运用空间对比设计手法，形成丰富的空间层次，提升场地趣味性。根据地形变化选用三种高度层次的植物，烘托背景，结合常绿与落叶植物，形成变化丰富的植物天际线。利用植物地形变化体现虚与实、藏与显的中国古典园林传统设计手法。

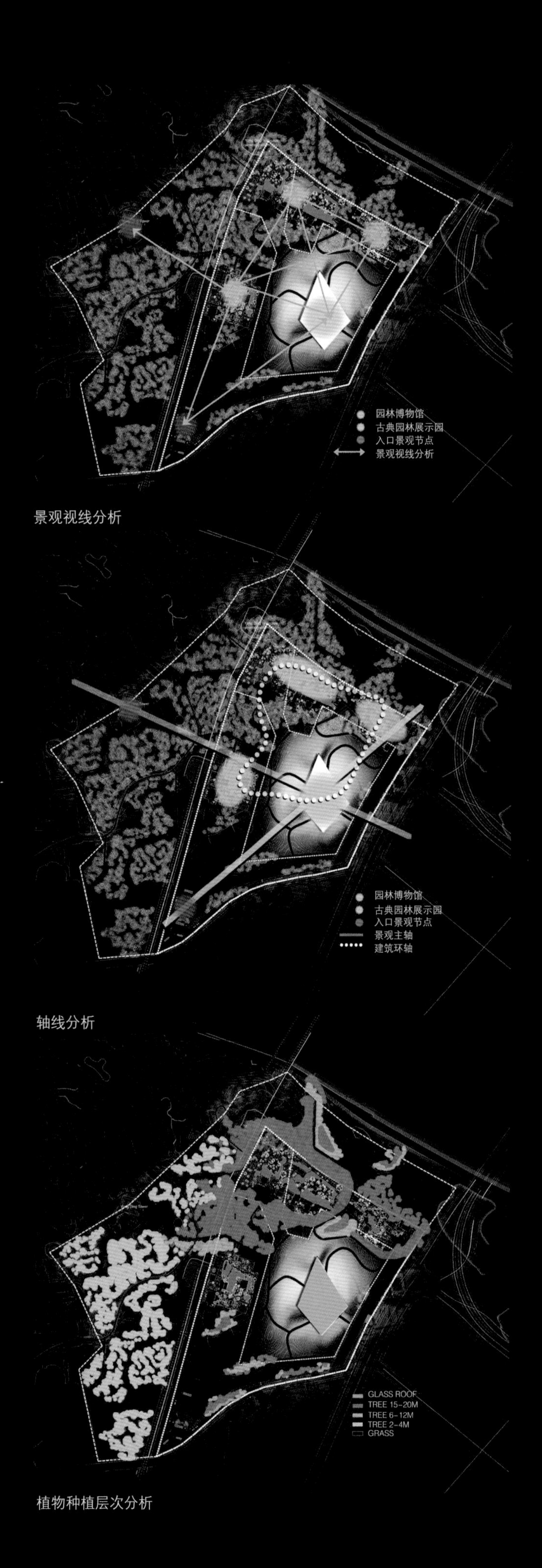

景观视线分析

轴线分析

植物种植层次分析

方案设计五

设计概念为亦石亦馆，是山水园林意趣与展陈容器的结合。建筑形体随平面布置自然而成，犹如漂浮在山水中的叠石。总体布局分为水心山谷、博采名园、步移景异、四时美景和画境文心五部分。

方案设计单位：深圳市建筑设计研究总院有限公司和深圳市北林苑景观及建筑规划设计院有限公司联合体

效果图

扩大范围总平面图

图例

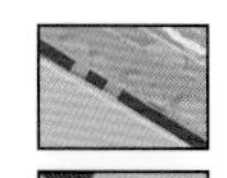 扩大研究范围线
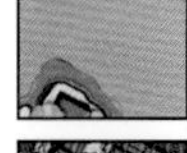 水 体
 草 坪
 景观桥梁

控制线参考范围
  园林建筑
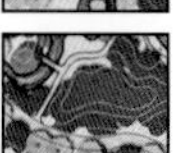 园 路
 地面生态停车场

 建议建设控制线
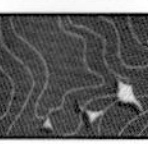 乔灌林
 场地铺装

说明

1 公共园林
2 中庭展园
3 影园
4 山近轩
5 梨花伴月
6 艮岳（局部）
7 独乐园

经济技术指标（控制线参考范围）

总用地面积（m^2）	150912	100%
绿化面积（m^2）	99797	66.13%
水体面积（m^2）	20550	13.62%
广场面积（m^2）	12965	8.6%
道路面积（m^2）	9200	6.1%
停车场（m^2）	4400	2.9%
建筑面积（m^2）	4000	2.65%

说明

1 主入口
2 疏林草地
3 临水广场
4 牌坊
5 景观亭
6 咨询点
7 绿岛
8 石舫
9 中庭展园
10 停车场
11 影园
12 山近轩
13 梨花伴月
14 艮岳（部分）
15 独乐园

总平面图

说明

1 爱国之门　2 蹈和大方评　3 平步玉澜桥
4 博物洽闻碑　5 清宴舫　6 澄海
7 芦白风清榭　8 柳荫芦风亭　9 香远益清亭
10 天人合一坊　11 观生意处　12 迎红霞标桥
13 寅辉挹爽桥　14 朱雀清溪　15 玄武福泉
16 登高必自亭　17 净练溪廊　18 文质彬彬坊

公共区域景点分布平面图

中国园林以文学为基础，景名入诗醇，按题行文入奥疏源，福泉、清溪，汇入澄海，深柳疏芦堤逶迤，清宴舫一语双关。三牌坊分别设于东、南两主入口及山地游览线入口，是为设计者抒发崇尚自然心态，借境成景，与游人交流的平台。以额题和景联具象地表达现代传统园林。

博物洽闻坊：恬天下之奇胜，藏古今之名迹

天人合一坊：外师造化品相，内得人文心源

文质彬彬坊：山水奏天籁人杰地灵，人文写诗画景面文心

中庭展园分布索引

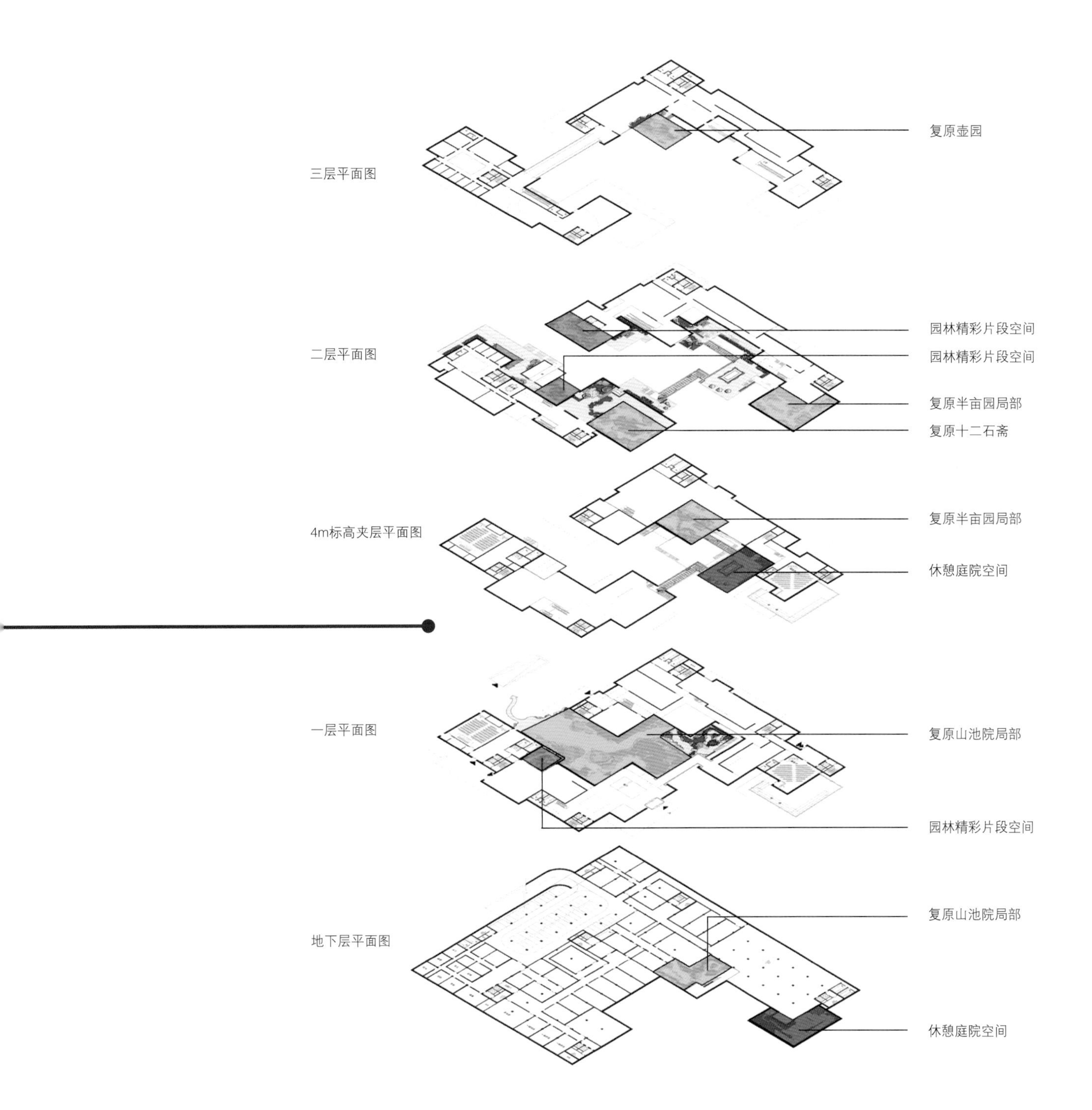
三层平面图
复原壶园
二层平面图
园林精彩片段空间
园林精彩片段空间
复原半亩园局部
复原十二石斋
4m标高夹层平面图
复原半亩园局部
休憩庭院空间
一层平面图
复原山池院局部
园林精彩片段空间
地下层平面图
复原山池院局部
休憩庭院空间

1 古木门
2 影园匾门
3 玉勾草堂
4 淡烟疏雨
5 读书藏书处
6 登阁曲廊
7 媚幽阁
8 一字斋
9 爬山廊
10 菰芦中

室外独立展园——影园

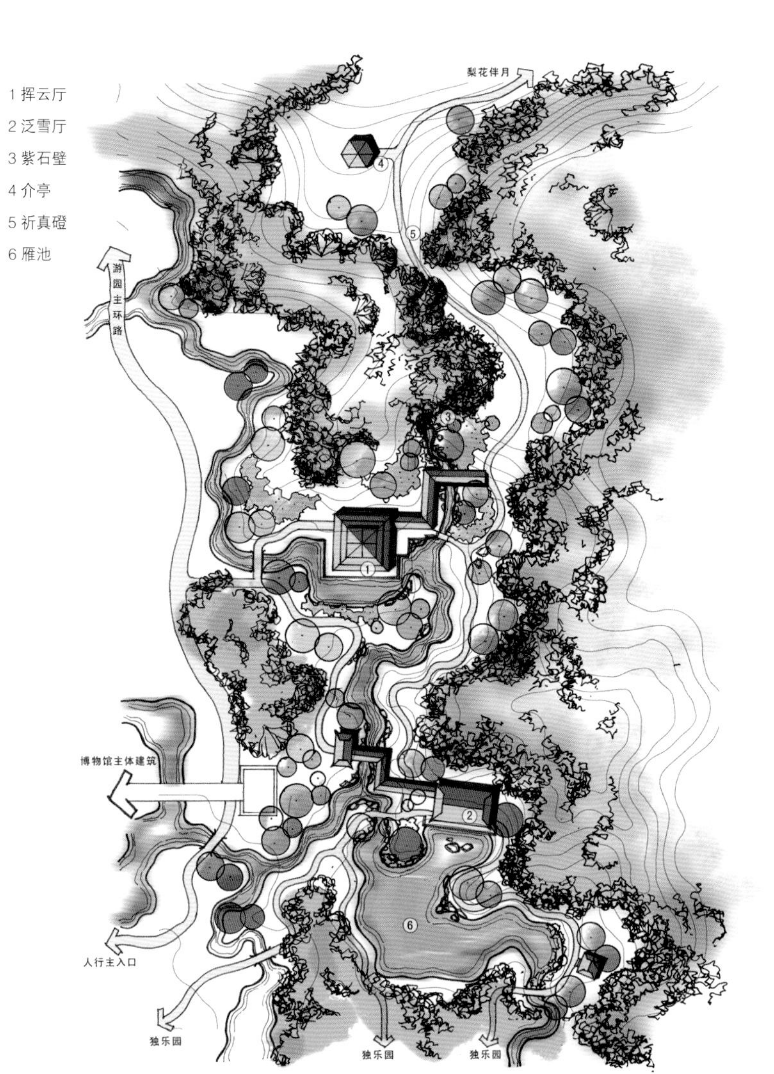

室外独立展园——艮岳雁池景区

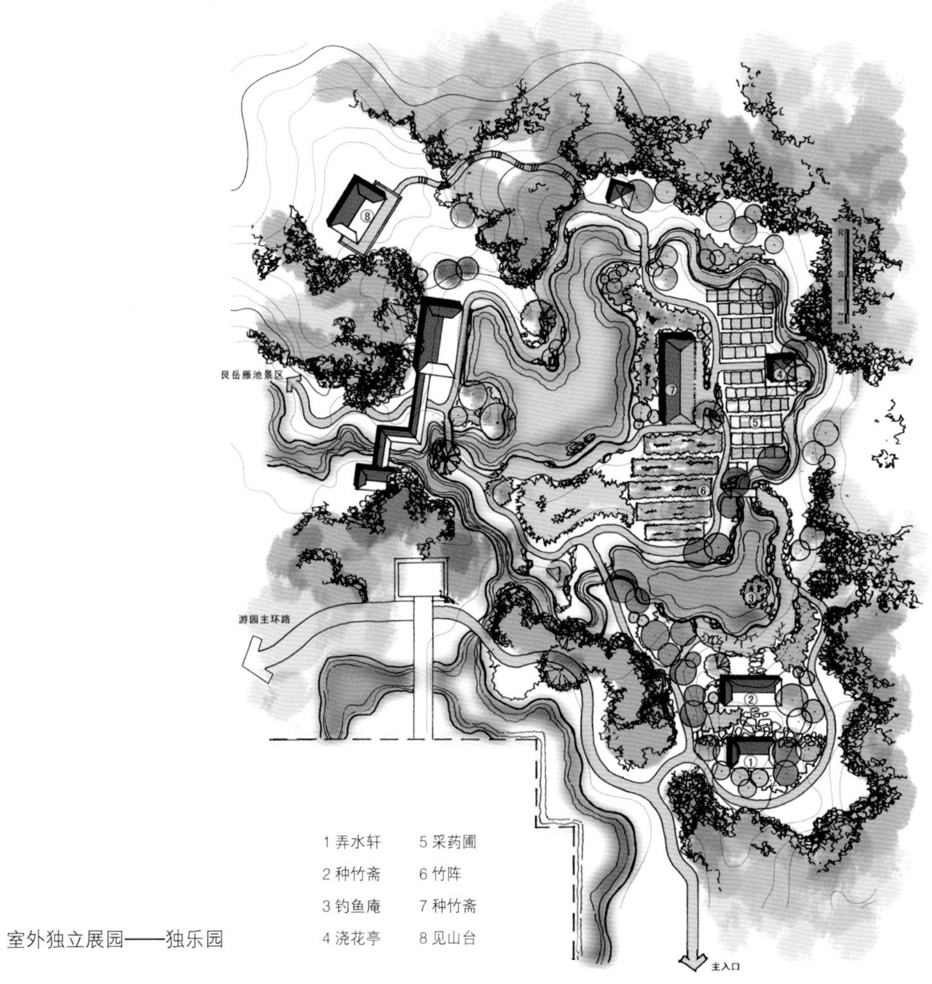

室外独立展园——独乐园

鸟瞰图

方案设计六

方案形成一脉、两仪、三山、四时、五方、六园的规划格局。建筑外观拟形山脉，高低起伏，连绵不绝，远观与鹰山融为一体。“三山”围合之间仿武陵源胜景。

方案设计单位：北京中联环建文建筑设计有限公司和中国市政工程西南设计研究总院联合体

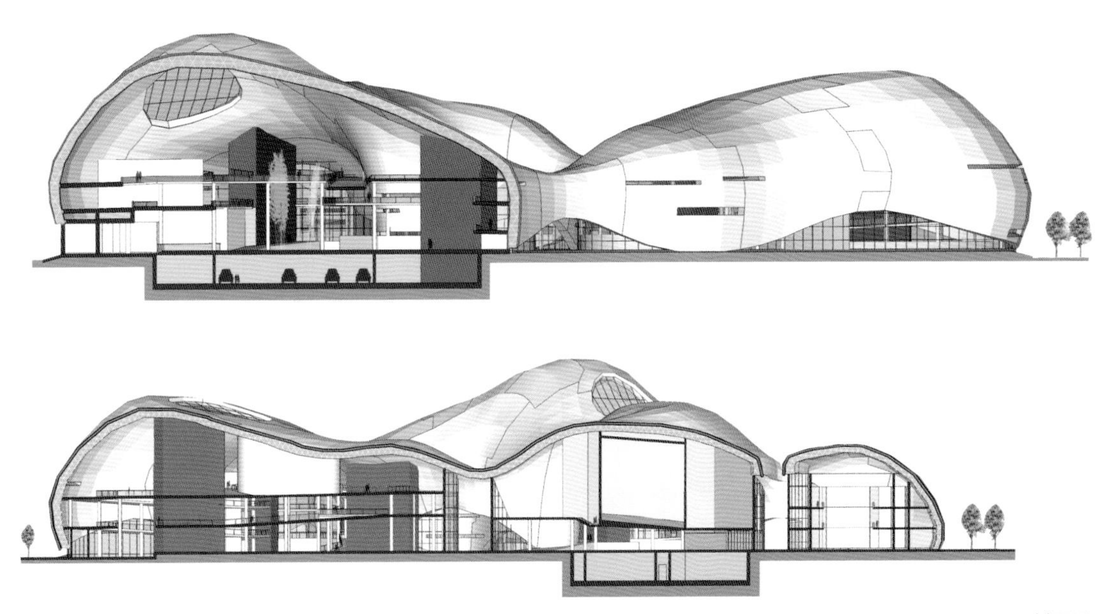

剖面图

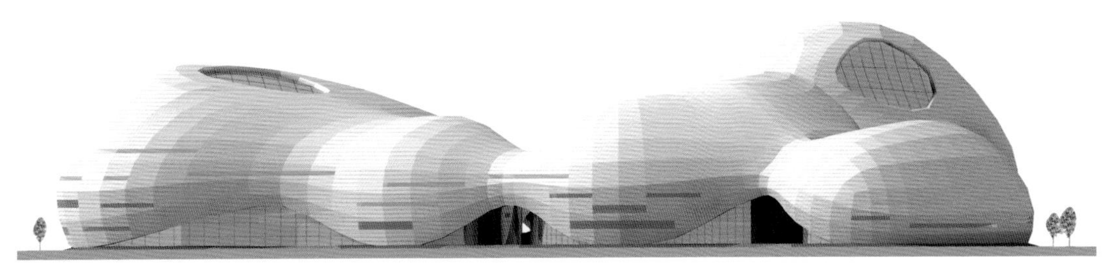

立面图

总平面图

东侧透视图

西侧透视图

东南侧鸟瞰图

全园分为两大区域：北侧一带至鹰山，开阔疏朗，是北方皇家园林的气象；南边小巧精致，曲折婉转，有南方私家园林的味道。根据朝代、方位，选取了六处有代表性的园林片断分置其间。它们是：唐代山池院的代表——履道坊宅院，中国文人园之高峰——宋代司马光独乐园，“城市山林”之大成——清代半亩园，文人园林鼎盛——影园，古代造园文化大成——承德避暑山庄的清枫绿屿，隐逸文化的开端——桃花源。

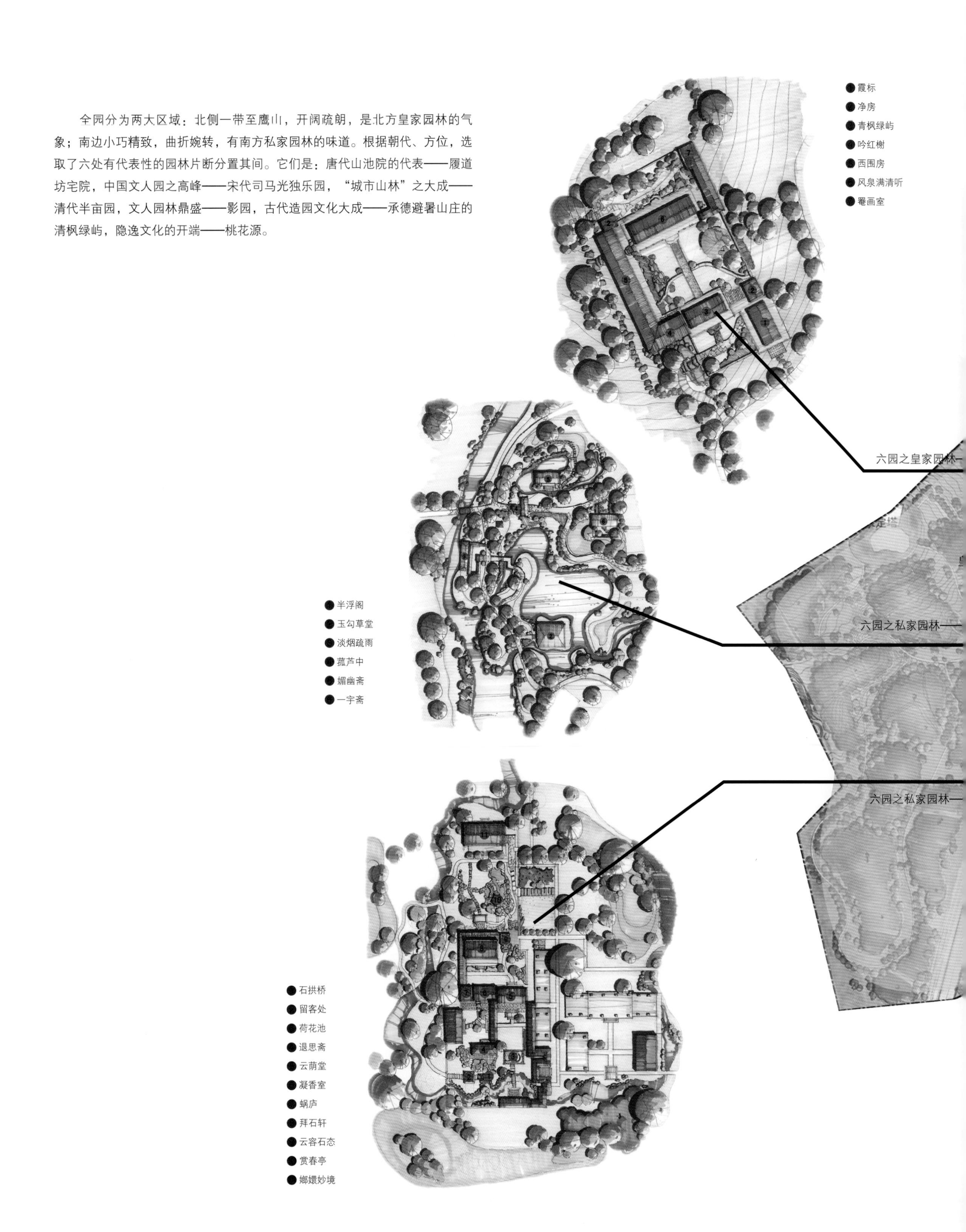

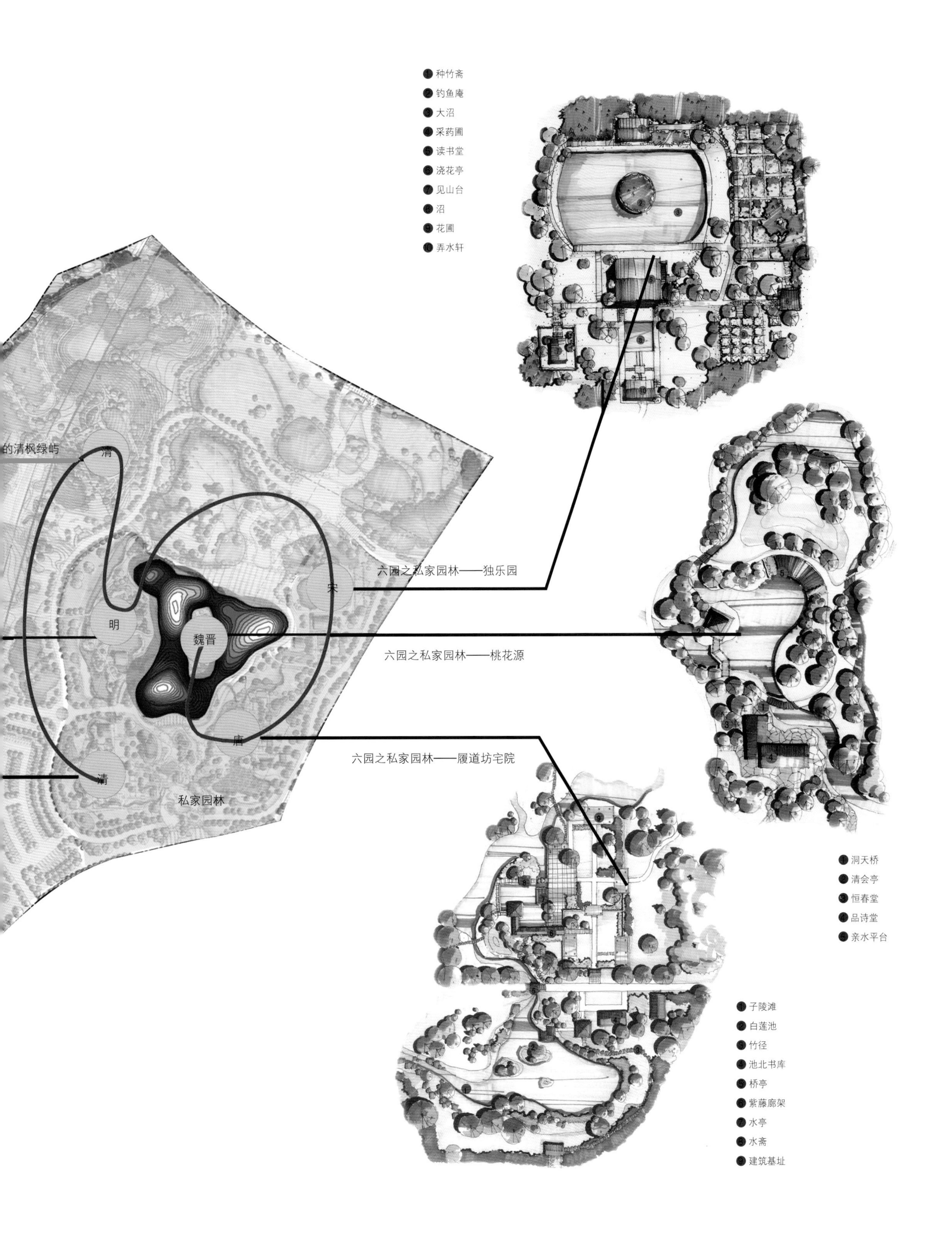

种竹斋
钓鱼庵
大沼
采药圃
读书堂
浇花亭
见山台
沼
花圃
弄水轩
的清枫绿屿
清
宋
明
魏晋
唐
清
私家园林
六园之私家园林——独乐园
六园之私家园林——桃花源
六园之私家园林——履道坊宅院
洞天桥
清会亭
恒春堂
品诗堂
亲水平台
子陵滩
白莲池
竹径
池北书库
桥亭
紫藤廊架
水亭
水斋
建筑基址

青枫绿屿

避暑山庄的设计是集古代造园文化大成，而其中的青枫绿屿依山而建与设计园区西北角山势要求十分契合。“青枫绿屿”为康熙早期的建筑，体现了康熙“自然天成地就势，不待人力假虚设”的仿自然之趣，“宁拙舍巧”求得淡雅效果。这与整个园博馆建筑设计理念如出一辙。

影园

影园是扬州八大名园之一，也是文人园林发展至鼎盛时期代表。其整体依水而建，或围合或依托，以树影、人影、山影闻名。园东部原为地形堆山，我们巧妙地利用园博馆建筑形体作为依托，将影园与建筑融为一体。其整体风格给人以朴实无华、疏朗淡泊之感。

半亩园

半亩园是中国庭园园林与北方四合院建筑有机结合的典范之作。园不足一亩，游者只需数步可经之境，能以间、隔、透、借而成种种景观，既有富丽堂皇的厅堂廊轩，又有山林野趣的溪桥亭桥，更有幽深别致的谷间小院，各呈其妙。其中借景尤为重要，西南部的半亩园将建筑的“山”体借入园中，以小见大，居京师闹市而得咫尺山林之景。

独乐园

司马光独乐园在位置、规制尺度和园林意境等方面最真切地反映出中唐以来文人园林的造园理想。以水池为中心，堂北又有水池，中有岛，岛上植竹。其他景物环列，周边配置花圃、药圃、林木。是一个以水景为构图中心，大量花木环列，并在岛上植竹，突出竹林景观，突出植物景观的水景园林。当建筑在其旁边衬托时，把“山”林自然野趣表现得更加淋漓尽致。

桃花源

桃花源所创造意境为中国古典园林开端，是文人墨客精神追求的体现。其先豁然开朗，不为尘世打扰的意境通过以下手段来实现：入口处茂植的桃花，遮蔽视线的山洞，缘溪而上豁然开朗的草坪，以及炊烟袅袅的人家。我们将此场景穿插于主体建筑内外，自然与建筑就那么自然而然地融为一体。

履道坊

“山池院”的普及，第一次将小规模人工庭园与自然山水要素有机结合，确立了以小见大的写意山水手法。造园顺乎自然，组景师法造化，重视环境，较早提出园林之借景；重视植物造园，“居必有竹”；情笃于水，意寄于石，园博馆建筑也成为了其最好的借景。

方案设计七

方案设计概念源自"盒子"，建筑空间与庭院空间互相穿插，建筑空间和庭院空间在形状上源于盒子的外形，各种空间互相组合形成一个有机的建筑整体，与周边的自然环境很好地融合在一起。

方案设计单位：清华大学建筑设计研究院和[illegible]设计有限公司联合体

入口效果图

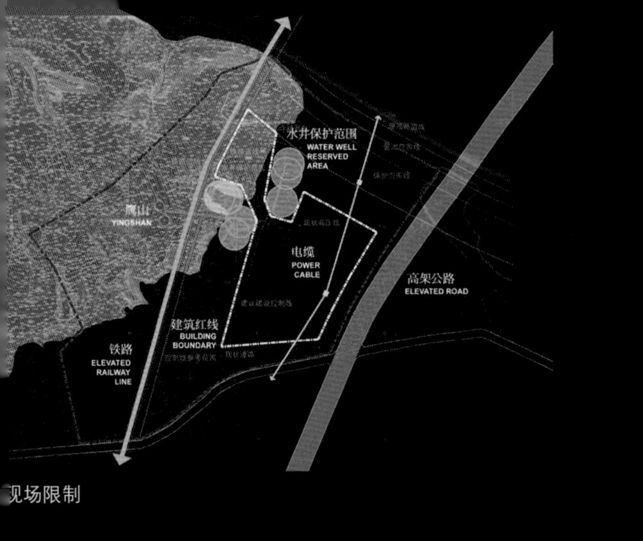

现场限制

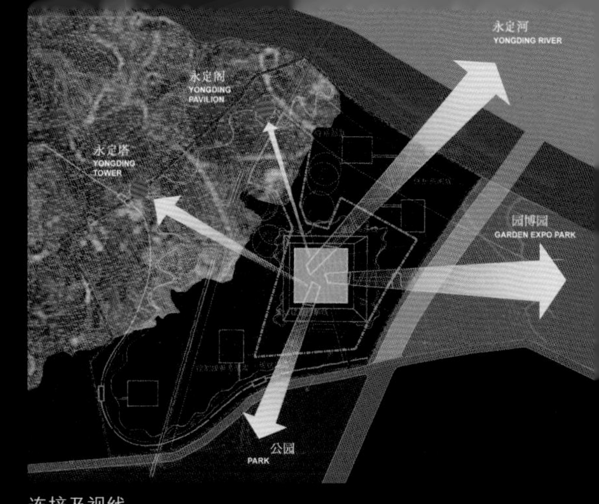

连接及视线

总平面及景观设计

室外效果图

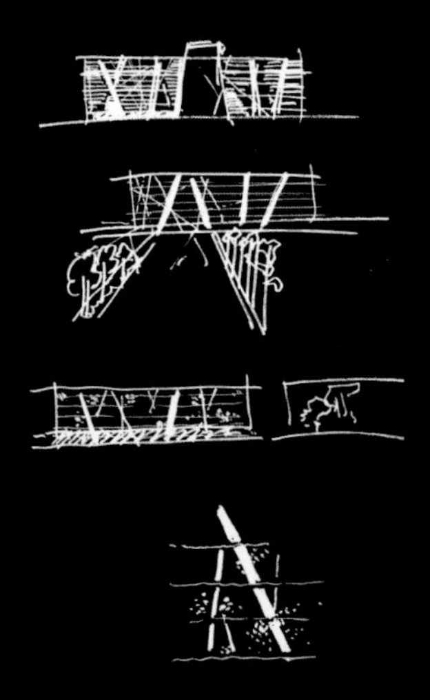

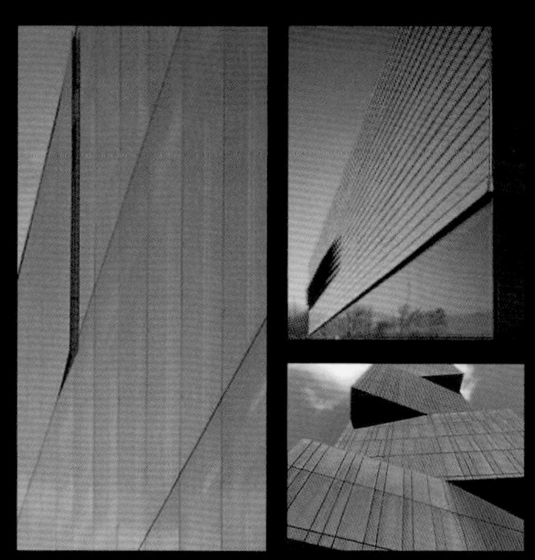

建筑外观

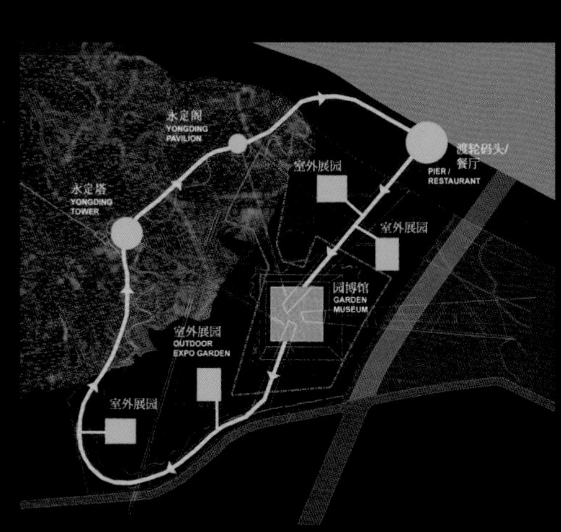

活动圈

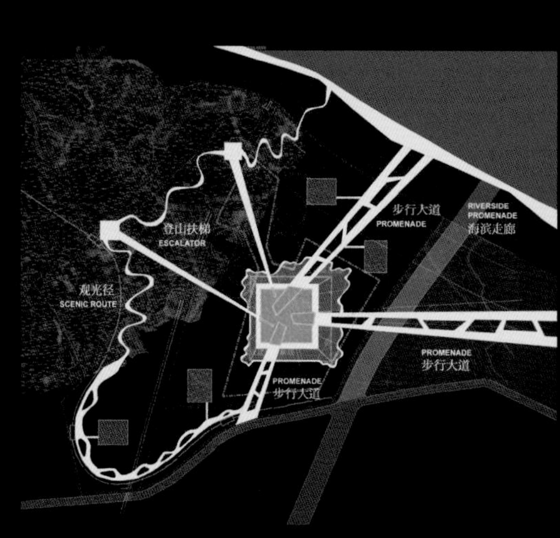

步行流线

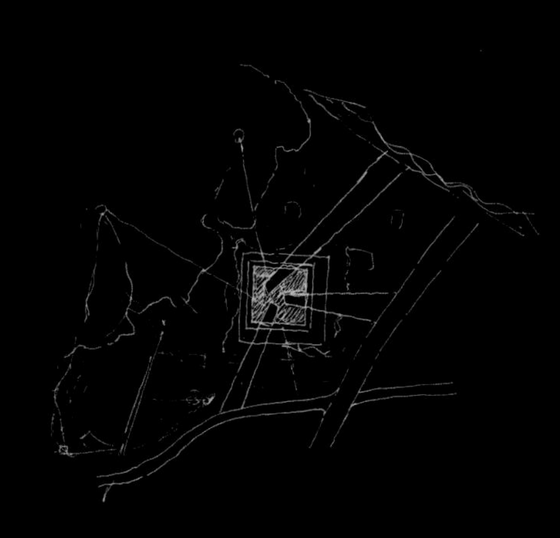

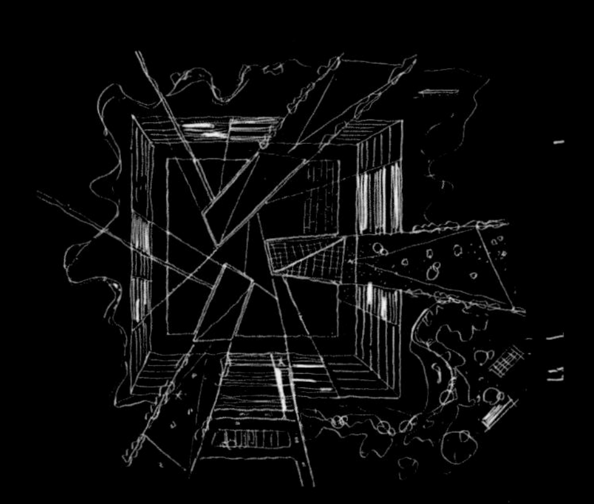

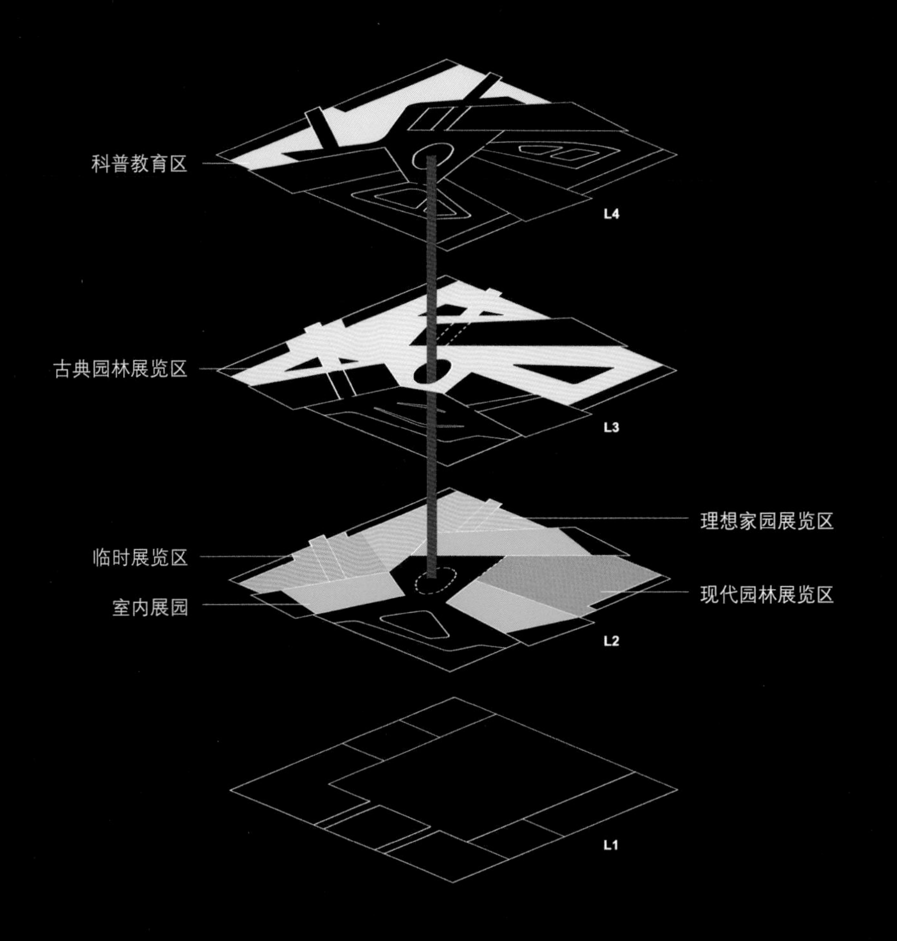
科普教育区
L4
古典园林展览区
L3
理想家园展览区
临时展览区
现代园林展览区
室内展园
L2
L1

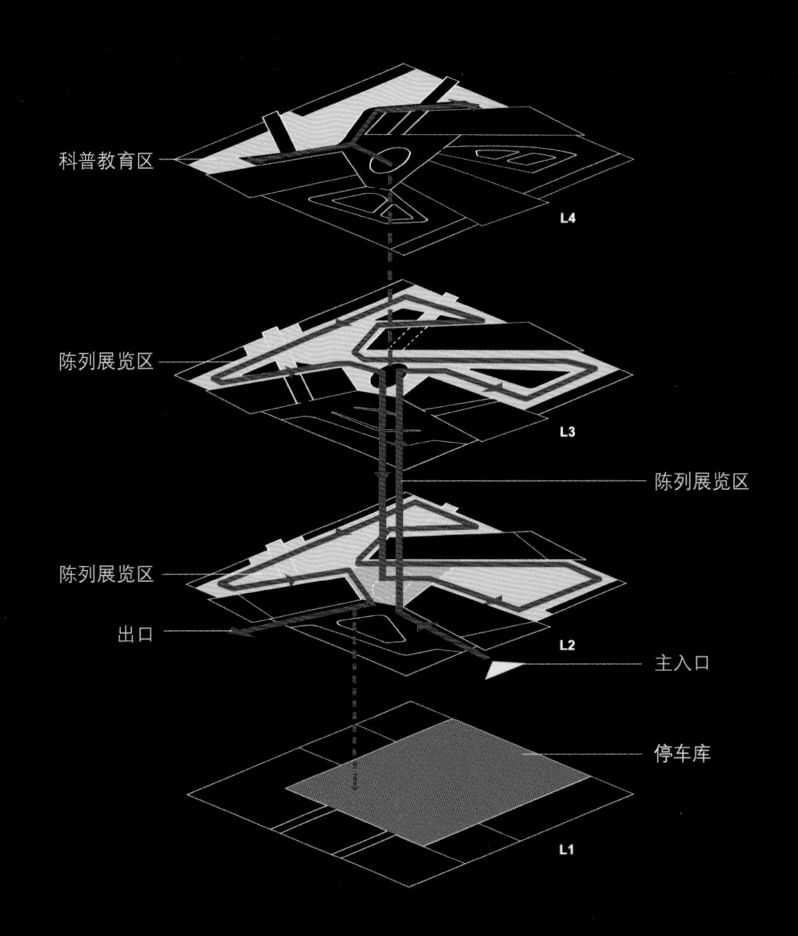
科普教育区
L4
陈列展览区
L3
陈列展览区
陈列展览区
出口
L2
主入口
停车库
L1

设计分析图

鸟瞰全景图

方案设计八

在设计构思上主要以“写意园林”为主题，博物馆作为展览功能的载体，与园区内的园林有着密切的关联。建筑材料和色彩采用黑白灰的构成，体现“素雅、恬静、隐忍”的精神品质，力求在内和外的设计上都体现造园精神和地域精神。

方案设计单位：华南理工大学建筑设计研究院和广州园林建筑规划设计院联合体

效果图

盆景园展区(远期)
假山园展
水井保护区
水井保护区
防护林区
园林博物馆
半亩园
主入口广场
主入口
地下车库入口
办公入口
新
周
线

总平面图

单体鸟瞰图

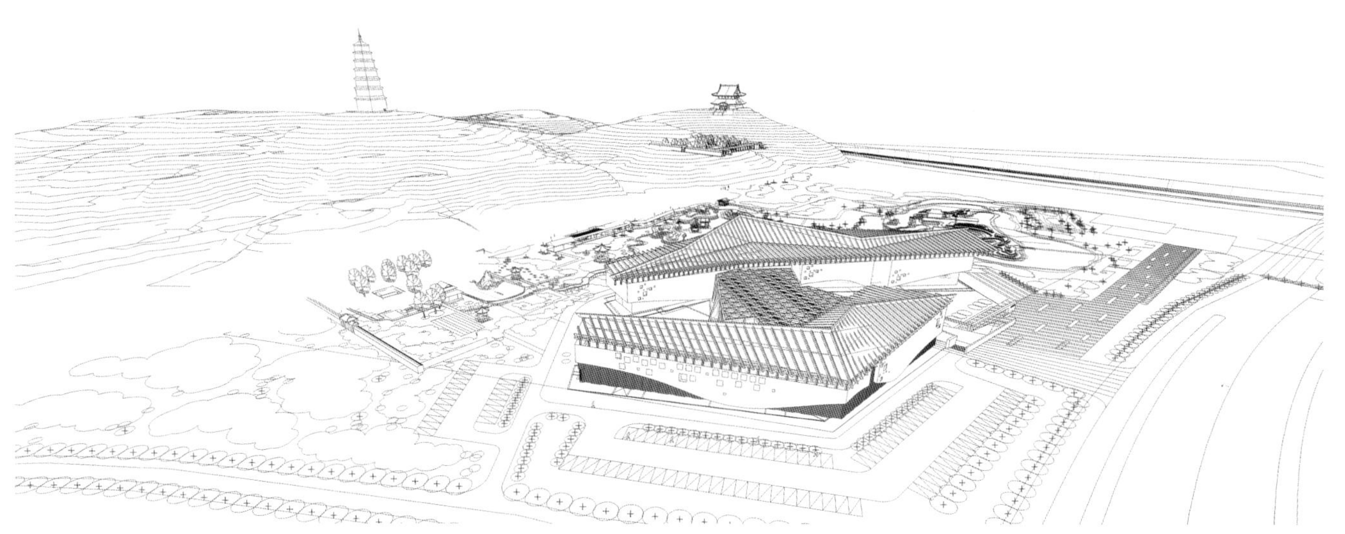

建筑与周边文脉体量关系图

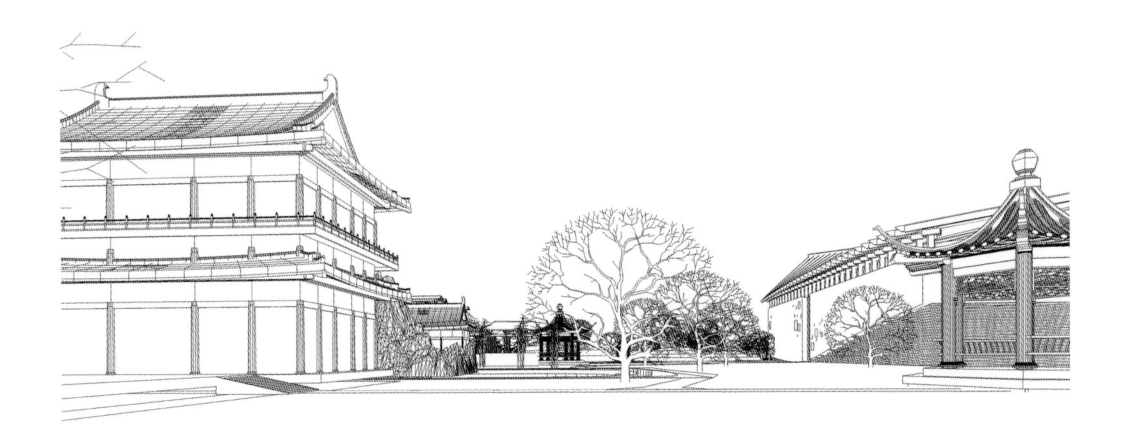

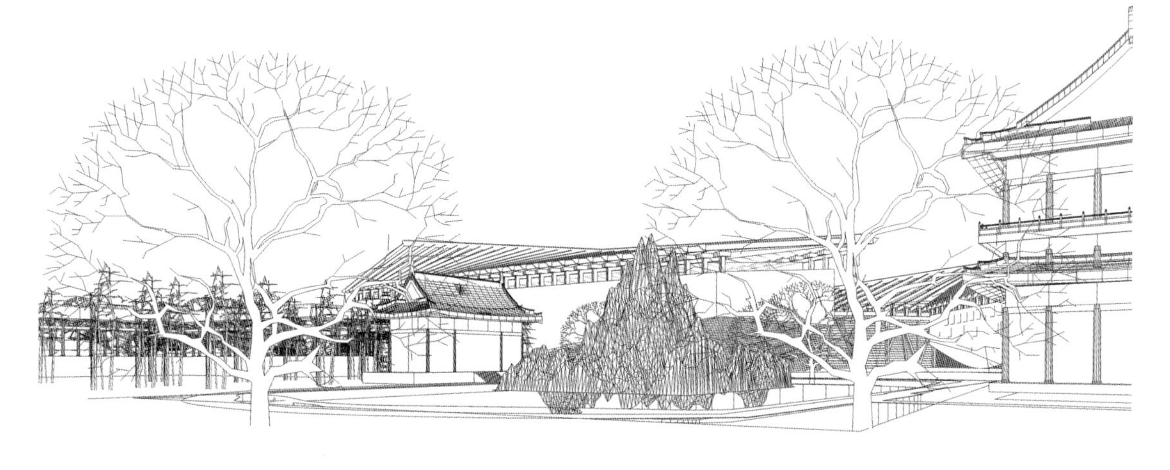

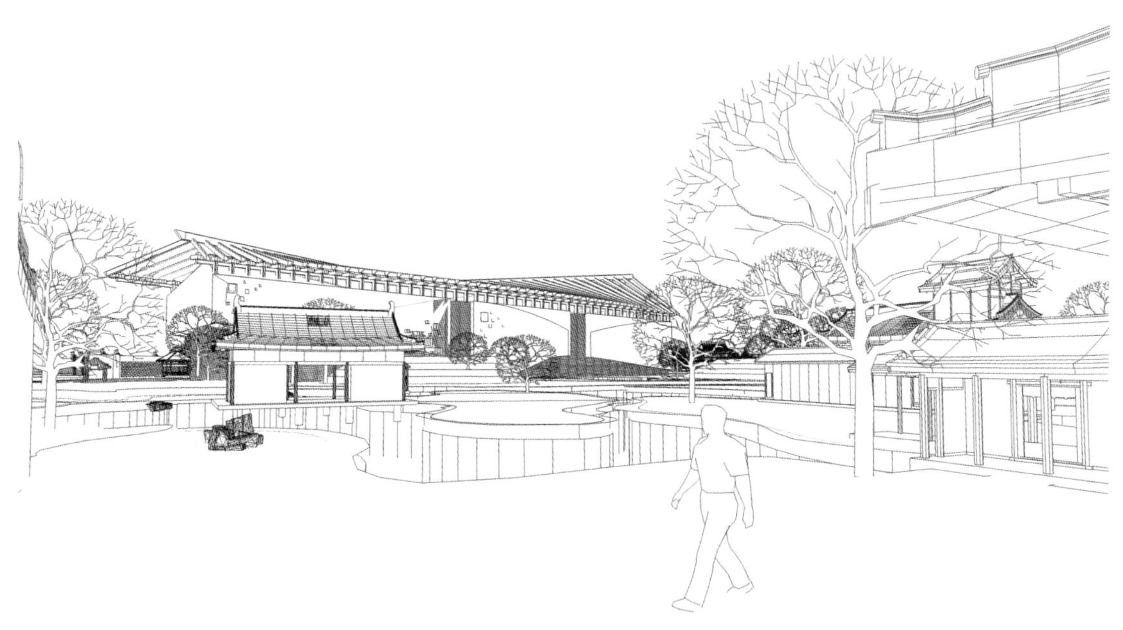

园林复制意向

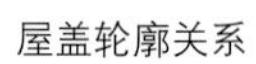

屋盖轮廓关系

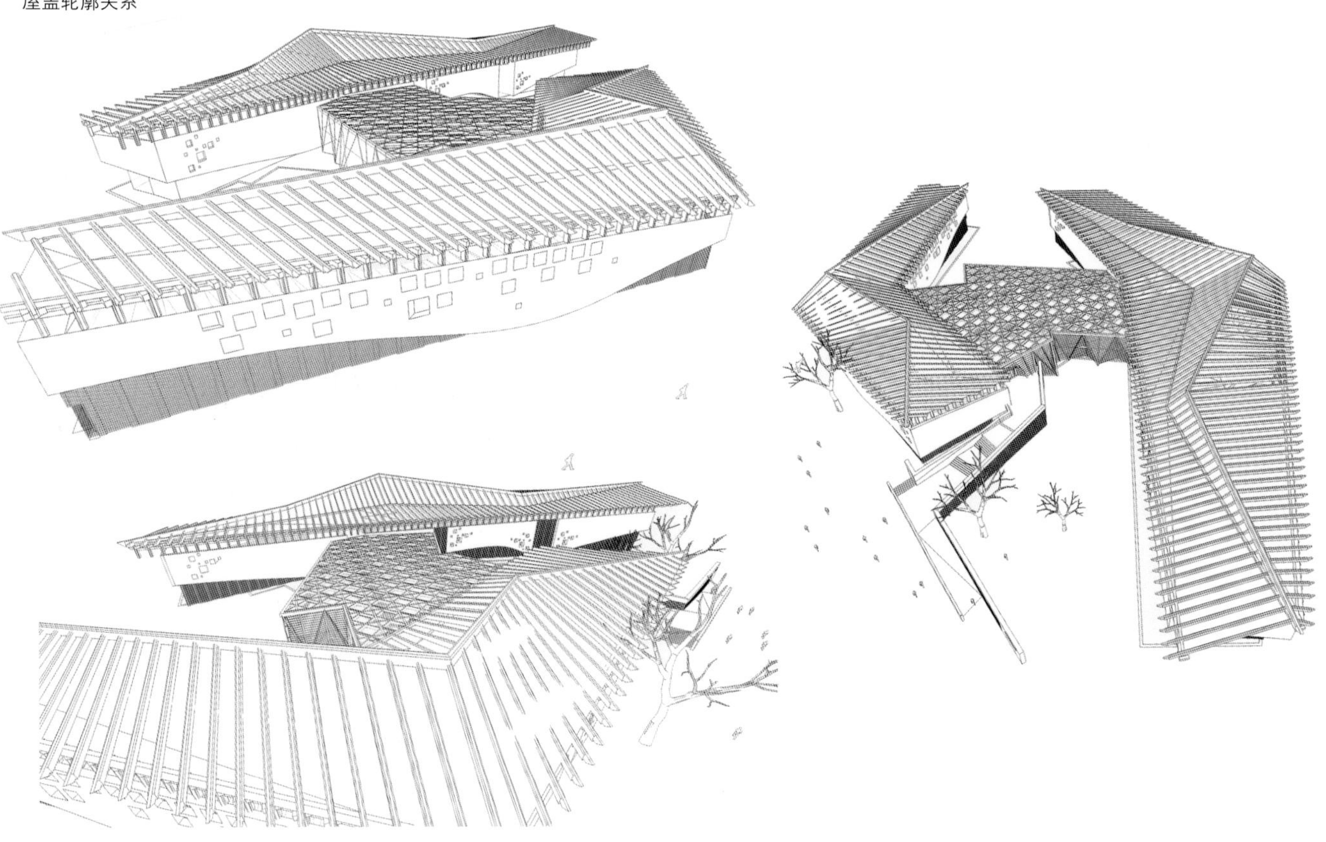

入口低点透视关系

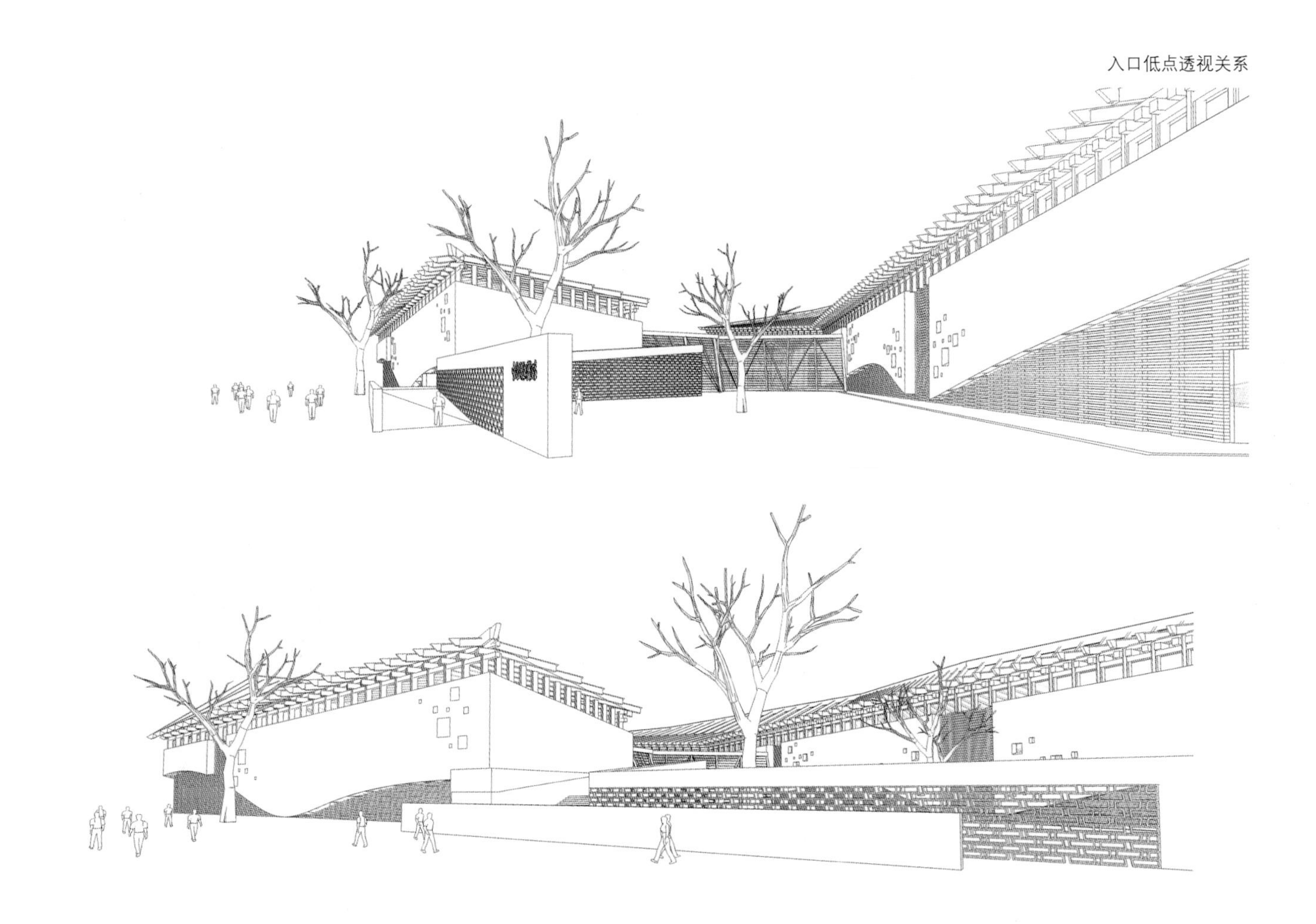

中国园林博物馆方案审定

郑西平主任汇报园博馆规划设计方案（2011年2月14日）

园博馆方案征集专题会（2010 年12月22日）

园博馆规划设计方案征集专家审查会（2010年12月15日）

园博馆室内外展园方案专家审查会（2011年7月26日）

园博馆展陈设计方案专家审查会（2013年1月23日）

张树林
刘超英

方案深化

2011年4-5月住房与城乡建设部副部长仇保兴三次听取中国园林博物馆深化整合方案，提出指导意见。2010年6月7日，中国园林博物馆筹建指挥部指挥审定园博馆规划设计方案，报组委会批准实施。

第一阶段

第一阶段方案透视图

第一阶段方案鸟瞰图

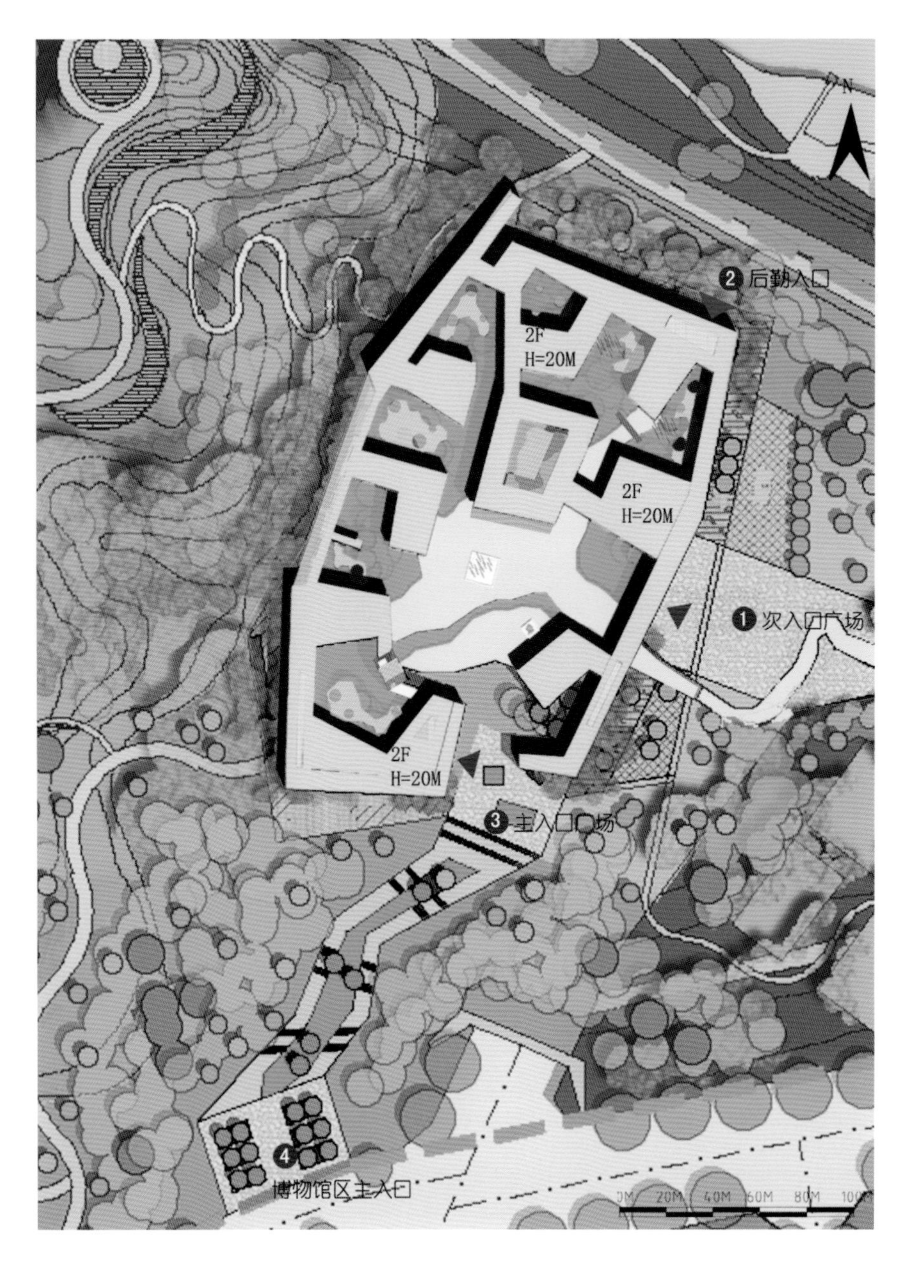

❶ 次入口广场
❷ 后勤入口
❸ 主入口广场
❹ 博物馆区主入口

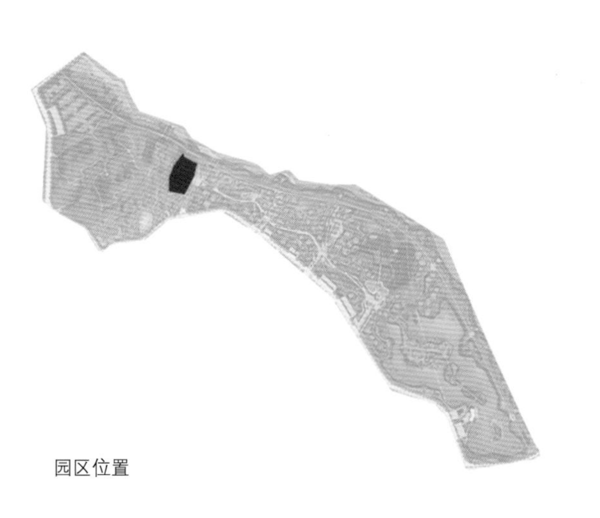

园区位置

经济技术指标

建筑总面积：	18700m^2
建筑地上面积：	15300m^2
建筑地下面积：	3400m^2
建筑高度：	20m^2
建筑层数：	地上2层
	地下1层
建筑占地面积：	17100m^2
停车位：	地下100辆

虚与实，作为中国文化中永恒的核心内容，在中国园林博物馆这一建筑的构思中，起到了至关重要的指导作用。我们认为，在以园林为主题的博物馆中，作为实体存在的建筑空间将与作为虚体存在的有展示功能的室外空间同等重要，他们之间相互界定，却又给彼此留下使用的灵活性。他们相互依存，却又各自独立存在。

中国园林博物馆的空间创意源自中国印章中的阴阳文，源自寄于这微妙的虚实相互界定之间的神韵。

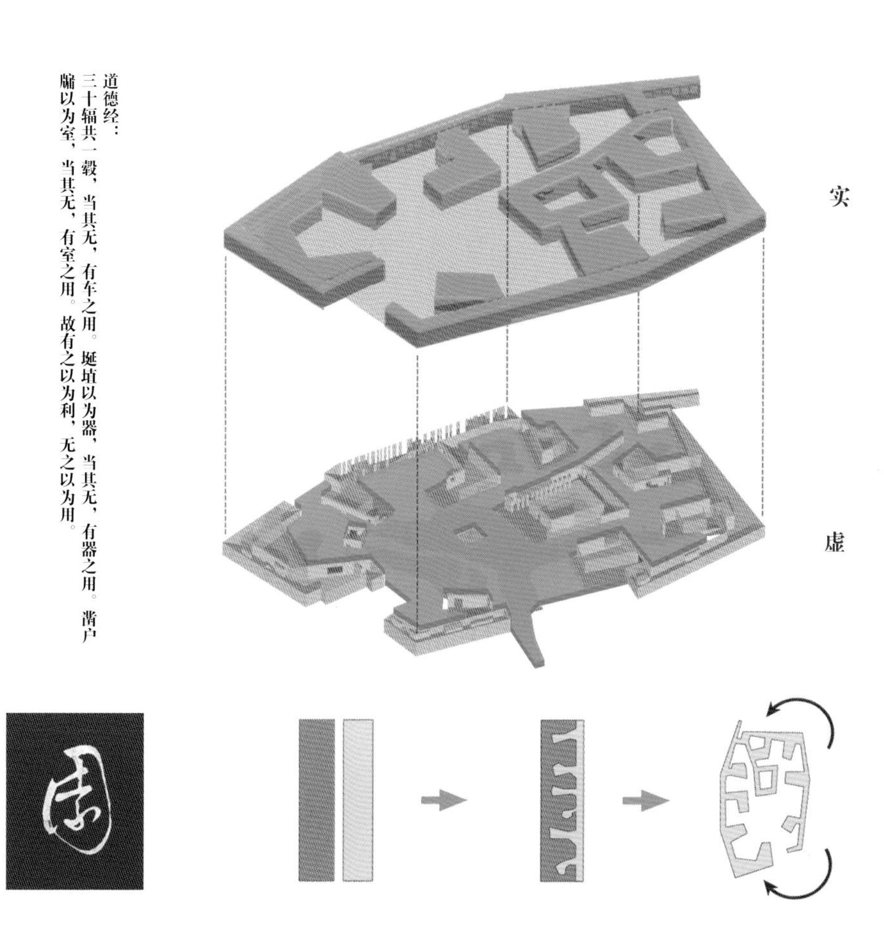

道德经：
三十辐共一毂，当其无，有车之用。埏埴以为器，当其无，有器之用。凿户牖以为室，当其无，有室之用。故有之以为利，无之以为用。
实
虚

建筑空间形态分析

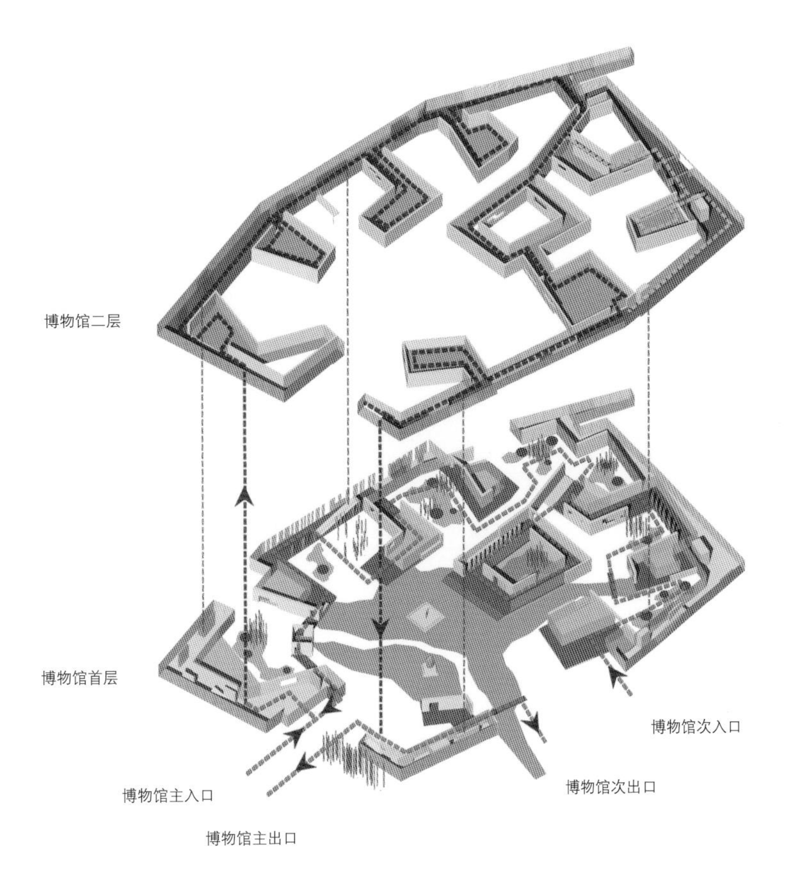

博物馆的参观路线设计，沿着一虚一实两个相互界定的完整的空间体系展开，并将路线巧妙地融会贯通。首层浏览以室外及半室外园林庭院为主，二层浏览路线则以专题展厅为主。

首层浏览流线

二层浏览流线

教育研究流线

垂直交通流线

参观流线分析

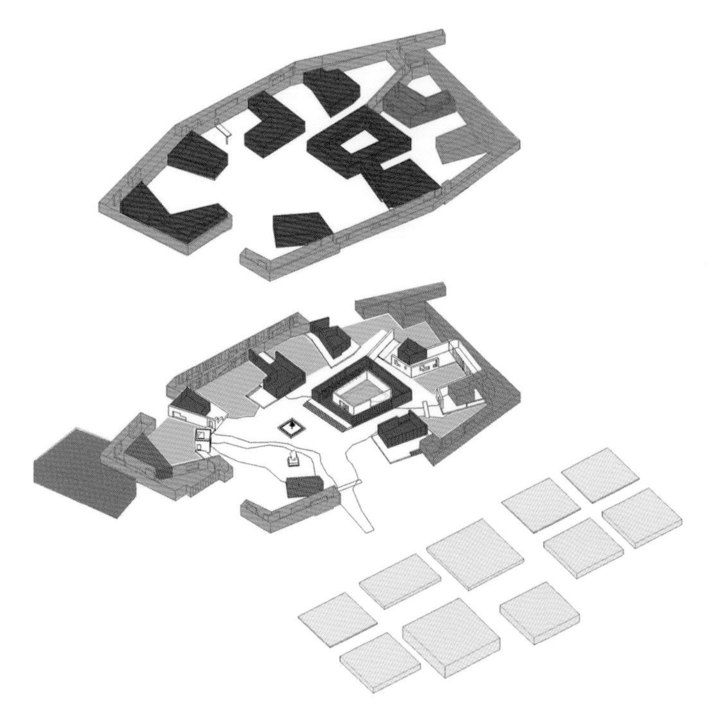

展陈分析

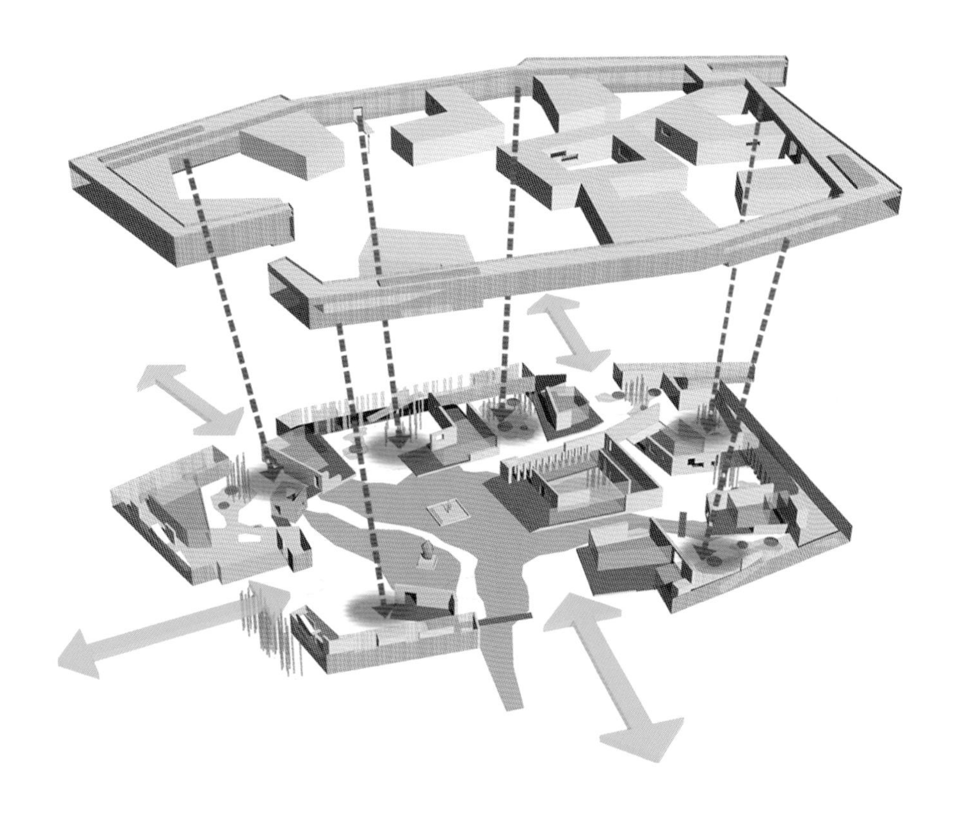

建筑与周边环境通过视线通廊相互渗透，充分利用借景手法将园林景观立体化。建筑二层环廊可将院内各庭院美景尽收，意能达到移步换景的目的。

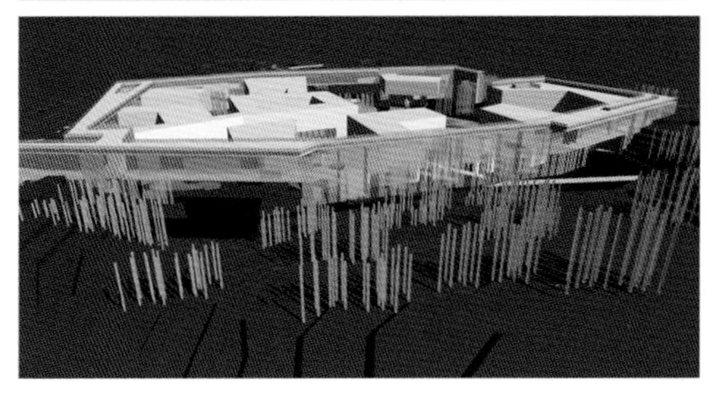

景观视线分析

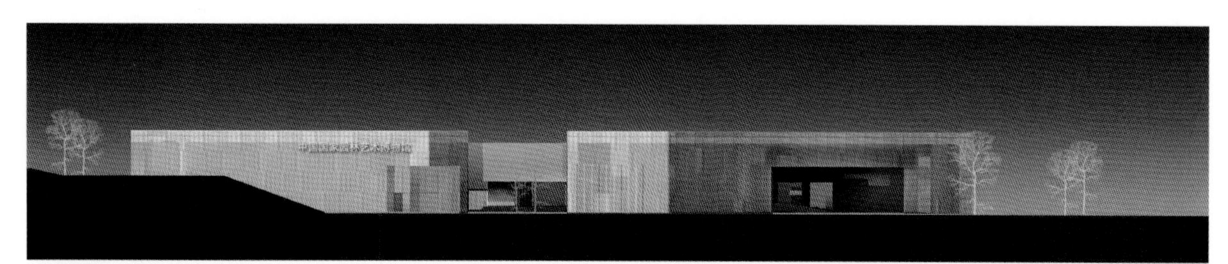

南立面图

东立面图

局部效果图

鸟瞰图

立面图

第二阶段

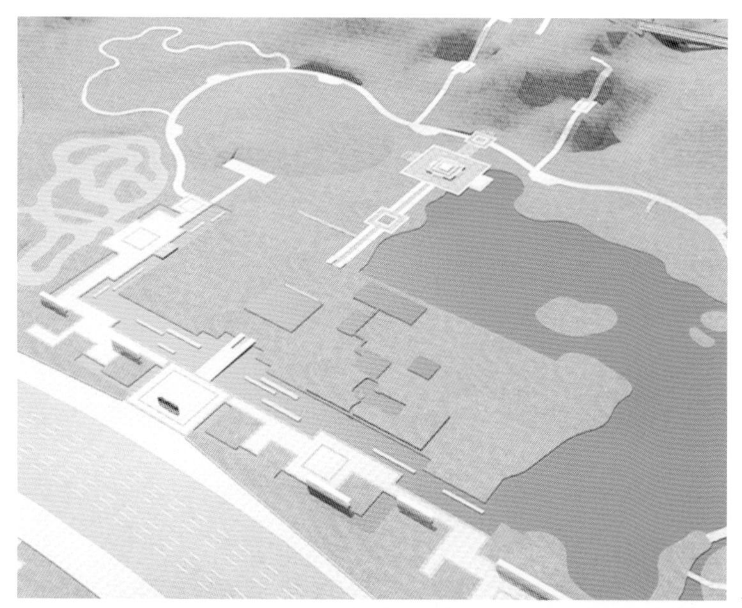
延山引水

树、石、屋

展陈

设计中首先延续“延山引水”的规划理念，将水面和道路与周边环境贯通连接，将展品和展区层层展开，最大限度地保留场地的园林特色和空间逻辑，山、水、树、石都被视为展品的一部分，在建筑内继续其鲜活的生命力。而主馆建筑则视作一个可以步入的展箱，为这一空间遮蔽风雨，提供保护。“殿堂般的展箱”有足够空间将完整的园林纳入其中，增加观者与展品的互动。同时也保证了现代博物馆灵活高效的展陈布置，减少交通空间，提高参观效率。

殿堂展箱

传统意向

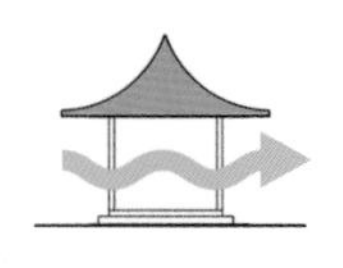

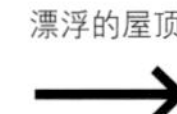

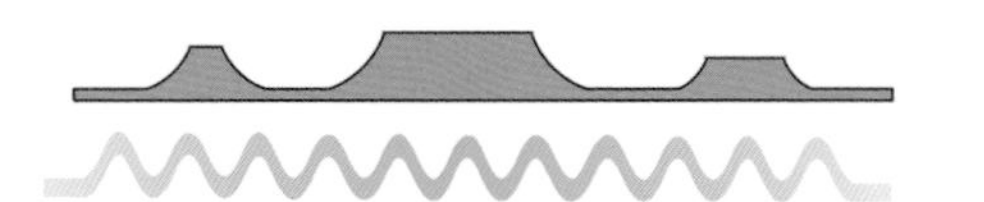

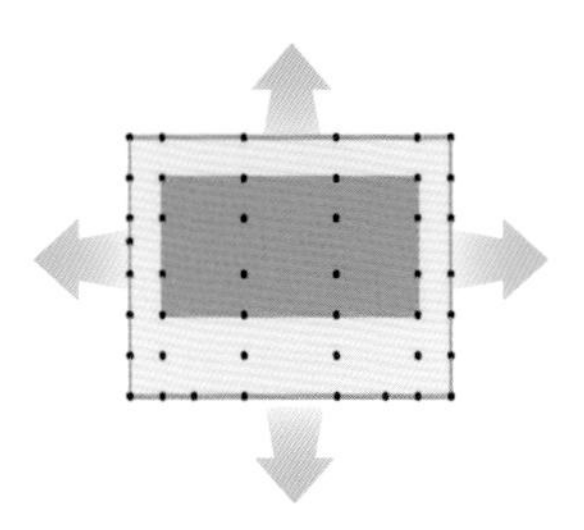

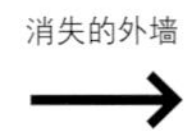

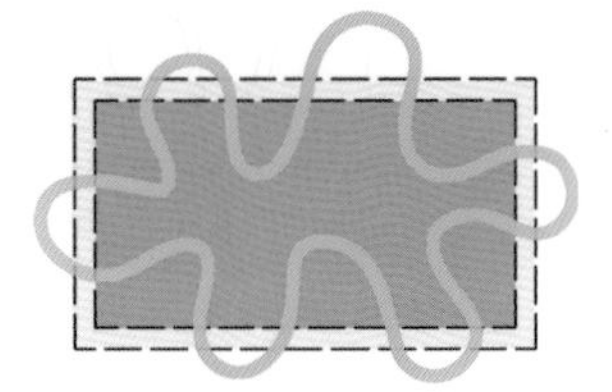

实体的屋顶和通透开敞的檐下空间是传统园林建筑的典型要素，设计试图提炼和效仿这两个要素，再现中国园林的传统意蕴。

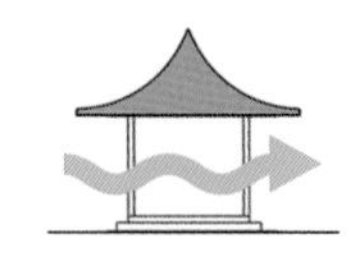

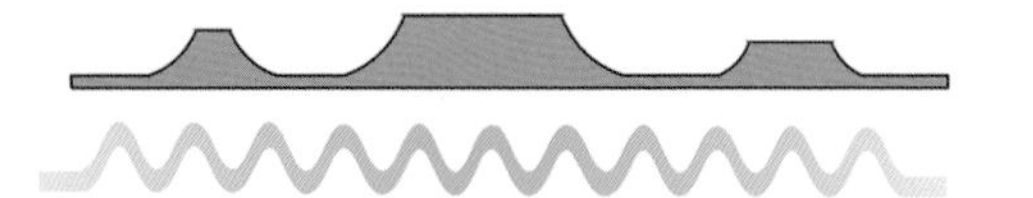

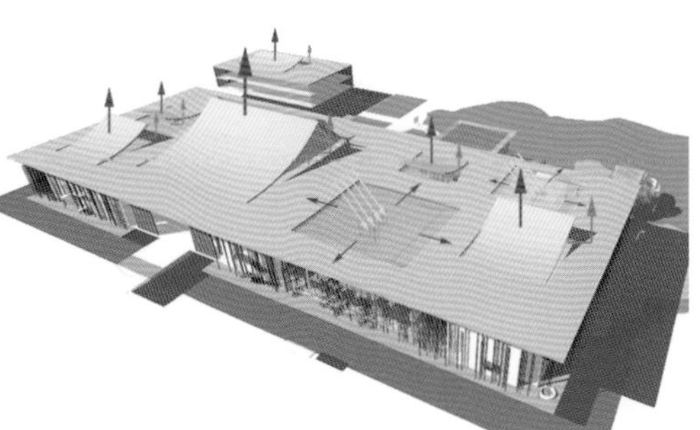

主馆顶部借鉴传统皇家建筑组群的屋顶意向，应用抽象的现代手法，营造出典雅、磅礴的北京皇家园林气势。屋顶将漂浮于园林化的室内空间之上，为满足相应的室内功能而局部打开，为主馆内部提供更好的采光和通风环境。

漂浮的屋顶

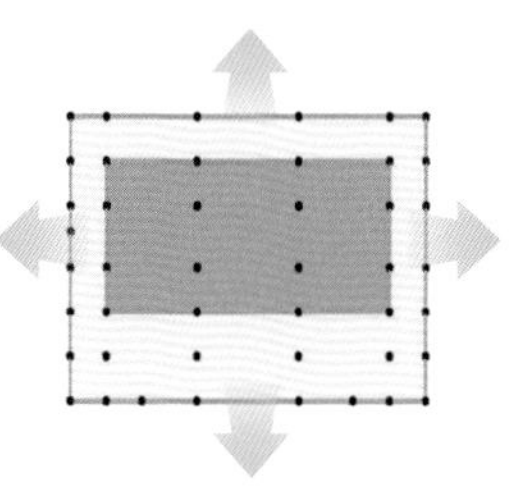

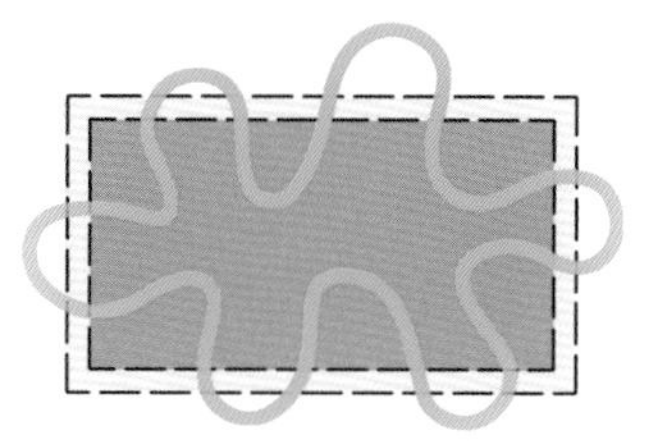

消失的外墙

树木、山石、连廊、白墙、轻盈的玻璃，将共同组成“消隐”的外墙，模糊了室内外的界限，使参观者仿佛置身于时空交错的奇幻梦境中。以朴素、园林化而非符号化、风格化的方式减少对周围不同风格的展园产生干扰。

透视效果图

夜景鸟瞰图

第三阶段

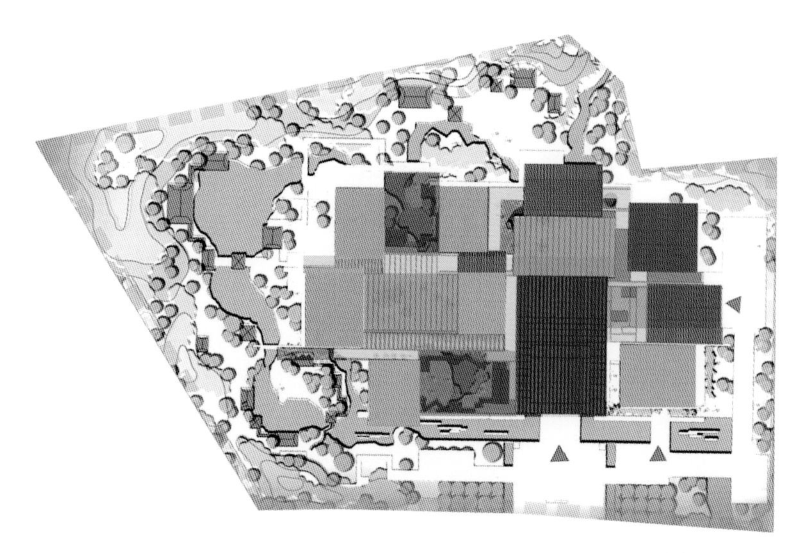

功能区域分析

陈列展览区　　科学研究区
观众服务区　　行政办公区
科普教育区　　安全保障区
藏品管理区　　机电设备区

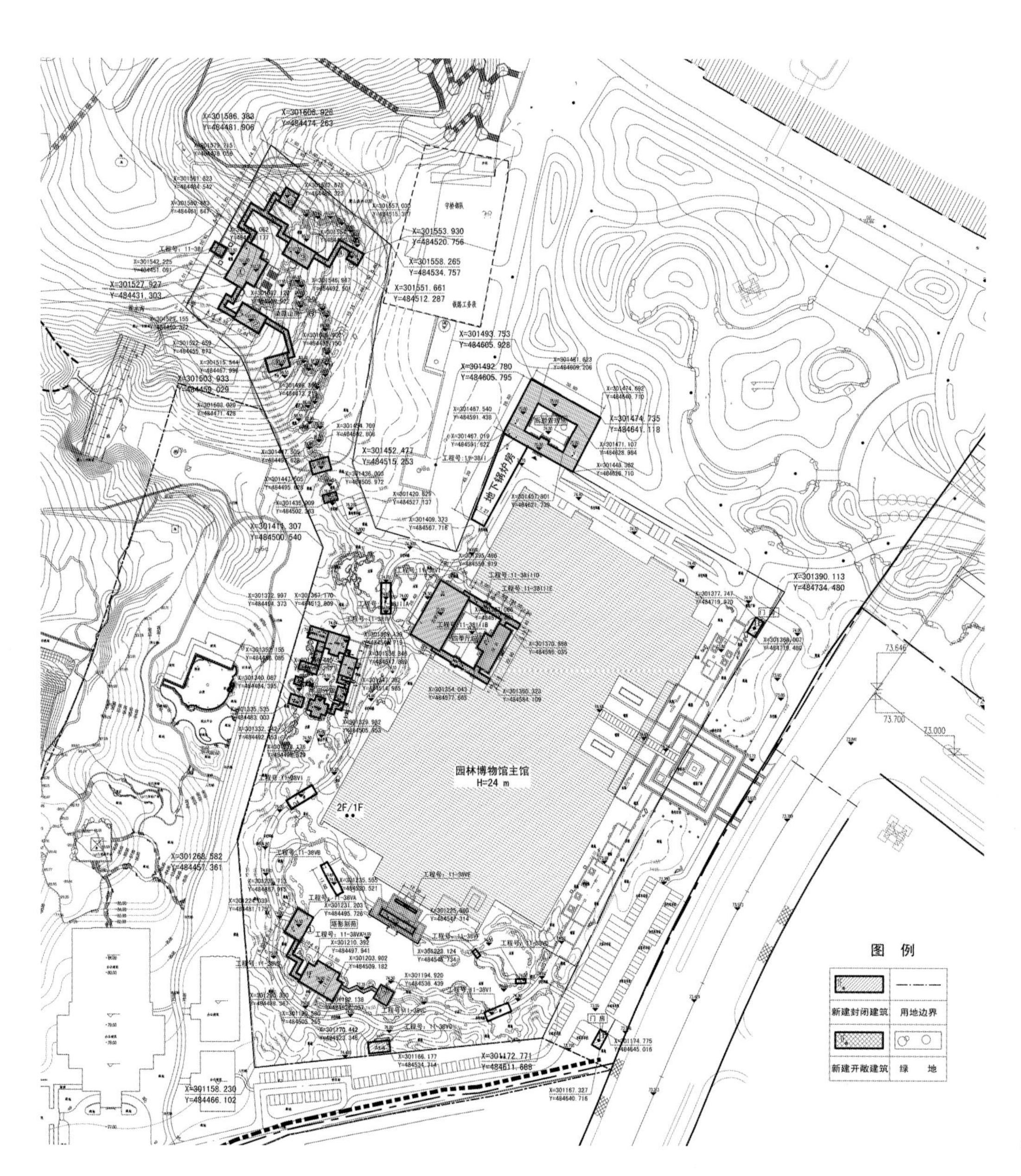

总平面图

第三阶段方案透视图

第三阶段方案正立面图

第三阶段方案鸟瞰图

Ⅱ.

The Museum of Chinese Garden: Planning and Construction

园博馆规划建设

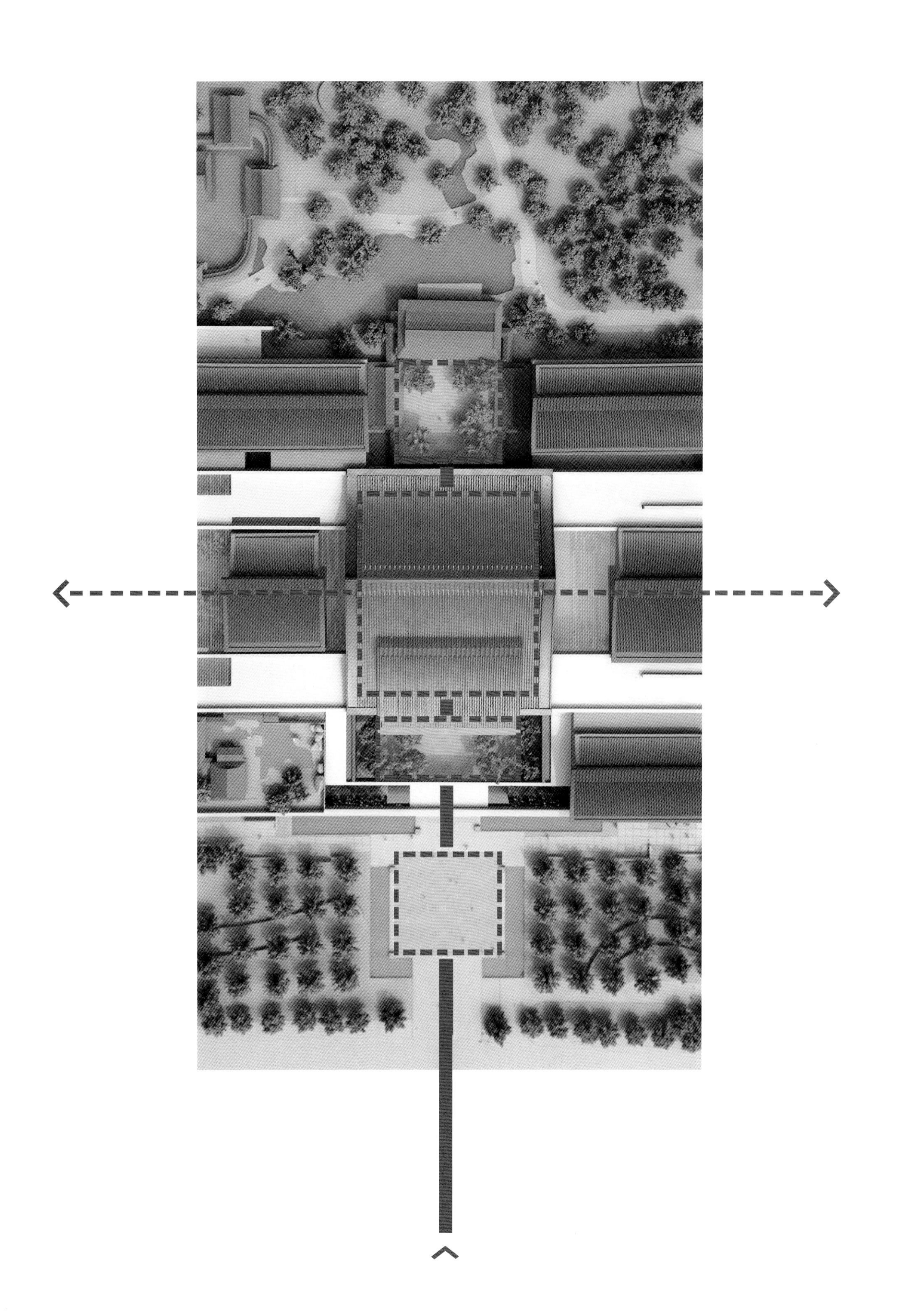

规划方案

中国园林博物馆规划用地面积6.5hm^2，总建筑面积49950m^2，其中园博馆主体建筑43950m^2，室外展园建筑面积6000m^2。主体建筑地上2层，地上局部夹层，地下1层。建筑高度24m，脊高30m，檐口高度18m。主题立意“理想家园，山水静明”。园博馆项目总平面设计，综合考虑园博馆与园博园其他景区、鹰山、永定河、永定塔的景观关系，结合文脉、融合人脉，提炼独特的景观要素，因地制宜合理安排展馆与室外展区，创造特色鲜明、彰显中国园林艺术的景观环境。设计方案妥善处理建设场地及周边的高压走廊、铁路线和水源井等不利环境因素的影响，充分考虑永定河地区防洪和泄洪安全问题，综合考虑雨洪利用。交通方案将园博馆与周边城市道路直接连接，合理安排主次出入口，与园博园道路交通系统形成有效的衔接。

园博馆主体建筑位于基地东北侧，基地西南侧作为室外展区，主体建筑与室外环境融为一体，渐变式实现从城市到自然、从现代到传统的过渡。在总体布局上，延伸一块独立位于鹰山东坡之上的用地建山地园。博物馆主体建筑中心长轴与正南北轴呈30°夹角，平行于规划的城市主干道京周新线，以建筑主体立面面对城市，在用地的三边作相应地形处理，使人工地形成环抱之势，从北山洼引出水源，聚于场地南端，营造“负阴抱阳”、“藏风聚气”的山水骨架，相互依托衔接，层层移景入画，浑然一体。

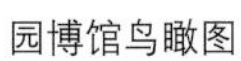

园博馆鸟瞰图

总体分析

总经济技术指标

1	规划总用地面积	65281.388m²	7	建筑容积率	0.58
2	总建筑面积	49950m²	8	绿化率	结合园博会园区绿化景观及相关设施统一安排
	总地上建筑面积	37350m²			
	总地下建筑面积	12650m²	9	建筑高度	24m
3	博物馆主体总建筑面积	43950m²	10	建筑层数（地上／地下）	2（2／1）
4	室外展园区建筑面积（地上）（拟规划建设内容）	6000m²	11	机动车停车数量	145辆
				地上停车	16辆
				地下停车	129辆
5	博物馆主体建筑物基底面积	20500m²			
6	建筑密度	31.5%	12	自行车停车数量	结合园博会园区相关设施统一安排

总平面图

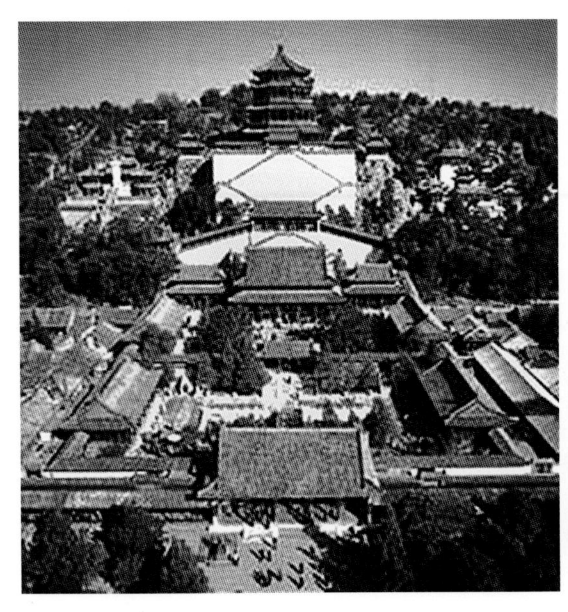

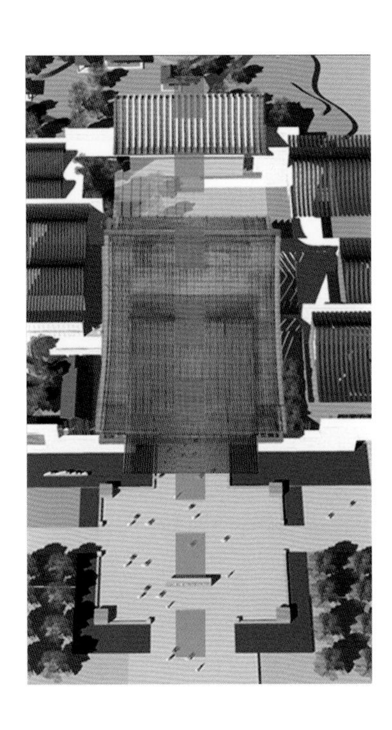

皇家园林通过对称体现秩序等级

博物馆融合两者：在礼仪空间强调对称。在设计时，将建筑的对称感与园林的自由感形成虚实对比，将建筑化整为零，组合为建筑群体。

私家园林通过自由形式体现自然无序

在园林展示空间体现自然、自由。利用建筑内部空间的通透、流动的可能性，把建筑物的小空间和自然界的大空间沟通起来。

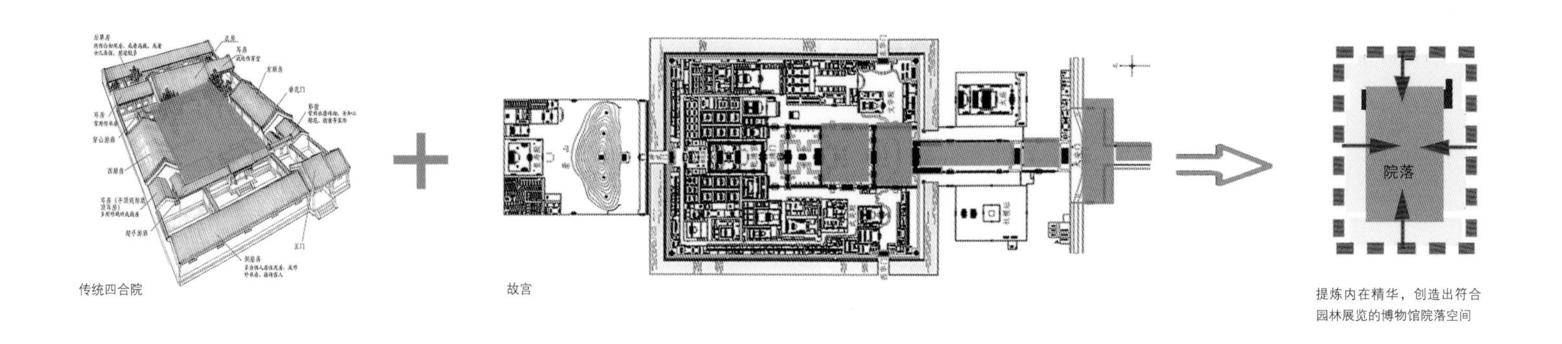

传统四合院

故宫

提炼内在精华，创造出符合园林展览的博物馆院落空间

中国园林博物馆既作为展示园林作品的载体，同时也作为园林的一部分。博物馆建筑不仅从外形上，更应从内在神韵上体现中国园林的特征，与园林空间相互融合，蕴含中国园林的哲学之美。

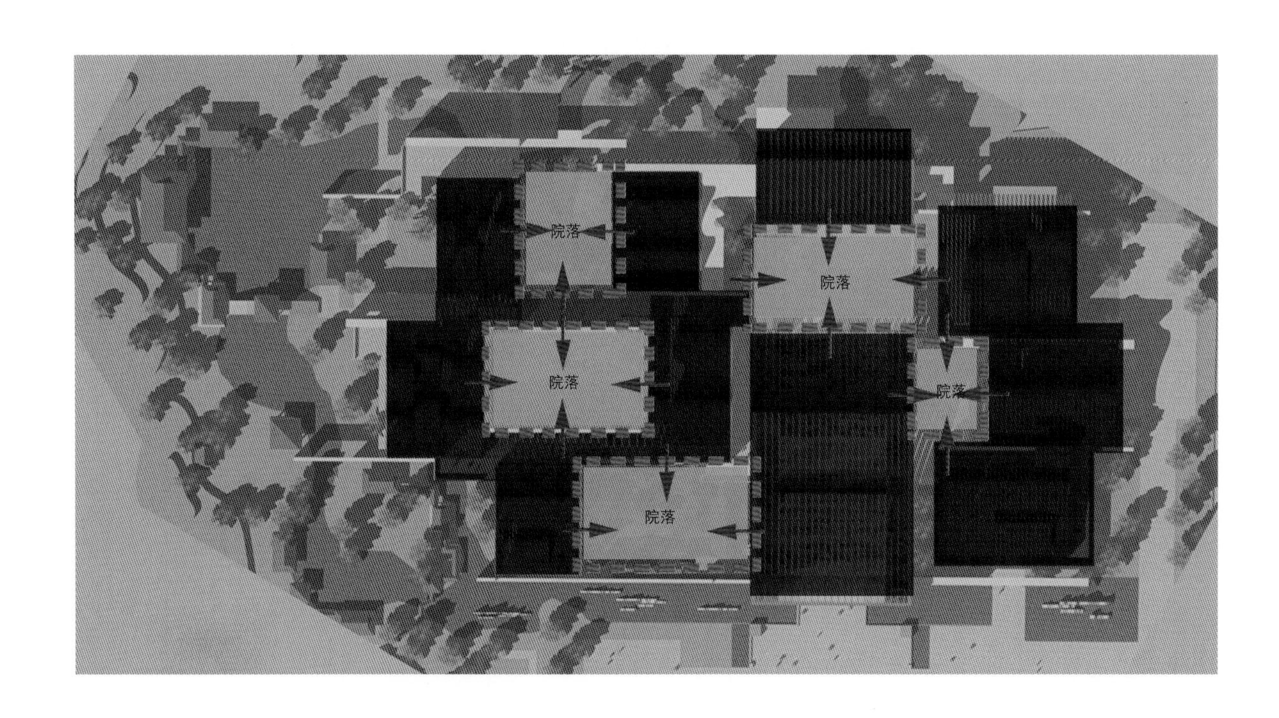

围合

中国园林蕴含深邃的东方哲学，更渗透着中国人的宇宙观，遵循着天人和谐的审美哲学，“外师造化，内发心源”。通过墙体围合空间造园，使园林与建筑相融合。

通透

园林中的建筑富于画意的魅力，轻盈地掩映于山林之间，韵致淡雅有如水墨渲染画。建筑与自然相互融糅、映衬，达到人工与自然高度协调的境界。

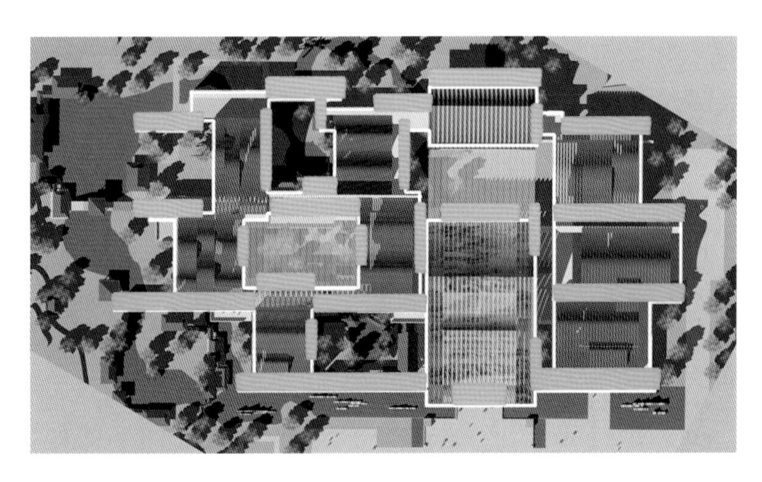

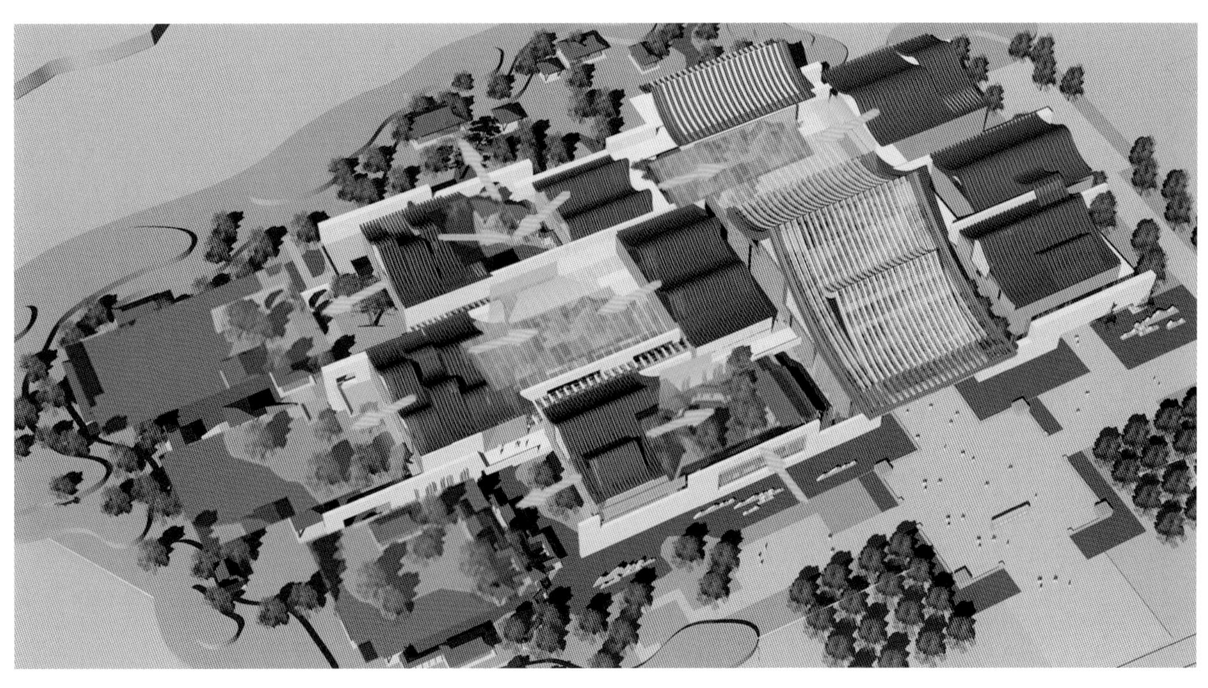

在建筑屋顶、墙体处理、园中园和地下空间处理上，结合现代技术和材料，在传承中有所创新，充分反映中国园林的文化内涵。

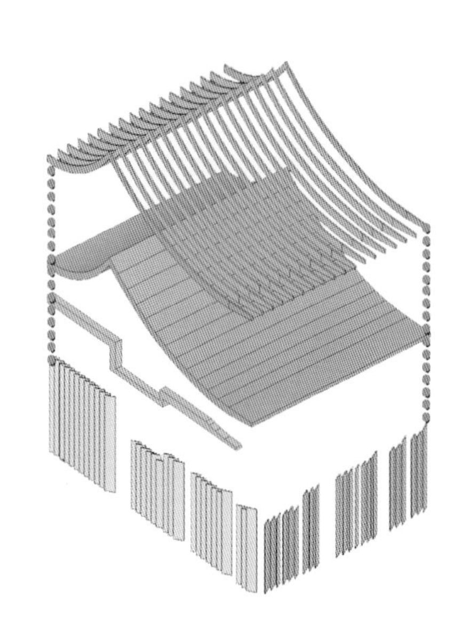

功能：山墙及屋顶智能采光

材料：现代材料

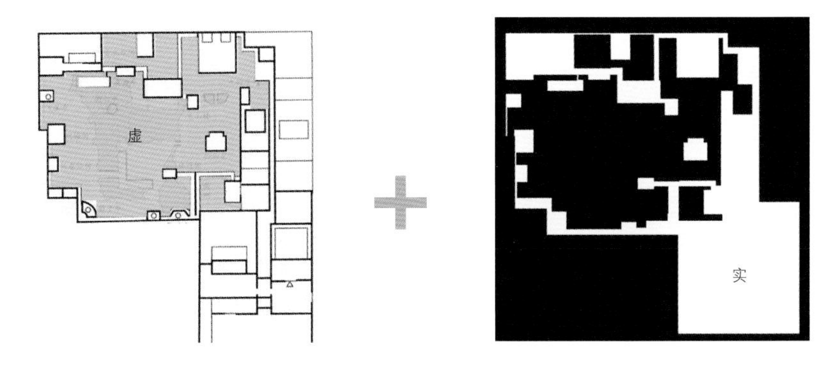

中国传统园林的虚实关系

通过层叠的手法处理好建筑与树木、树木与地被、地被与水体的关系。并充分利用借景、对景等园林手法，使空间曲折有法，前后呼应，于迂回曲折中形成渐进的空间序列，更好地表达园林意境。

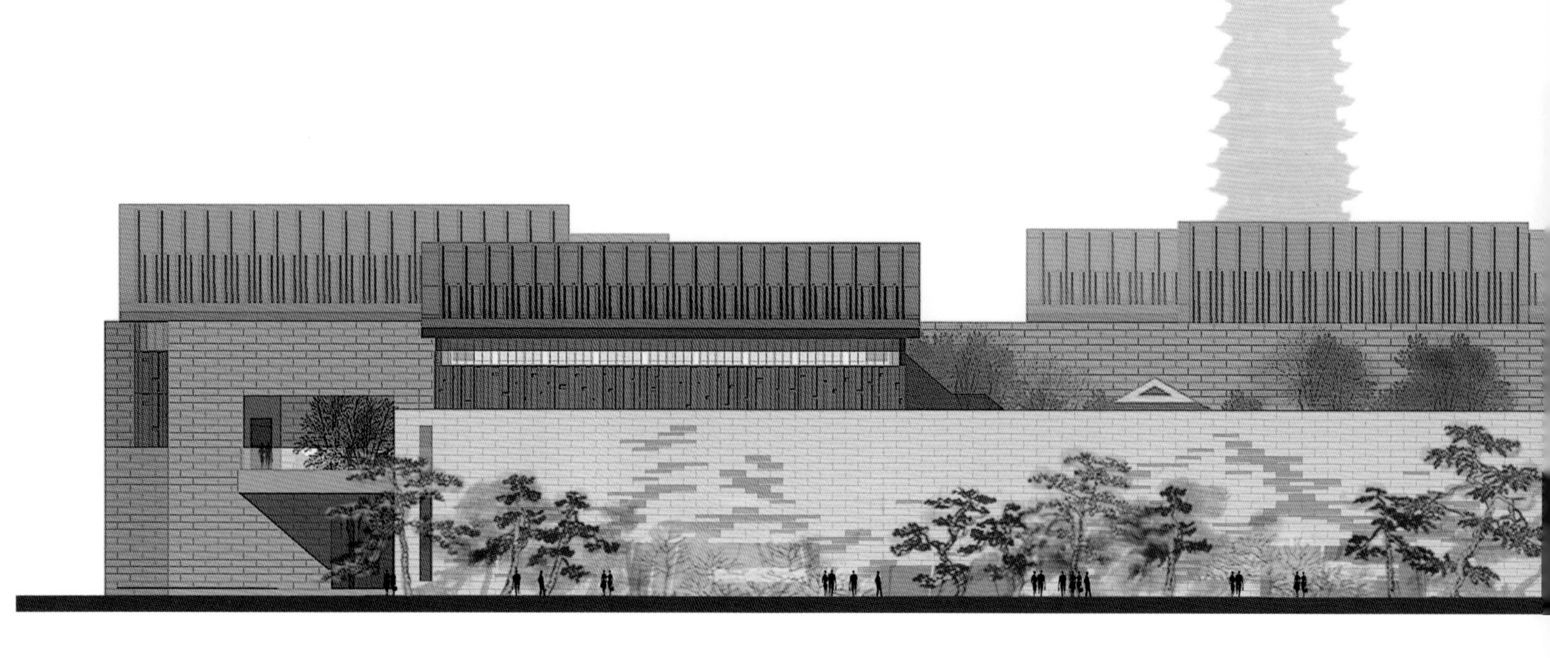

中国园林博物馆位于北京市丰台区，2013中国国际园林博览会园区内，鹰山森林公园东侧。博物馆总建筑面积49950m^2，其中主馆面积43950m^2，室外展园6000m^2。建筑高度24m（主屋顶屋脊32m），地上2层地下1层。中国园林博物馆是中国第一座以园林为主题的国家级博物馆，它的建成将填补国家级园林主题博物馆的空白。

色彩

色彩将加深体现建筑的属性和性格，博物馆提取皇家园林和私家园林中的经典色彩，并运用现代材料呈现。主屋顶的金色更将体现北京的地域特征。

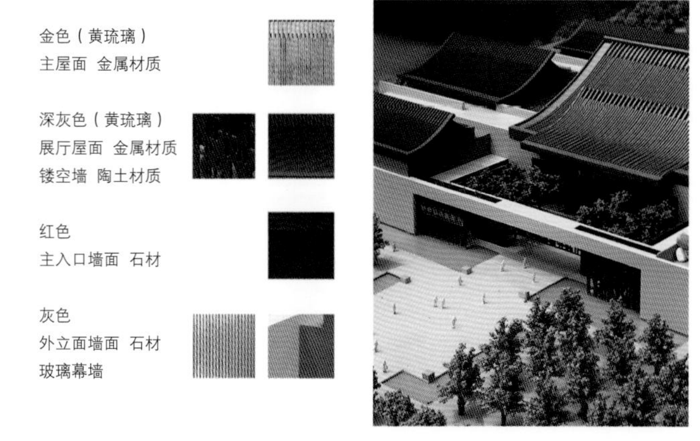

天际线

博物馆屋顶是对传统建筑屋顶曲线
现代材料、现代构造，创造出适合展
并通过不同尺寸屋顶的相互组合，
筑天际线，也是对北京地域性天际线的

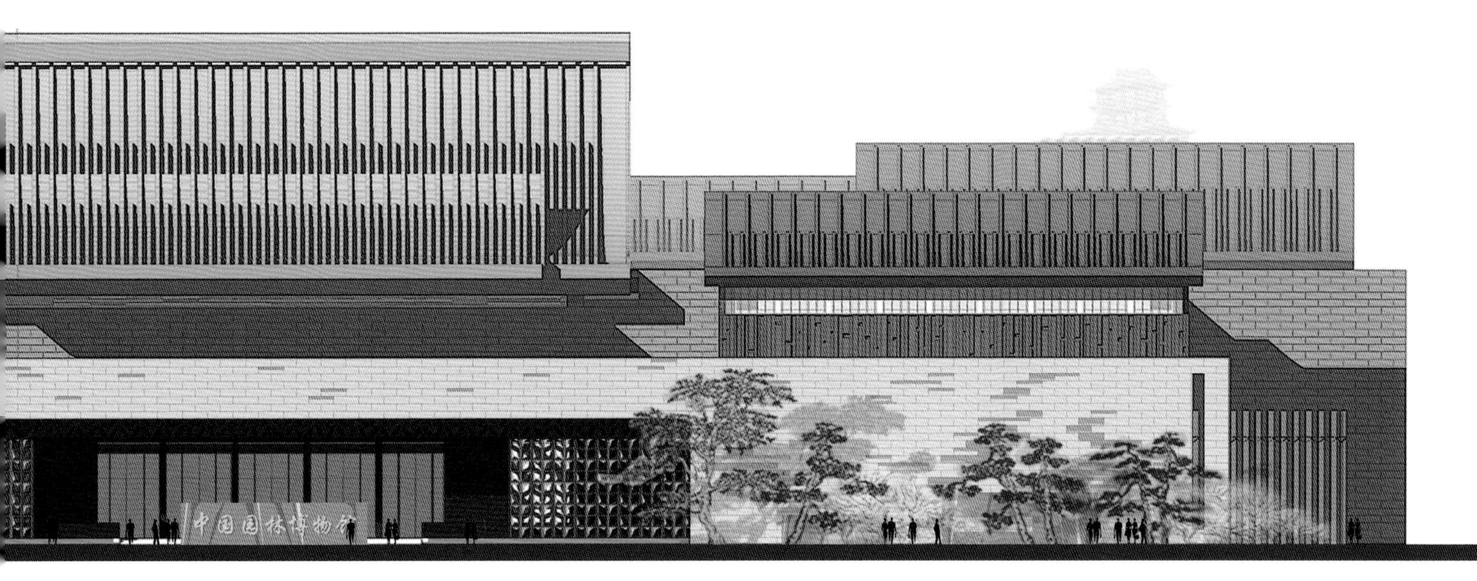

设计分析图

，利用
形式。
出的建

轴线

轴线是中国传统建筑的精髓，博物馆运用轴线手法控制建筑总体布局，意达到形散而神不散，并取得了博物馆整体与分散的平衡。

院落

院落是博物馆内部的室内展园及景观空间，穿插于建筑整体之间，将园林与建筑内部相互连接，相互流通，穿梭在博物馆之中步移景异，感受一个园林意境十足的展览空间。

外围环境设计总平面图

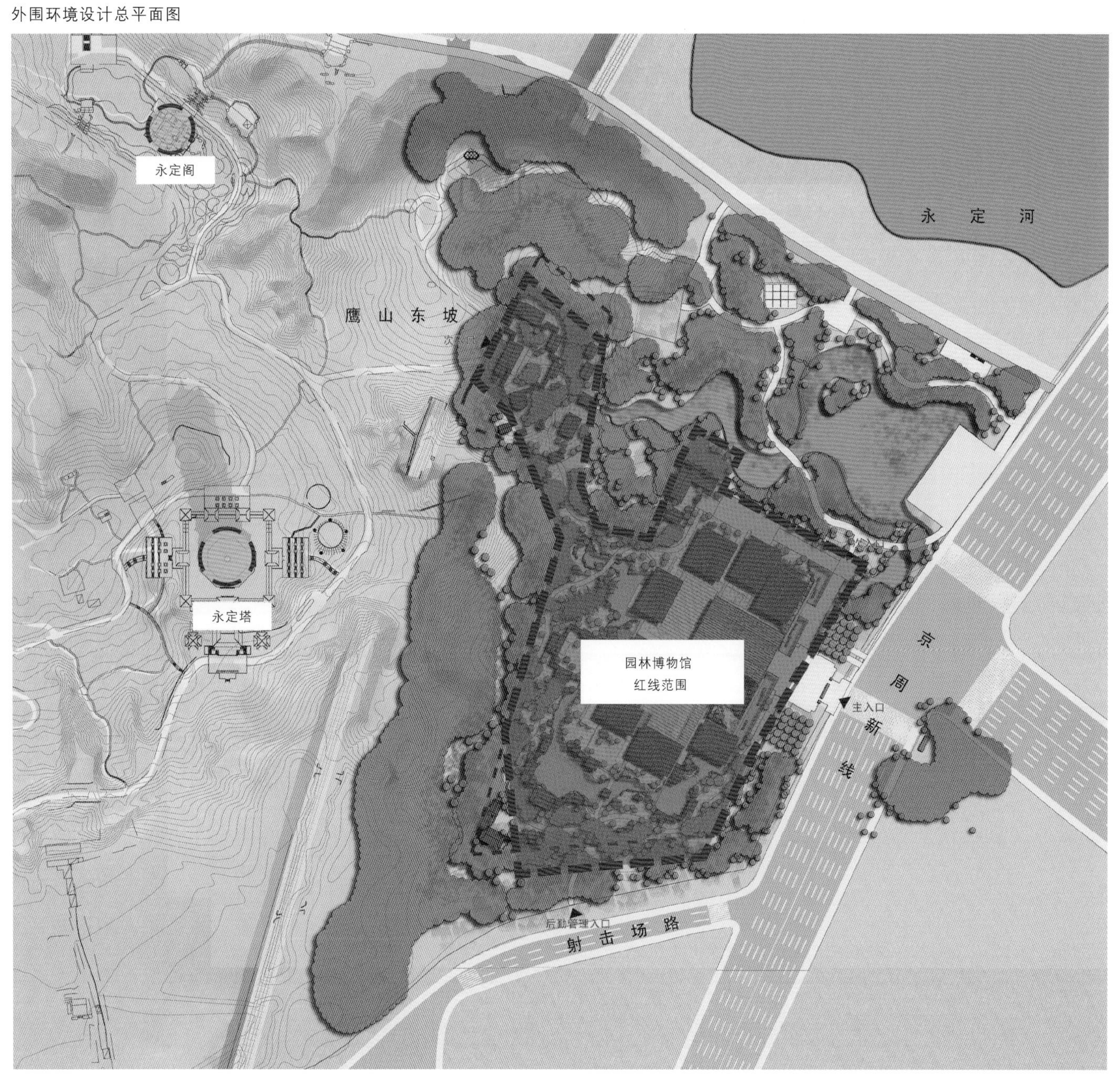

永定阁
永定河
鹰山东坡
永定塔
园林博物馆
红线范围
京周新线
主入口
后勤管理入口
射击场路

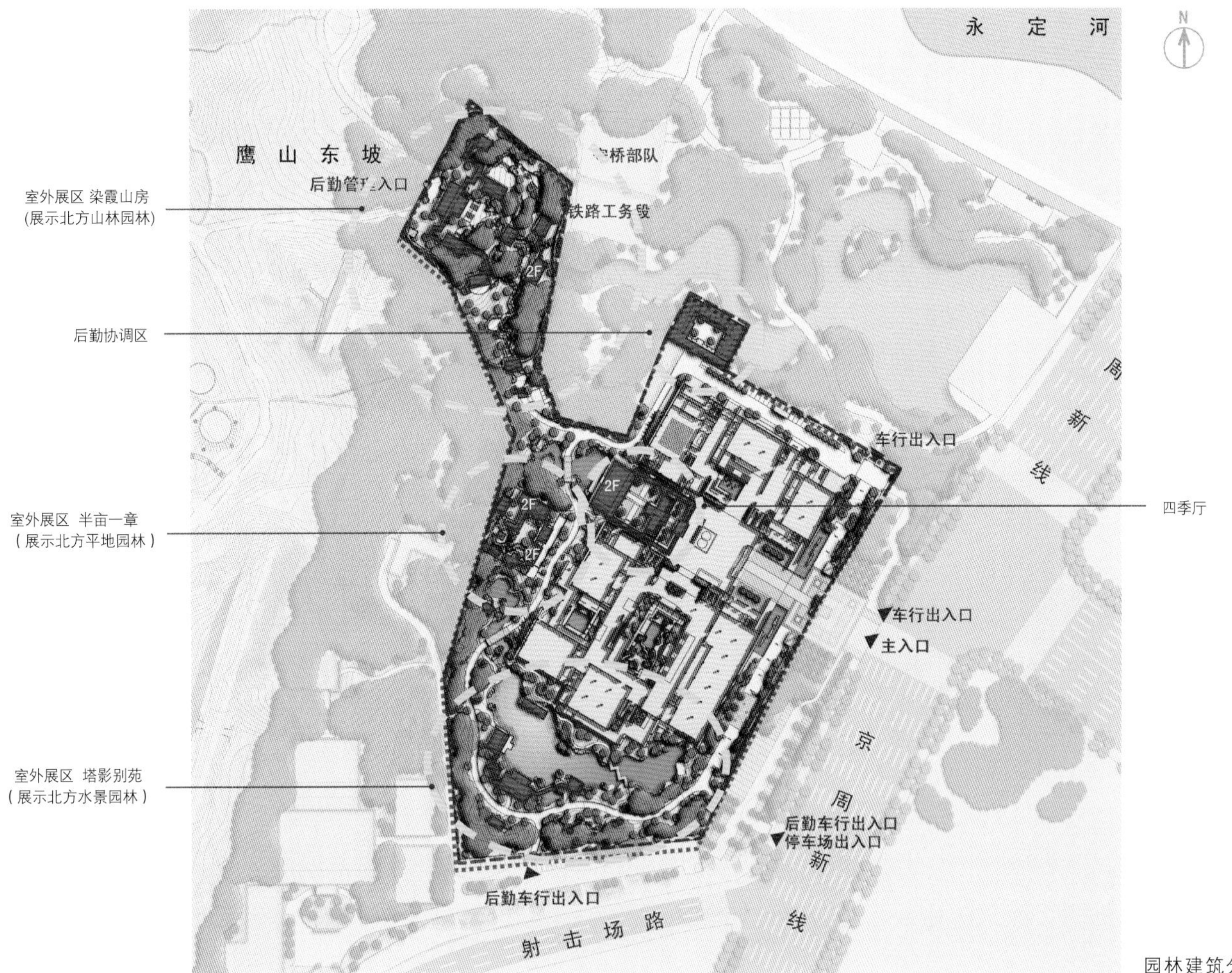

园林建筑分析图

借山于西，聚水于南。
三面围合，一轴渐变。

微地形加种植，结合外围环境，形成大围合。水体自西北分两脉向南部流淌，一脉聚于四季厅外，一脉环绕馆外，聚于南侧。沿溪布置主要景观建筑和景点成为主线。馆内独立设置小型水面。

山水格局分析图

永 定 河
鹰 山 东 坡
后勤管理入口
守桥部队
铁路工务段
车行出入口
馆前区
主馆建筑
车行出入口
主入口
室外展区
京
周
新
线
后勤车行出入口
停车场出入口
后勤车行出入口
射 击 场 路

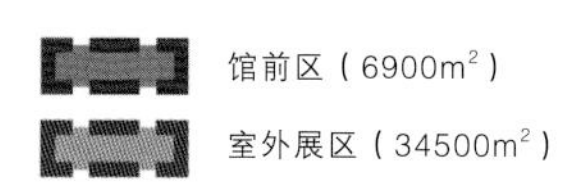
馆前区（6900m²）
室外展区（34500m²）

功能分区图

鹰 山 东 坡
后勤管理入口
95.00
103.00
100.00
93.00
84.00
95.00
76.00
76.00
78.00
75.00
74.00
74.50
78.00
76.00
76.20
78.00
74.50
74.00
车行出入口
新
线
74.00
75.00
74.50
75.00
79.00
主馆建筑
75.00
74.50
74.00
73.62
车行出入口
主入口
87.00
75.00
74.50
75.00
74.00
74.00
73.80
京
80.00
74.50
74.00
76.00
周
77.50
77.50
后勤车行出入口
停车场出入口
78.00
新
后勤车行出入口
场 路
线

竖向分析图

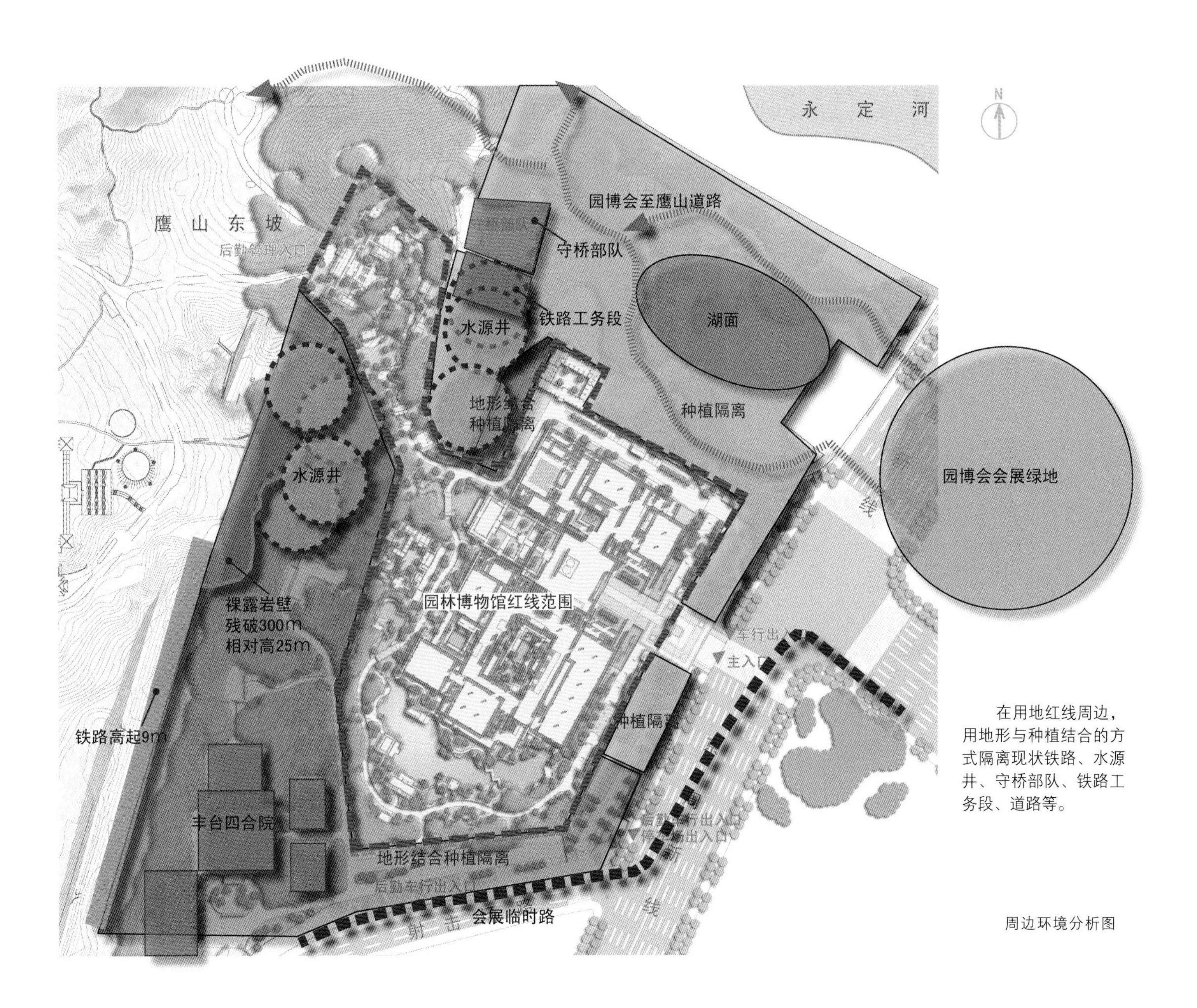

在用地红线周边，用地形与种植结合的方式隔离现状铁路、水源井、守桥部队、铁路工务段、道路等。

周边环境分析图

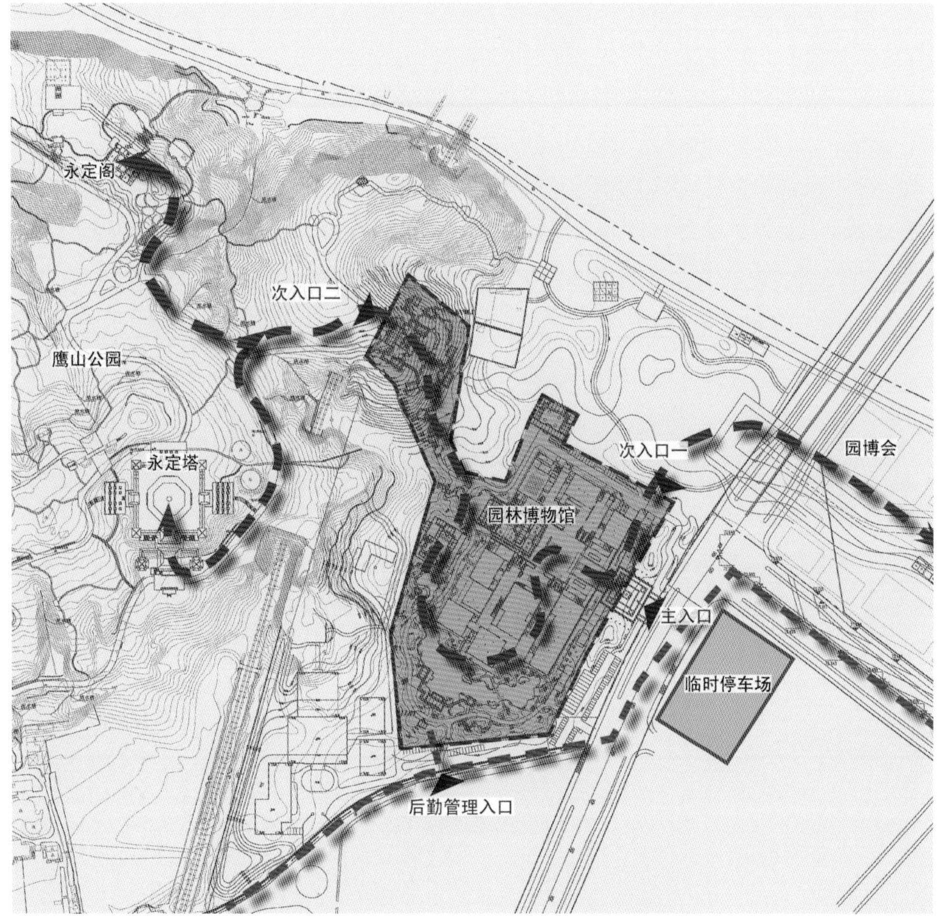

1.主入口临京周新线。

2.次入口一连接东部园博会园区，次入口二连接鹰山景区（永定塔、永定阁等）。

3.在南侧射击场路设后勤管理入口，供苗木、后勤等出入。

4.在主入口外设临时停车场，不使用内部停车场。

5.会时游客可按照园博会—园博馆—鹰山的路线游览。

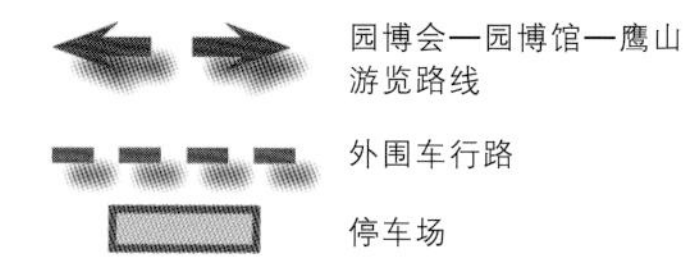

会时交通分析图

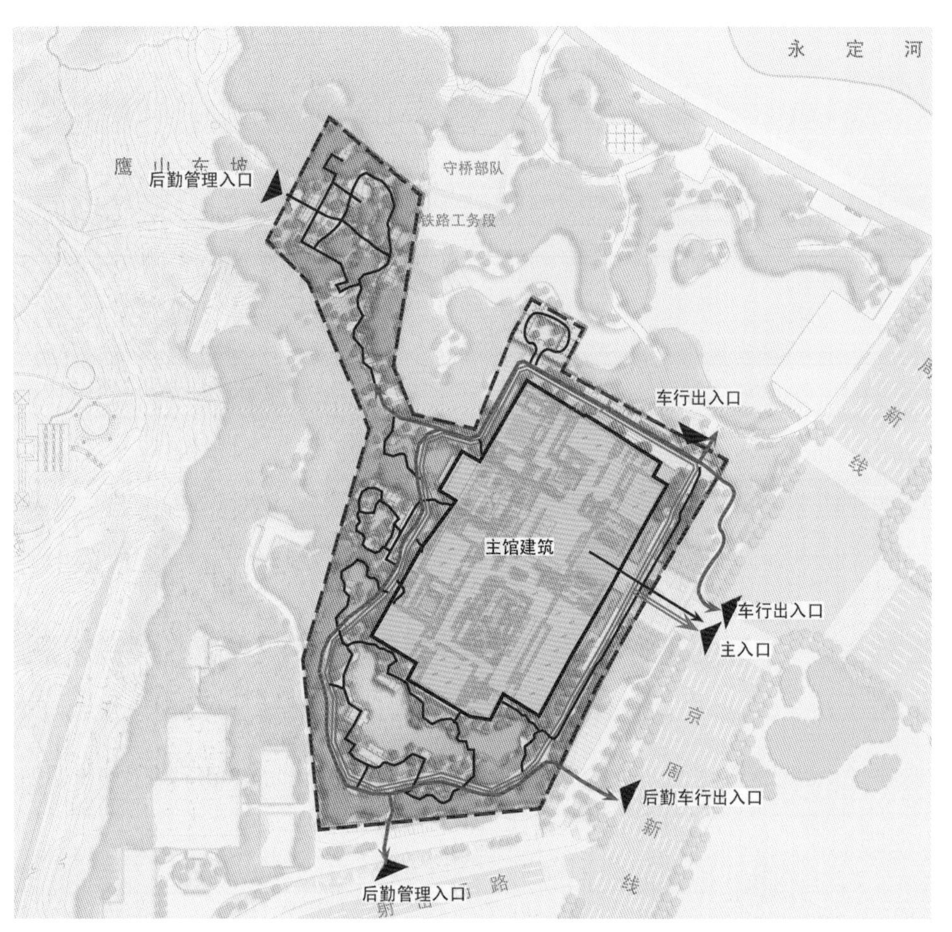

1.地块内形成车行环线，兼作消防通道。

2.结合室外展区的游览，设置多条人行道路。

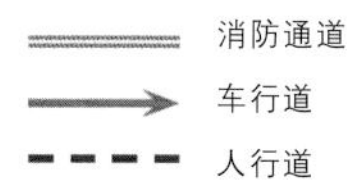

会后内部交通分析图

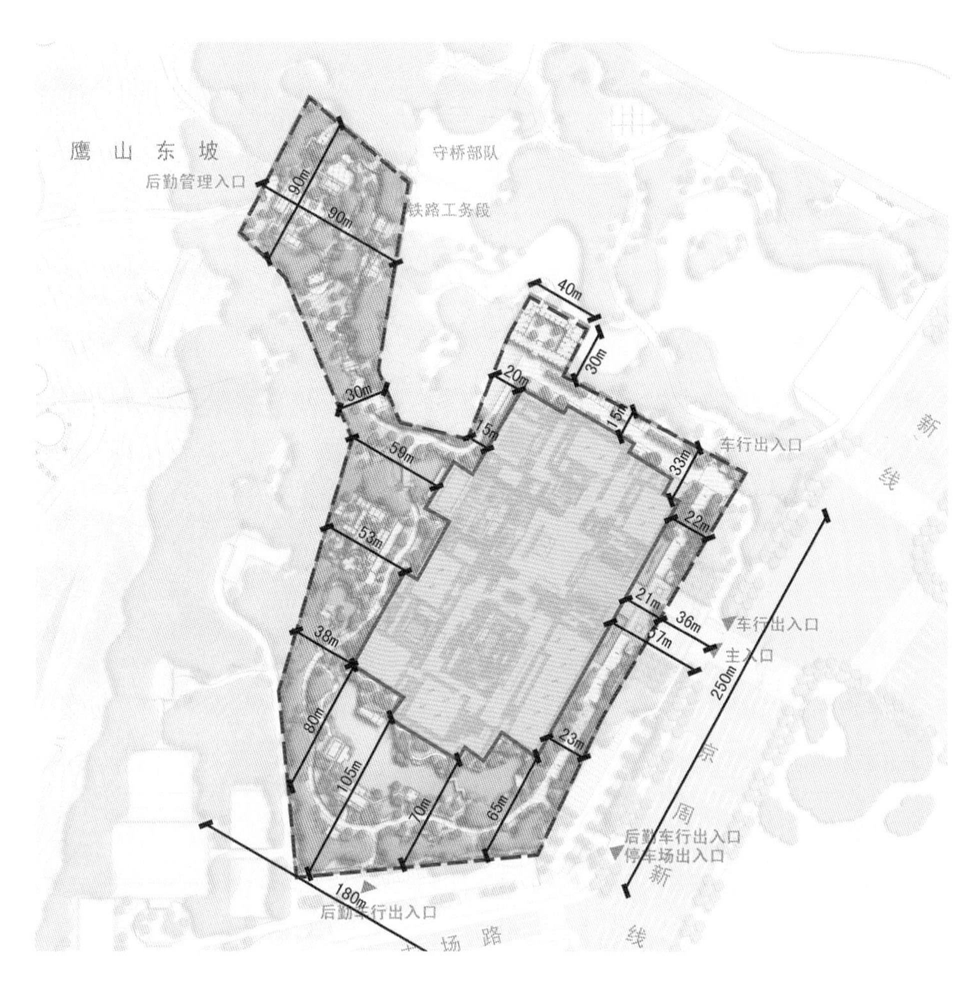

尺度分析图

室内展区设计：

1.室内展区设计内容以南方园林风格为主，主要以仿建形式，营造江南、岭南等不同风格的庭园空间。

2.同时与室外展区相互融合、渗透。

室外展区设计：

1.以北方风格园林为主，仿建与重新设计相结合，分为4组景区，自然流畅过渡。

2.因地制宜，结合不同的自然条件，全面体现中国园林造园手法。

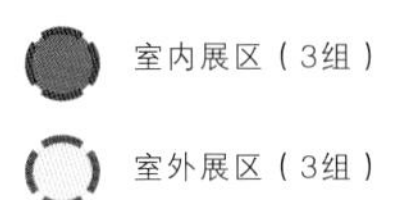

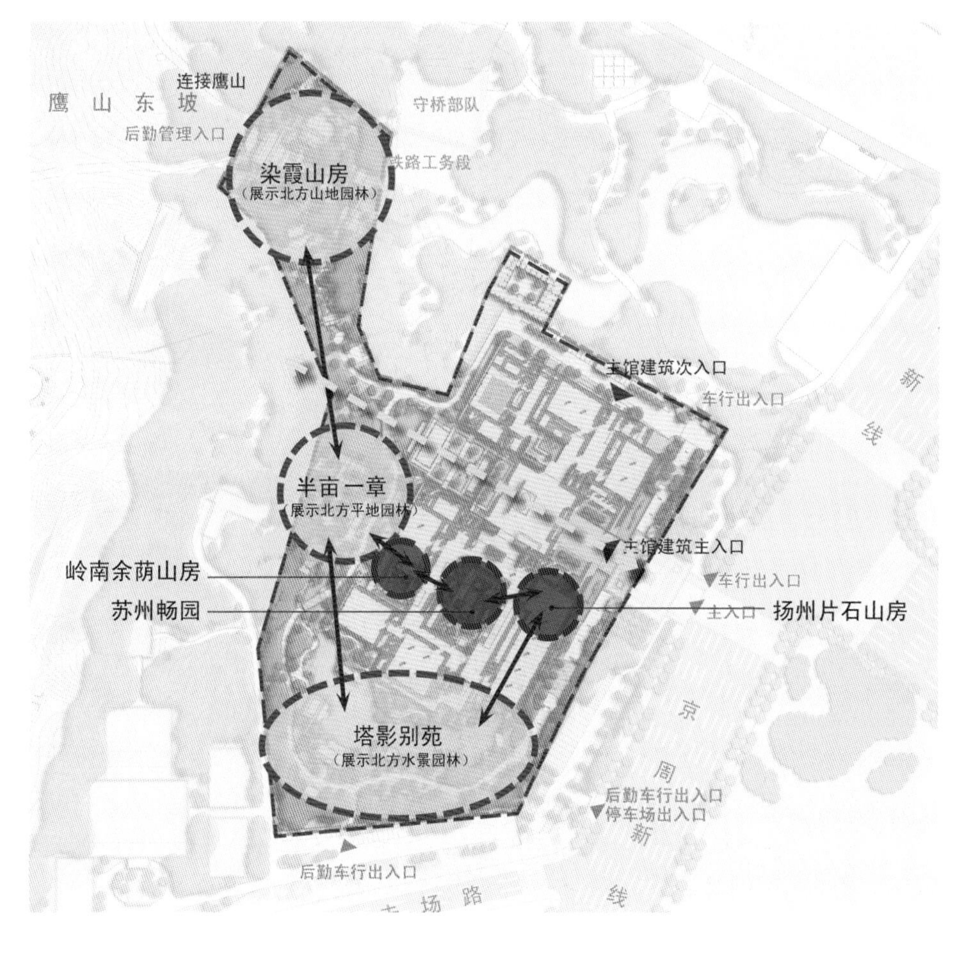

室内外展区分布图

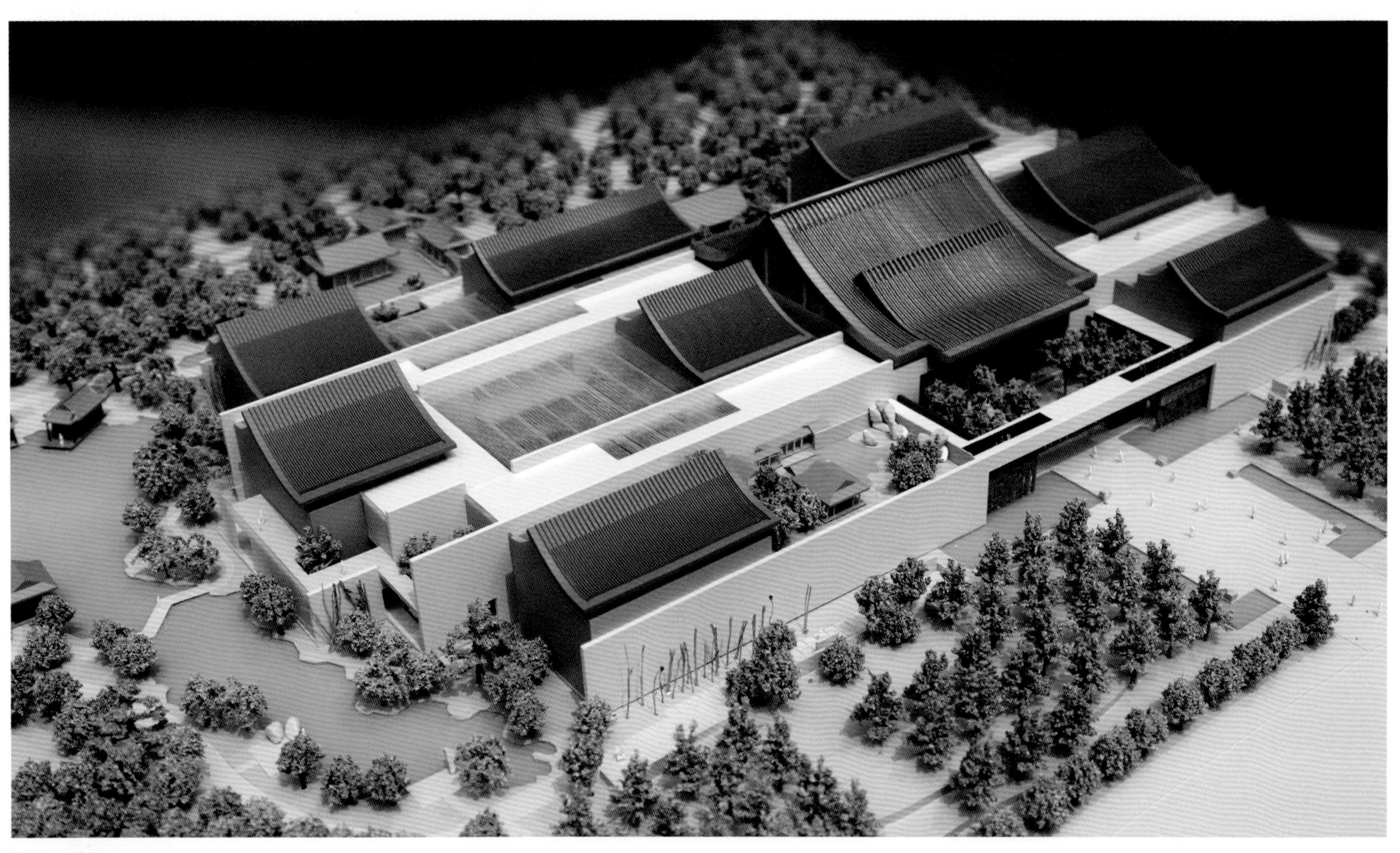

模型鸟瞰图

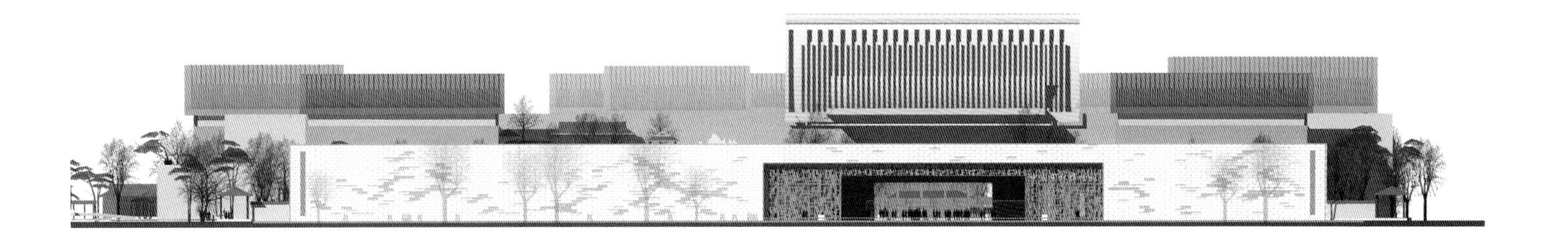

外立面图

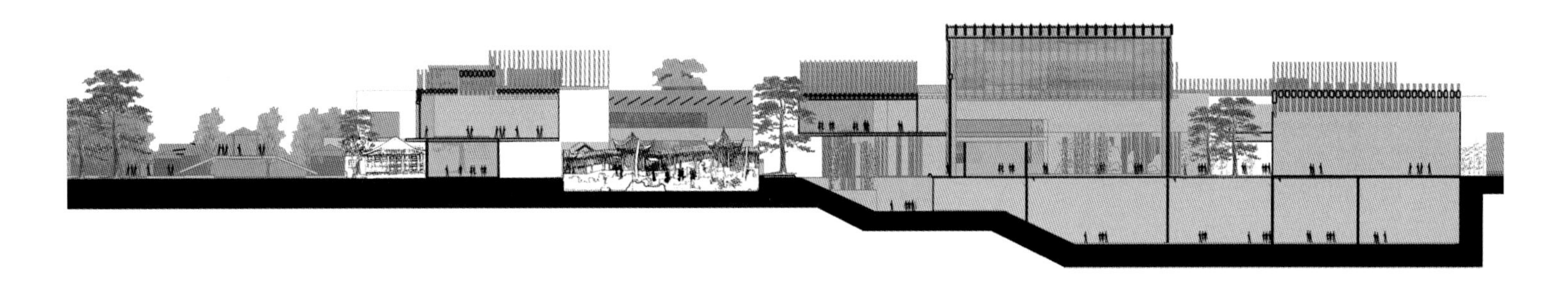

剖面图

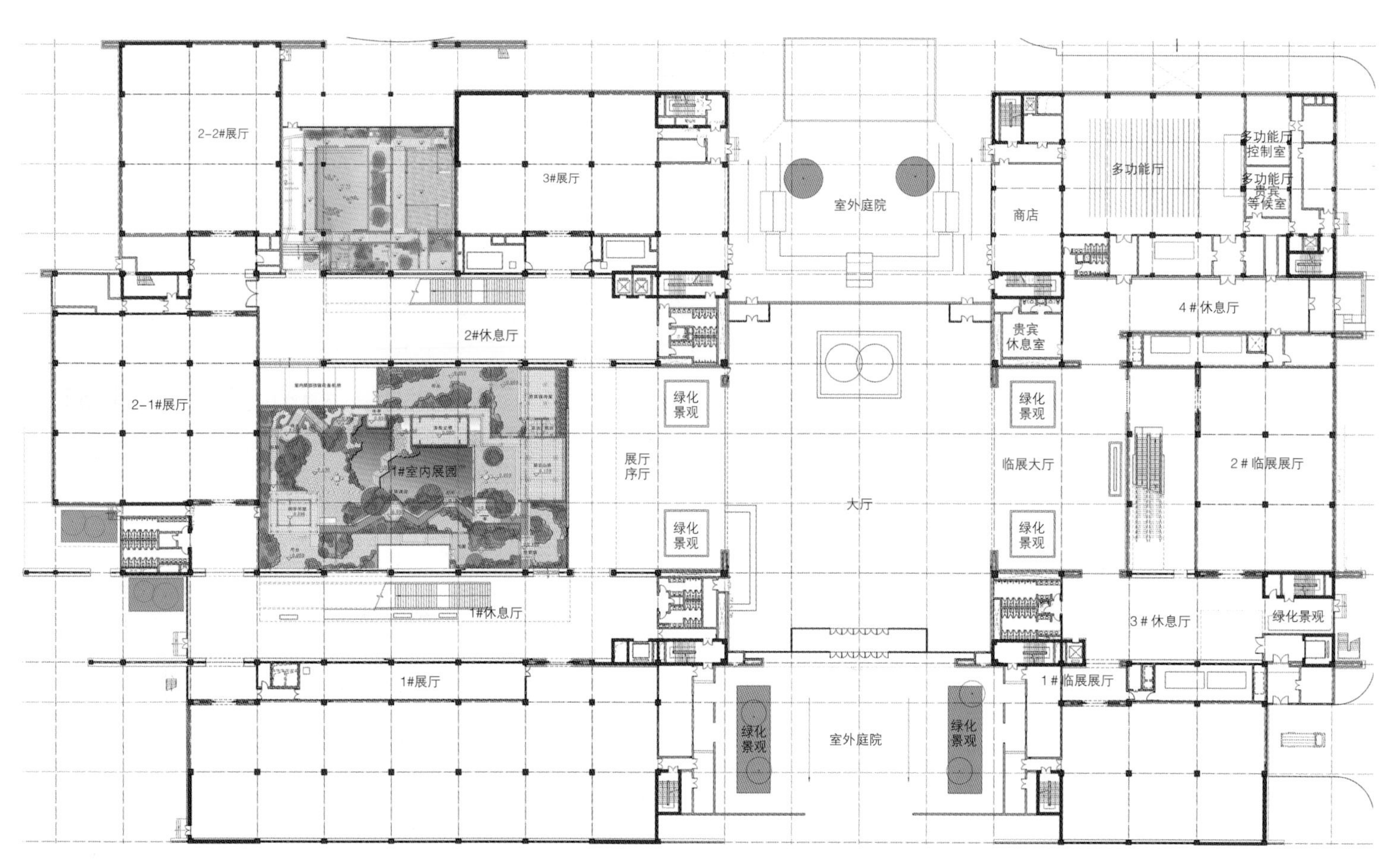
2-2#展厅
3#展厅
室外庭院
商店
多功能厅
多功能厅
控制室
多功能厅
贵宾
等候室
2#休息厅
4#休息厅
贵宾
休息室
2-1#展厅
绿化
景观
绿化
景观
1#室内展园
展厅
序厅
临展大厅
2#临展展厅
大厅
绿化
景观
绿化
景观
1#休息厅
3#休息厅
绿化景观
1#展厅
1#临展展厅
绿化
景观
室外庭院
绿化
景观

首层平面图

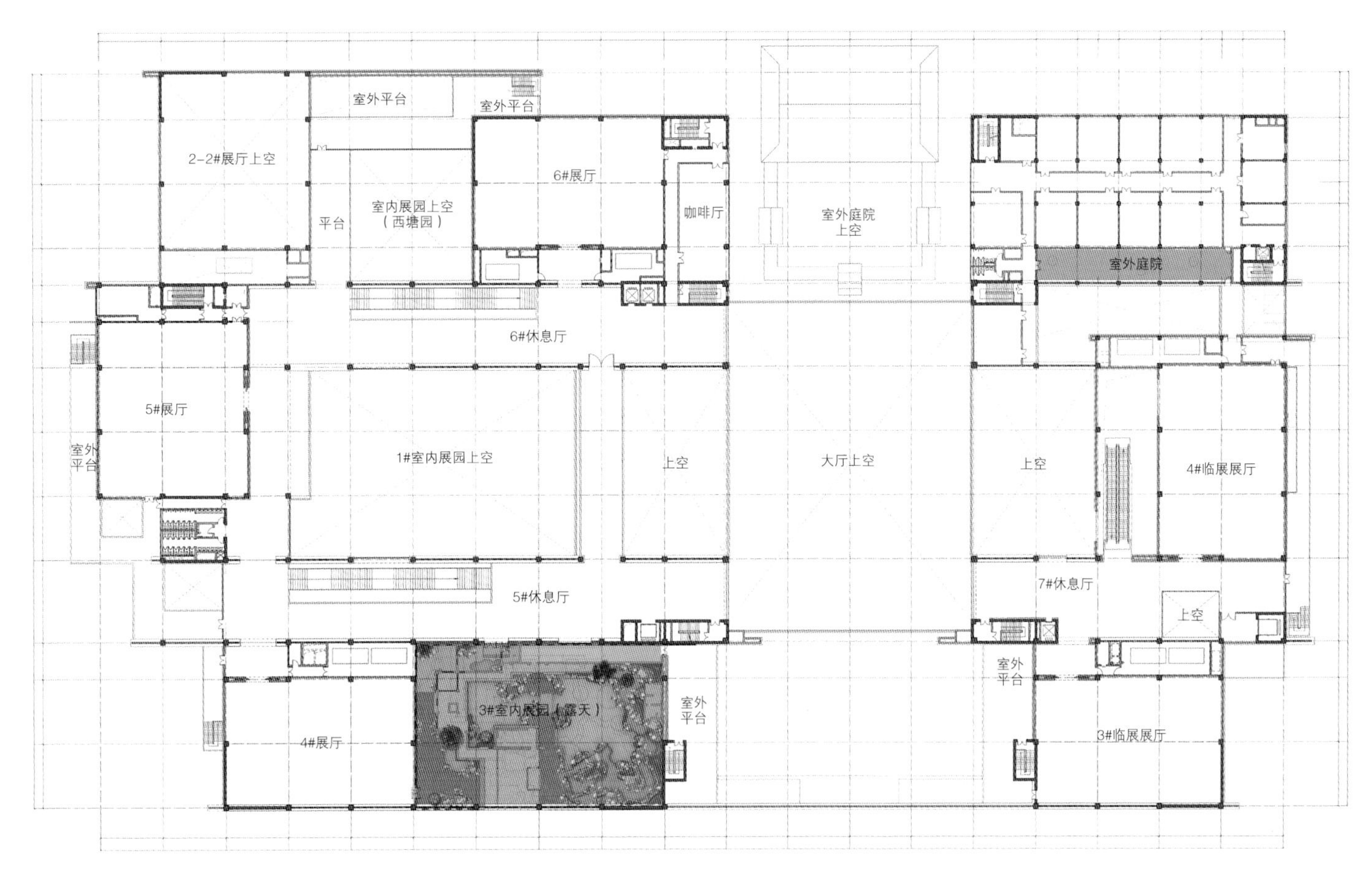

二层平面图

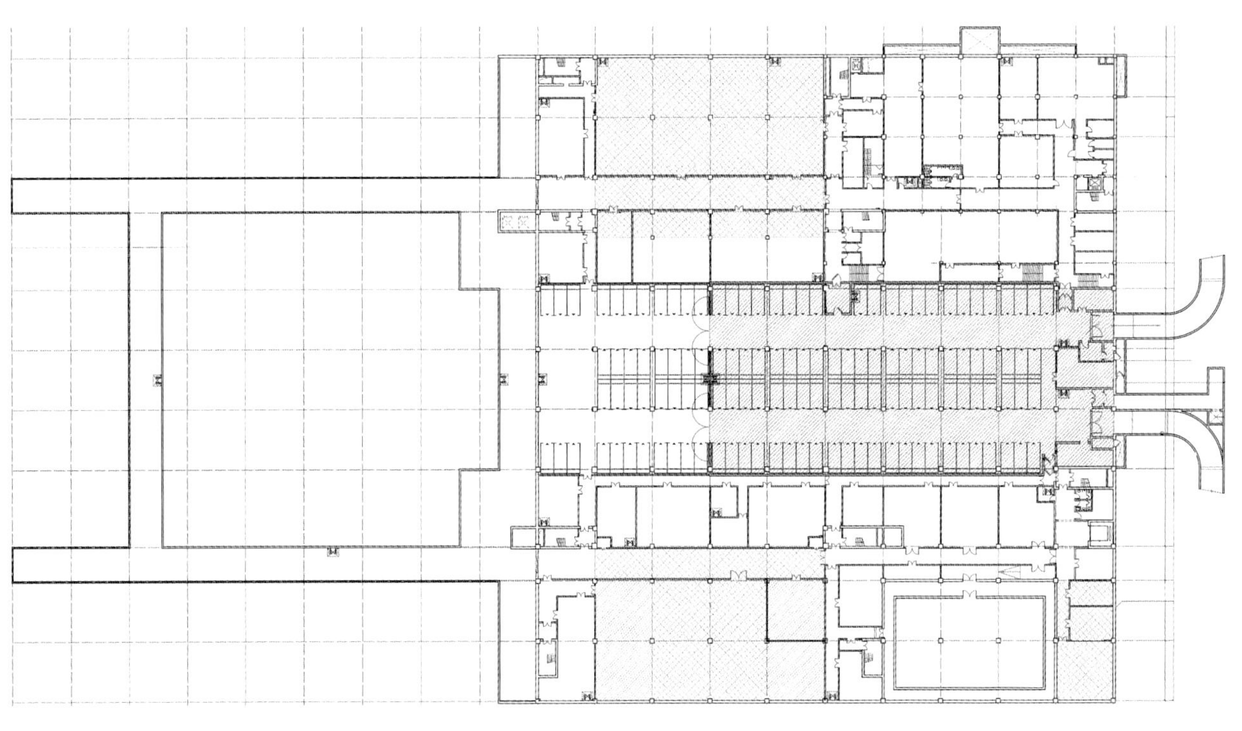

地下一层平面图

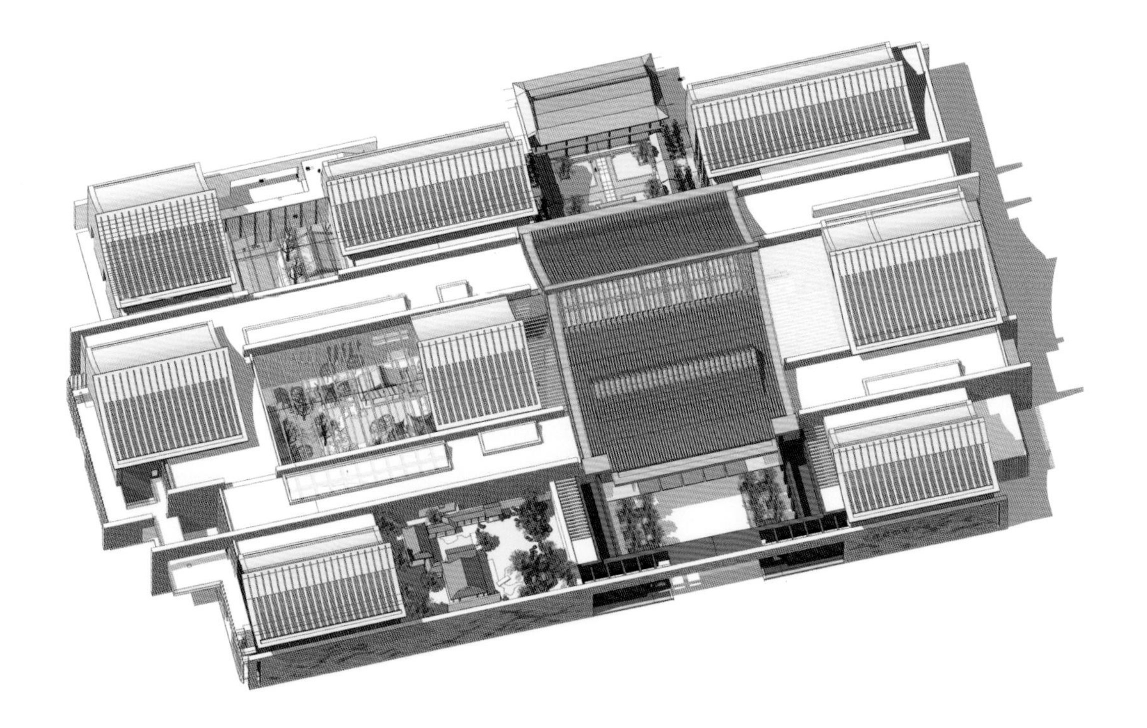

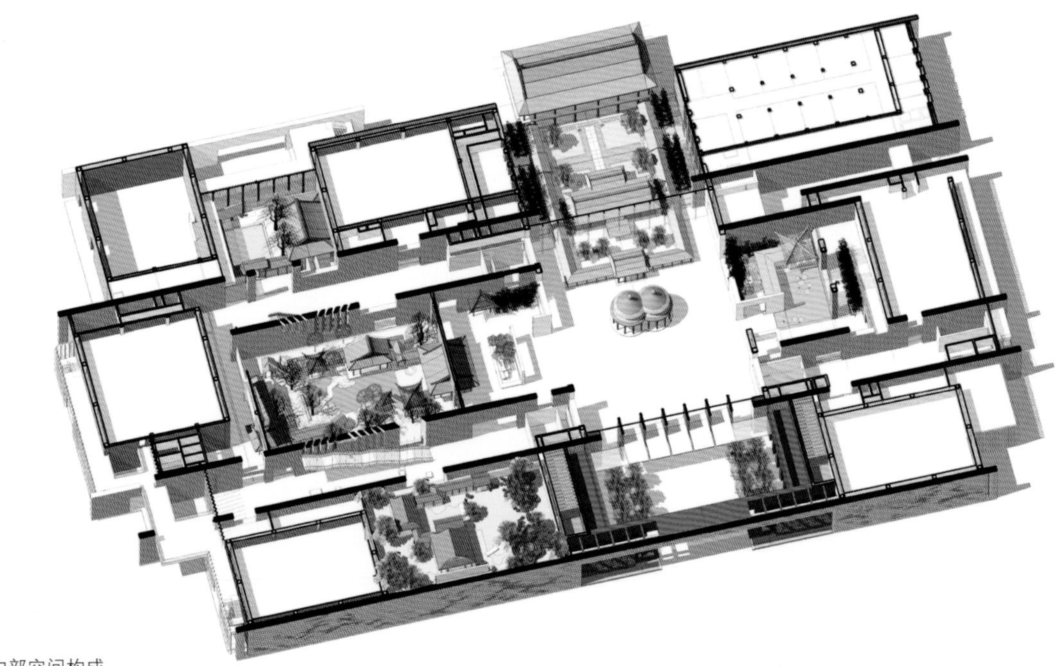

内部空间构成

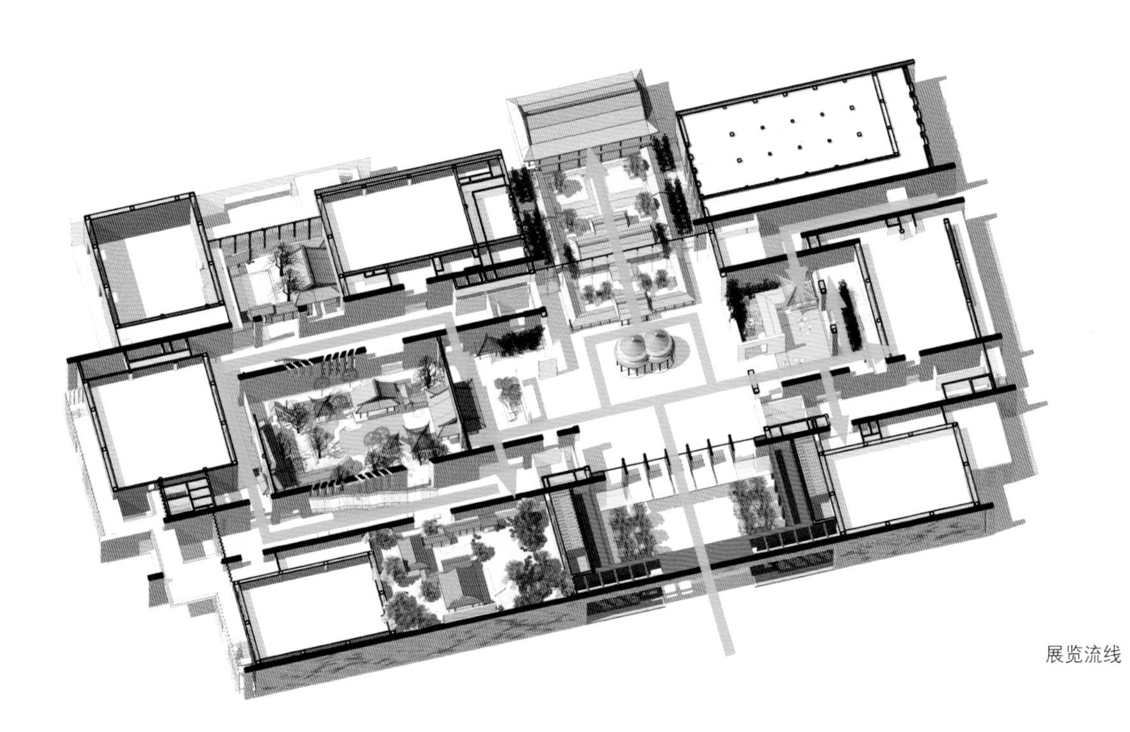
展览流线

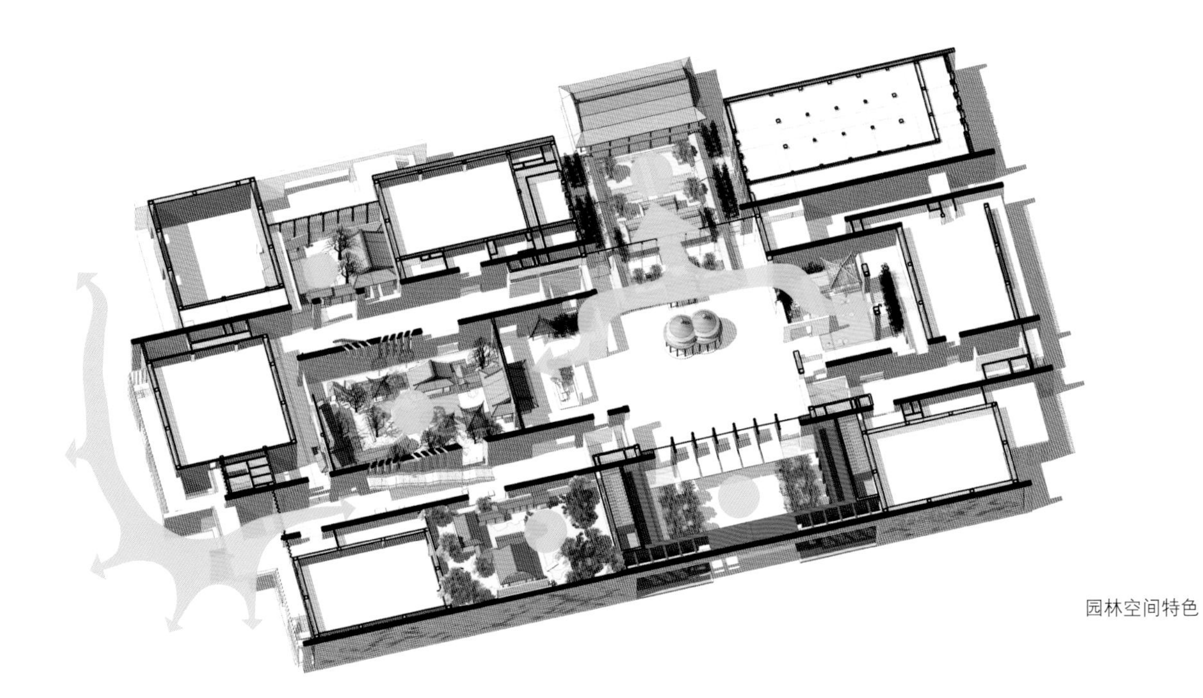
园林空间特色

轴线分析

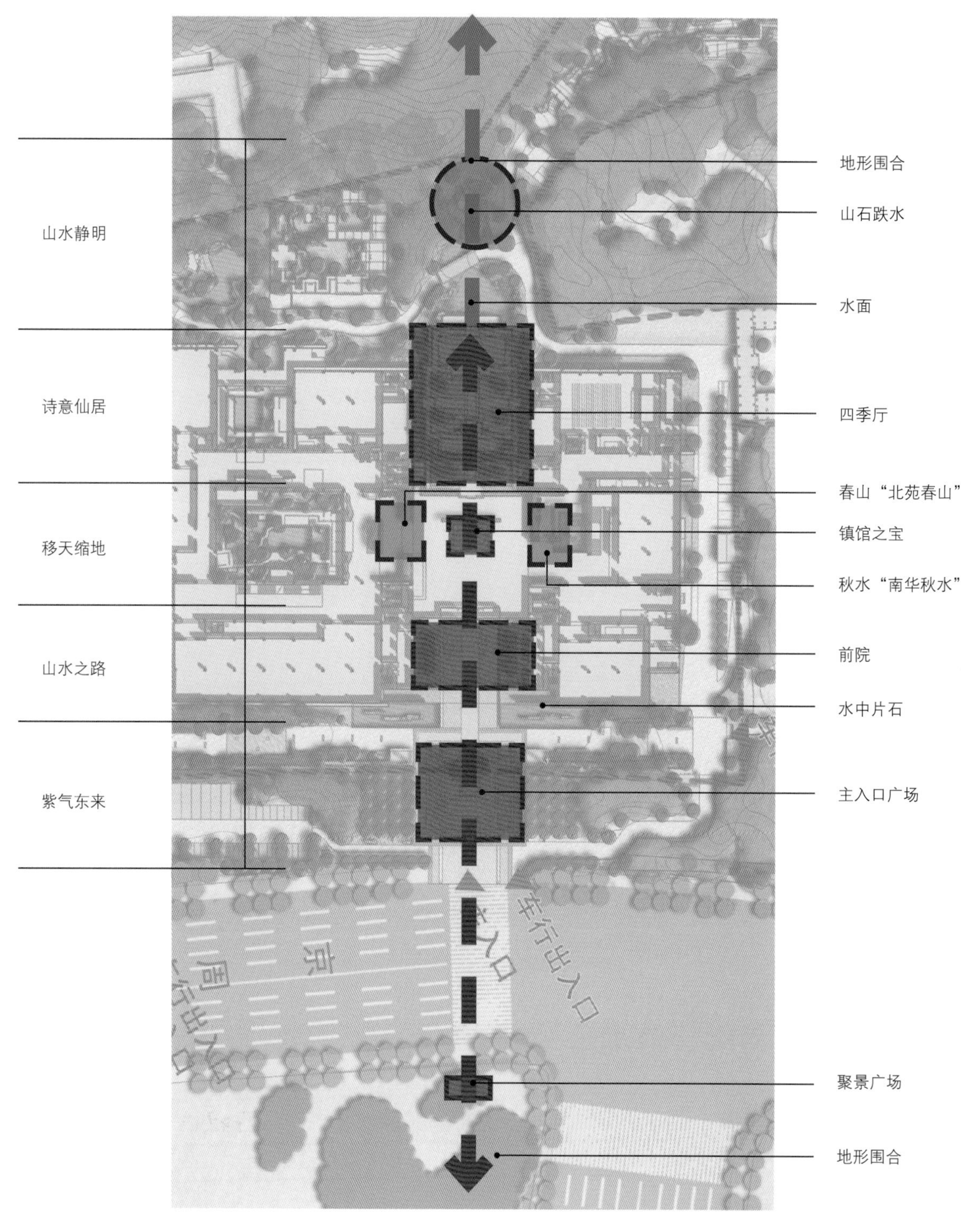
山水静明
诗意仙居
移天缩地
山水之路
紫气东来
地形围合
山石跌水
水面
四季厅
春山“北苑春山”
镇馆之宝
秋水“南华秋水”
前院
水中片石
主入口广场
车行出入口
聚景广场
地形围合

主轴线分析图

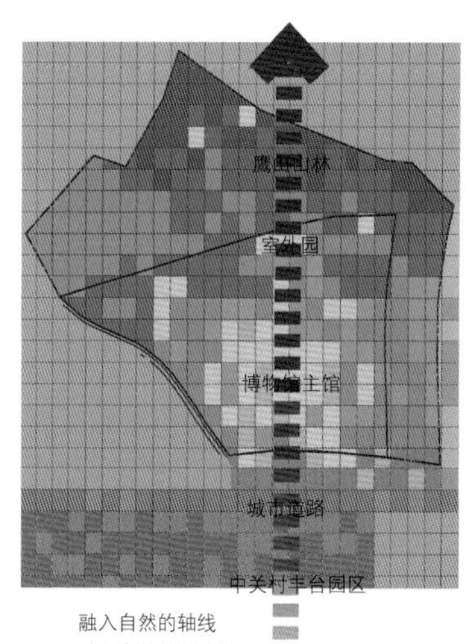

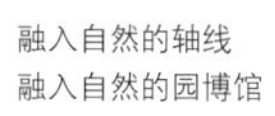

主轴线分析图

山水静明	诗意仙居	移天缩地	山水之路	紫气东来
山石跌水	四季厅	中央大厅	主入口广场至大厅御路	主入口广场

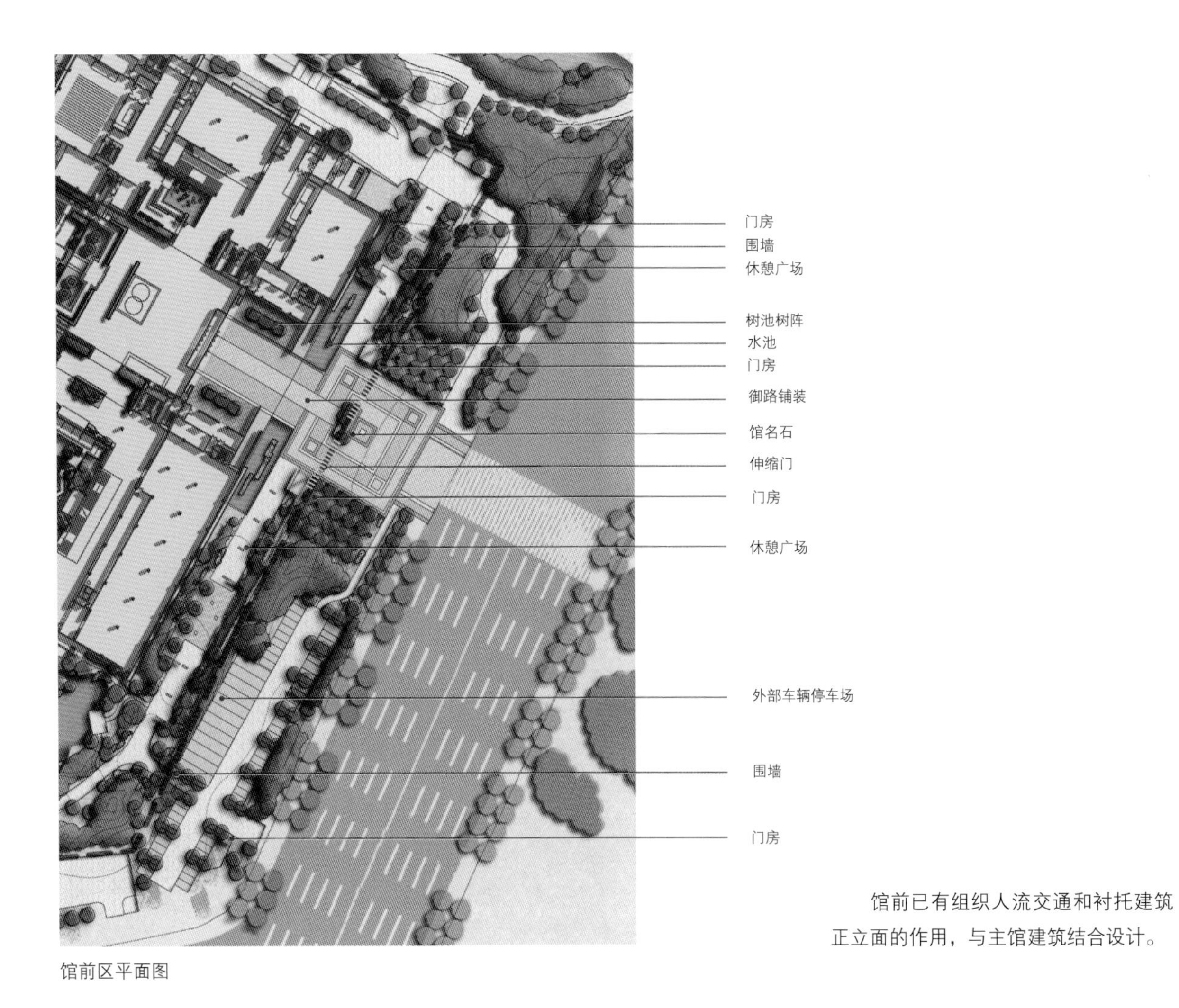

馆前区平面图

馆前已有组织人流交通和衬托建筑正立面的作用，与主馆建筑结合设计。

馆前区功能分析图

馆前区交通分析图

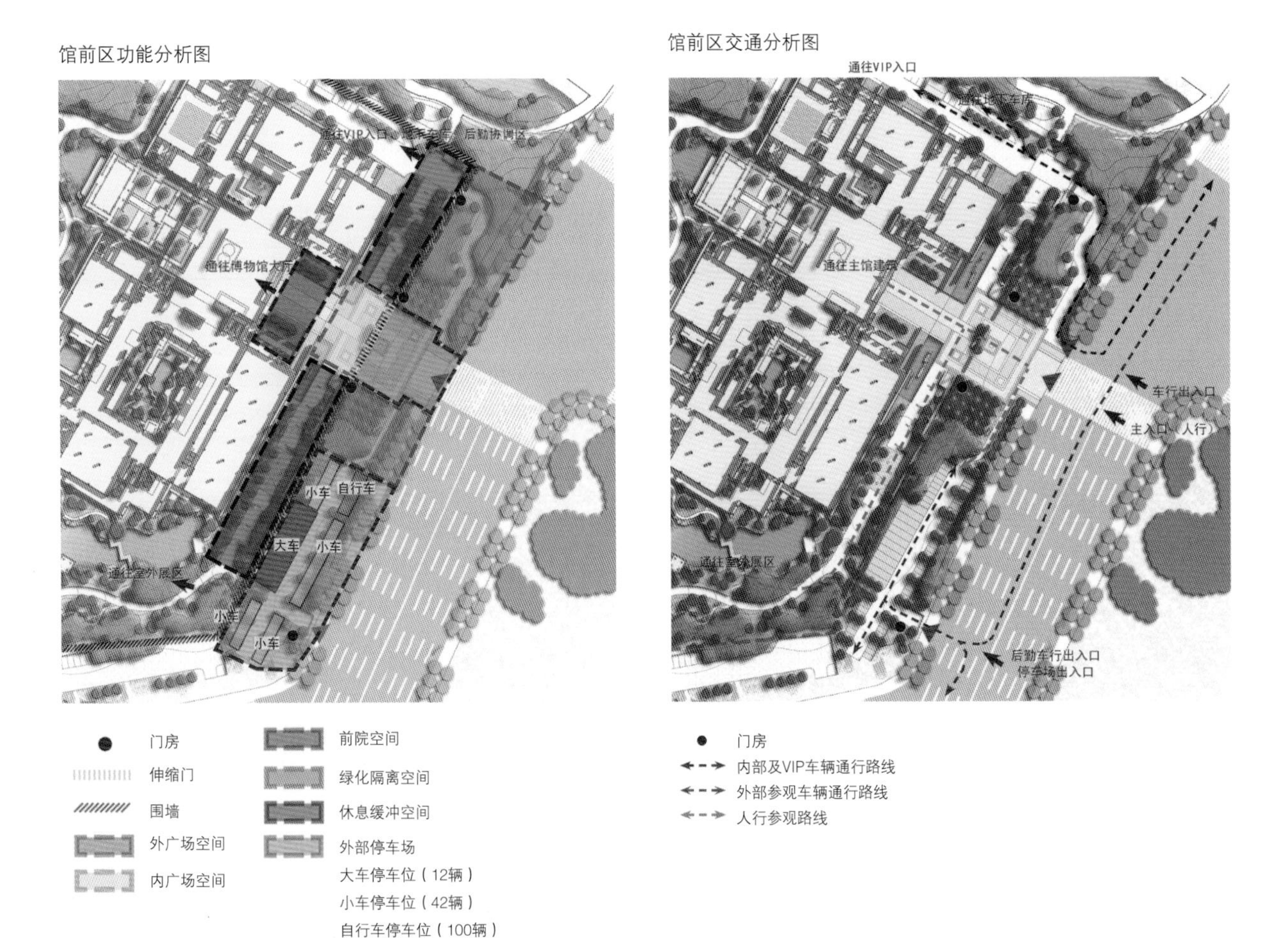

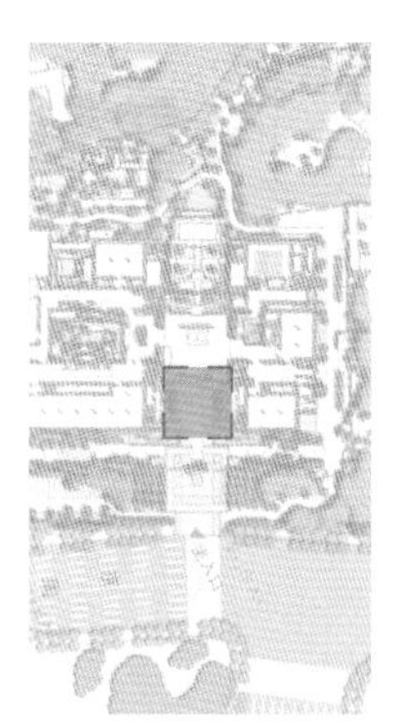

主轴线中的位置

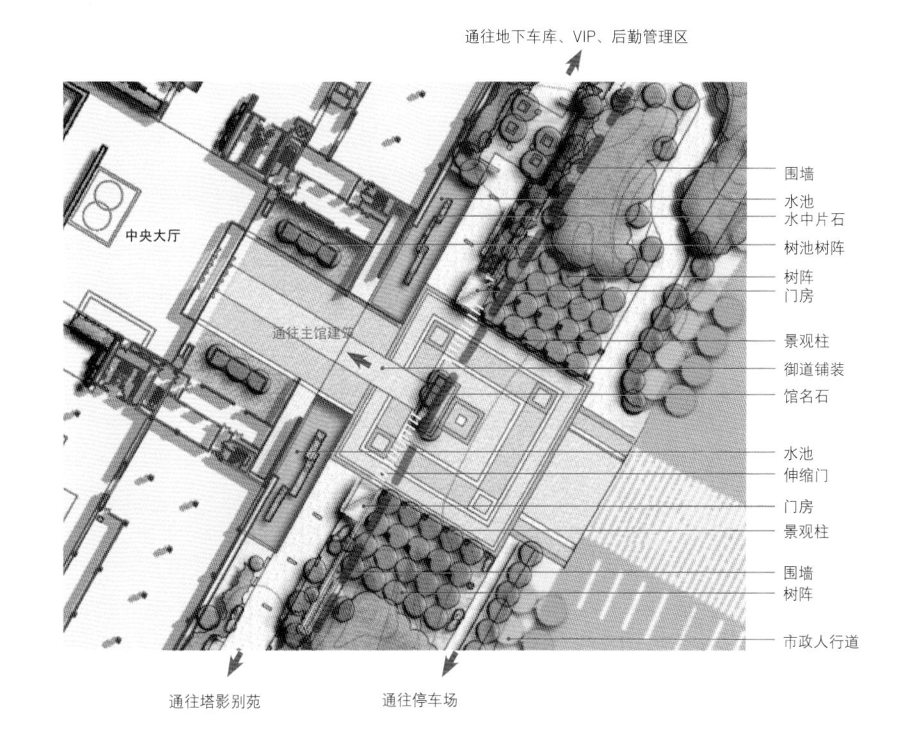

主入口广场（紫气东来）平面图

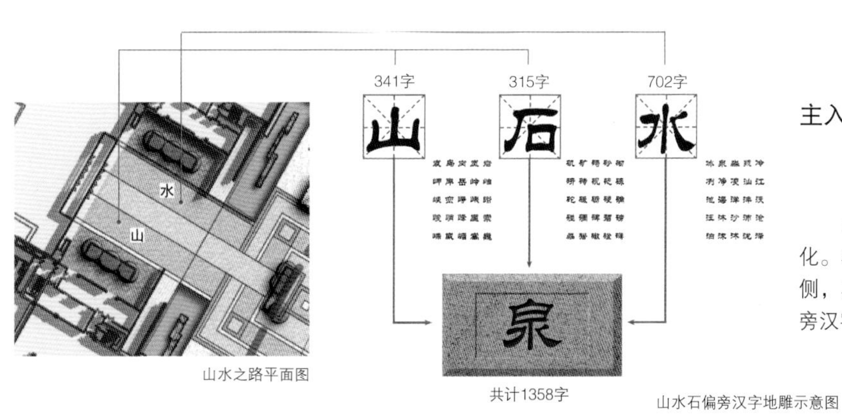

山水之路平面图

共计1358字

山水石偏旁汉字地雕示意图

主入口广场至大厅御路（山水之路）

山水之路主要体现中国园林中的山水文化。将山字旁汉字与水字旁汉字刻于御路两侧，其西侧刻山、石字旁汉字，东侧刻水字旁汉字，共计1358字。

山水之路模型示意图

中央大厅（移天缩地）

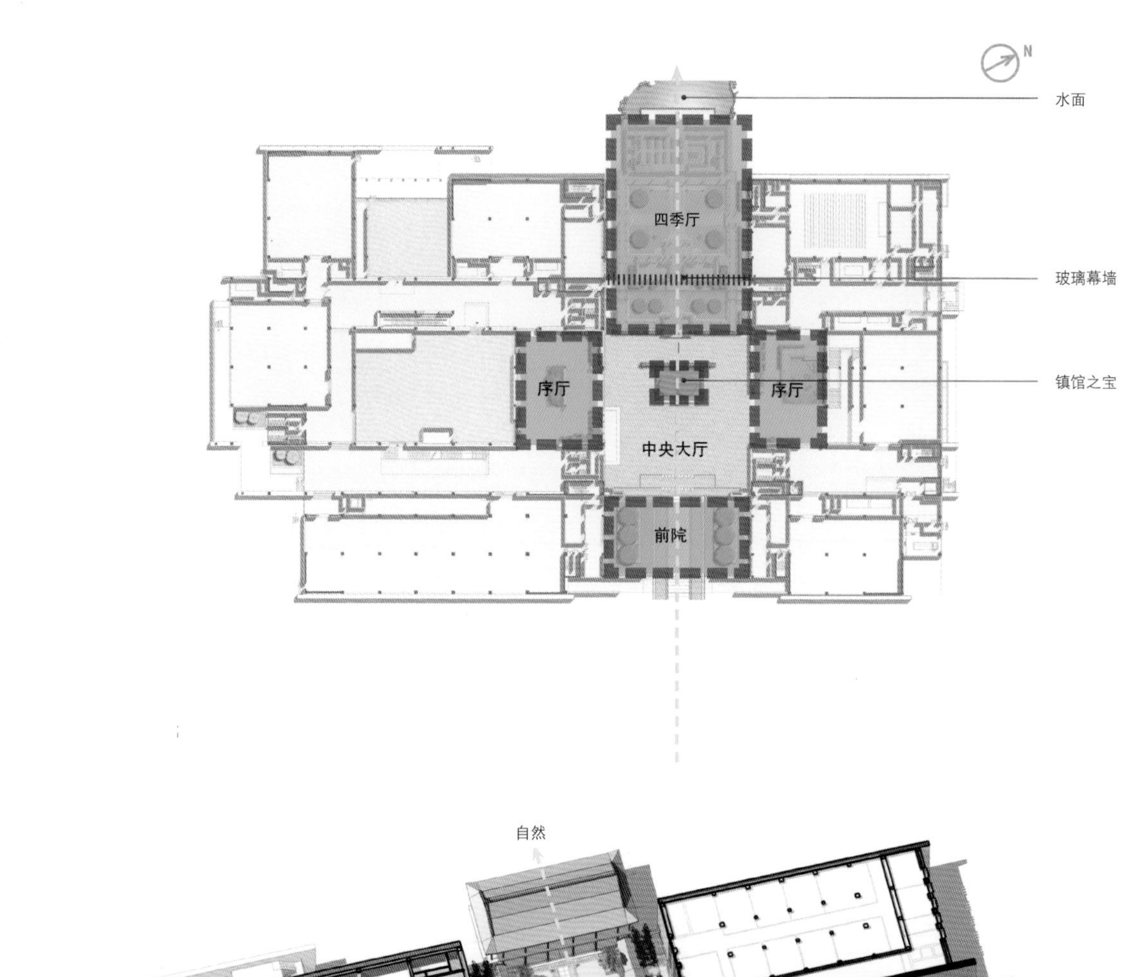
水面
四季厅
玻璃幕墙
序厅
镇馆之宝
序厅
中央大厅
前院

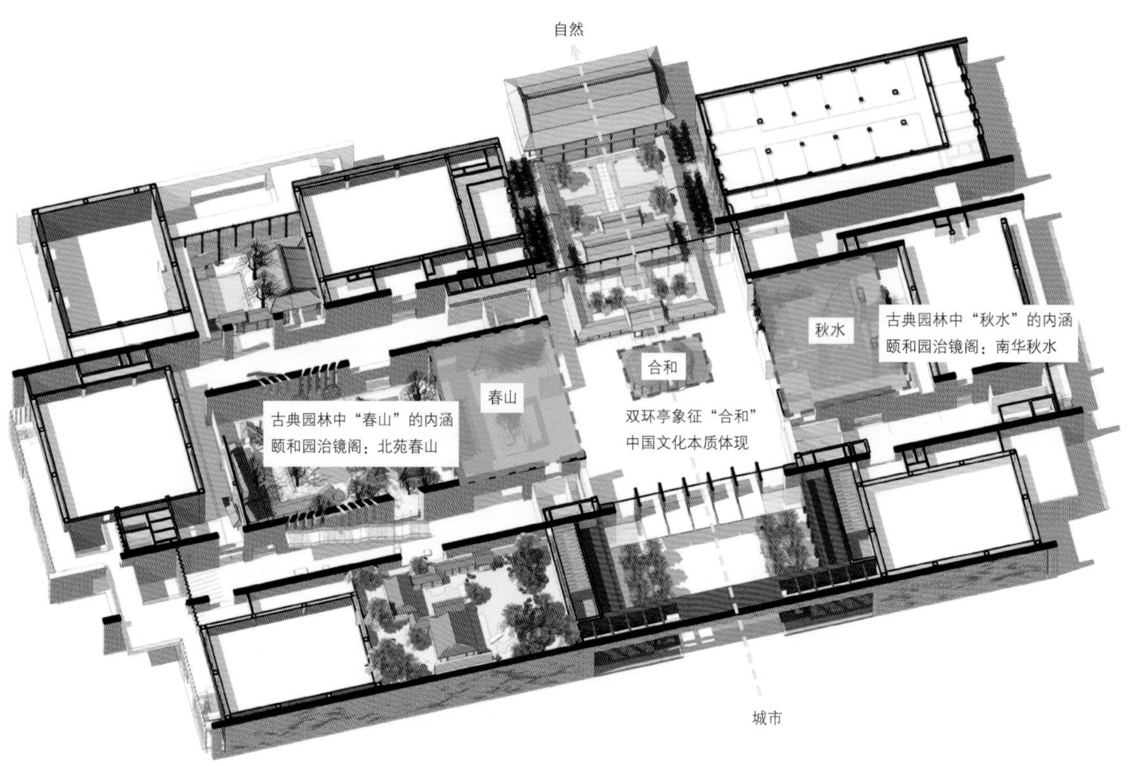
自然
秋水
古典园林中“秋水”的内涵
颐和园治镜阁：南华秋水
合和
春山
双环亭象征“合和”
中国文化本质体现
古典园林中“春山”的内涵
颐和园治镜阁：北苑春山
城市

双环亭1903年照片

双环亭现状照片

双环亭

始建于清乾隆六年（1741年），1975迁建于天坛公园内。
面积：40m²

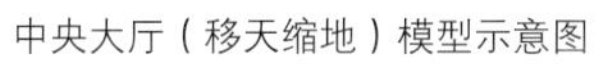

中央大厅（移天缩地）模型示意图

春山

古典园林中“春山”的内涵
颐和园治镜阁：北苑春山

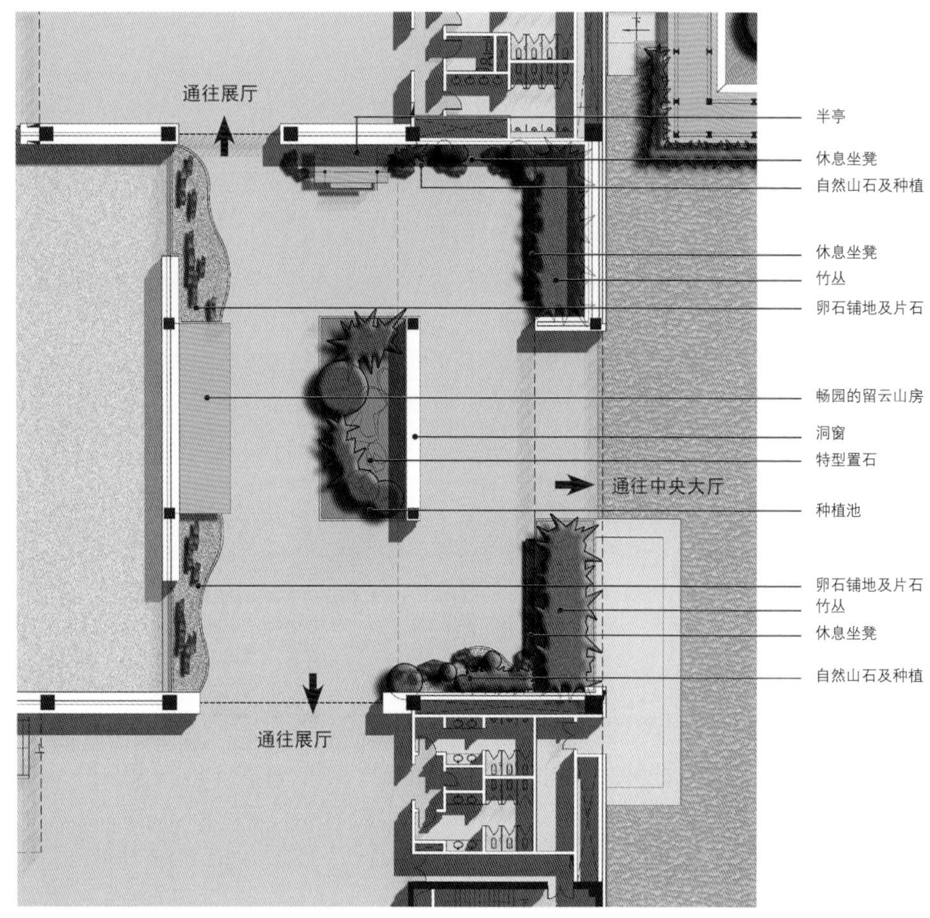

“春山”平面图

铺装纹样：山纹

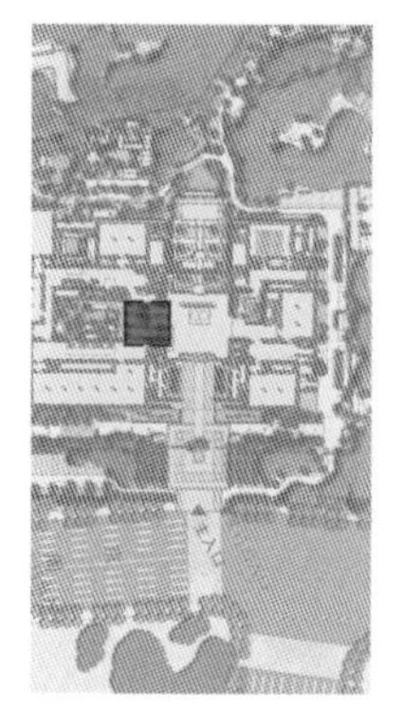

主轴线中的位置

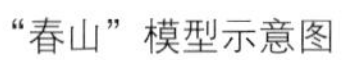

“春山”模型示意图

秋水

古典园林中“秋水”的内涵
颐和园治镜阁：南华秋水

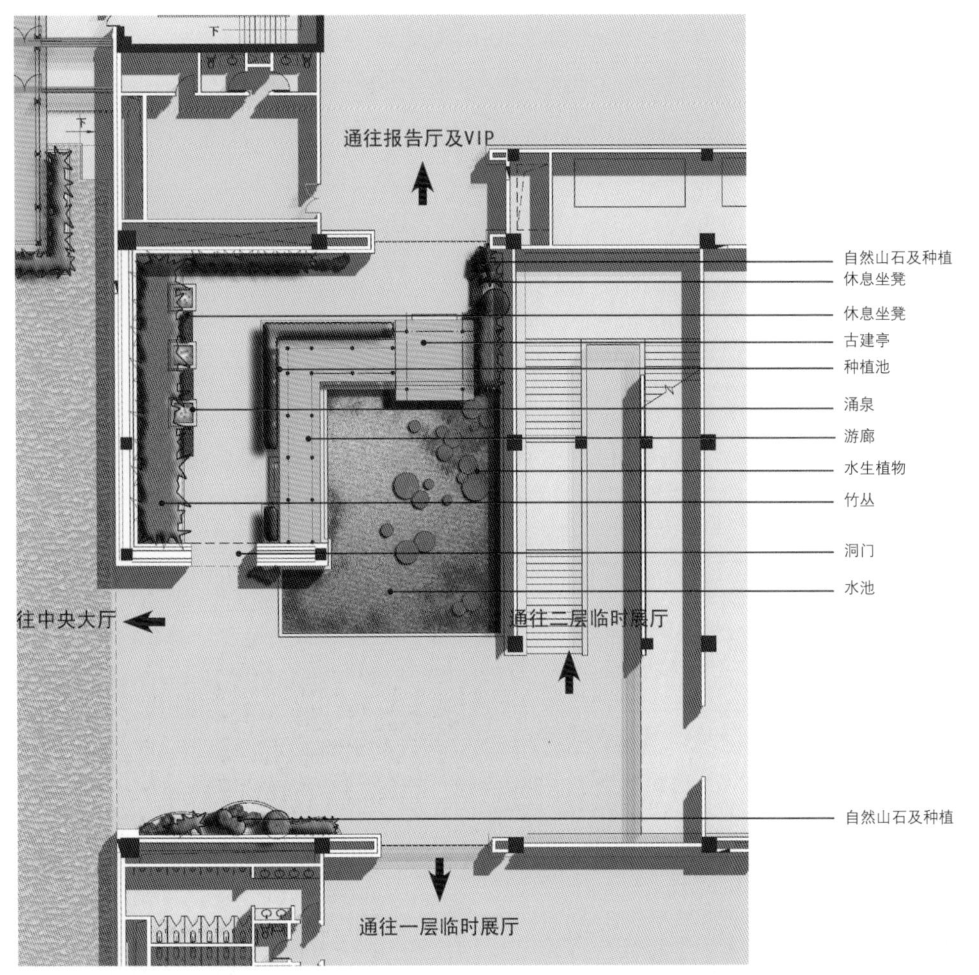

“秋水”平面图

铺装纹样：山纹

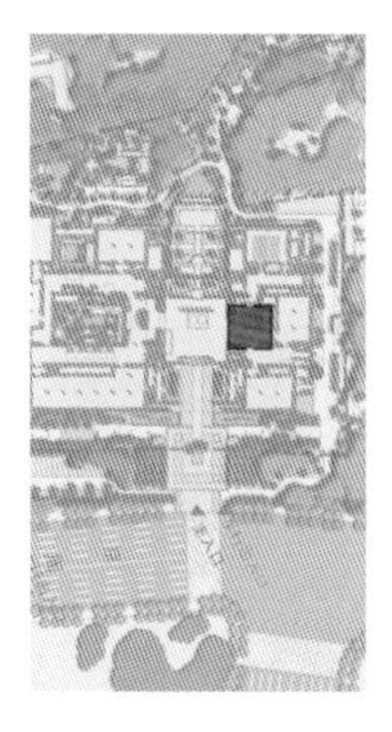

主轴线中的位置

"秋水"模型示意图

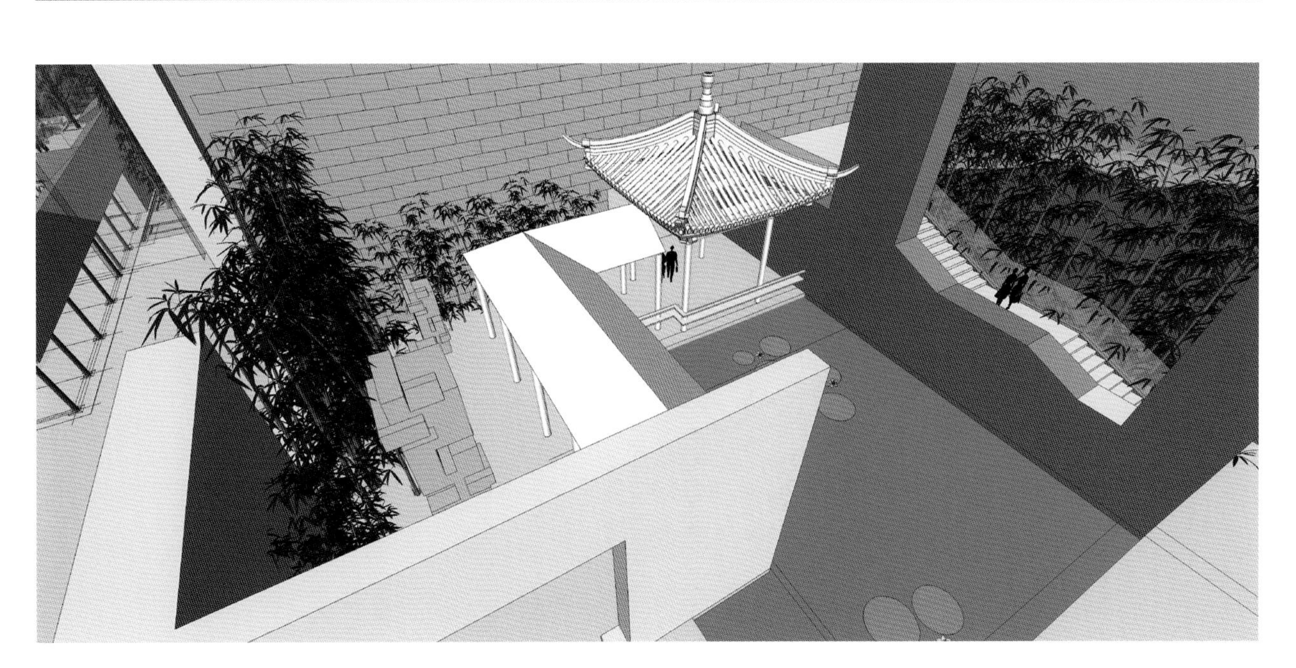

四季厅（诗意仙居）

类型：北方皇家园林。

特点：借鉴北方皇家园林的格局和建筑形式，是集交通集散、休憩、展陈为一体的园林空间。分为两部分，一部分位于主馆建筑中央大厅内，一部分位于主馆建筑外侧。作为主馆建筑向室外园林的过渡空间。

面积：总占地2300m^2；建筑占地1100m^2；建筑1600m^2。

功能：人流集散、餐饮休憩、戏曲演出、小型活动、短期展览。

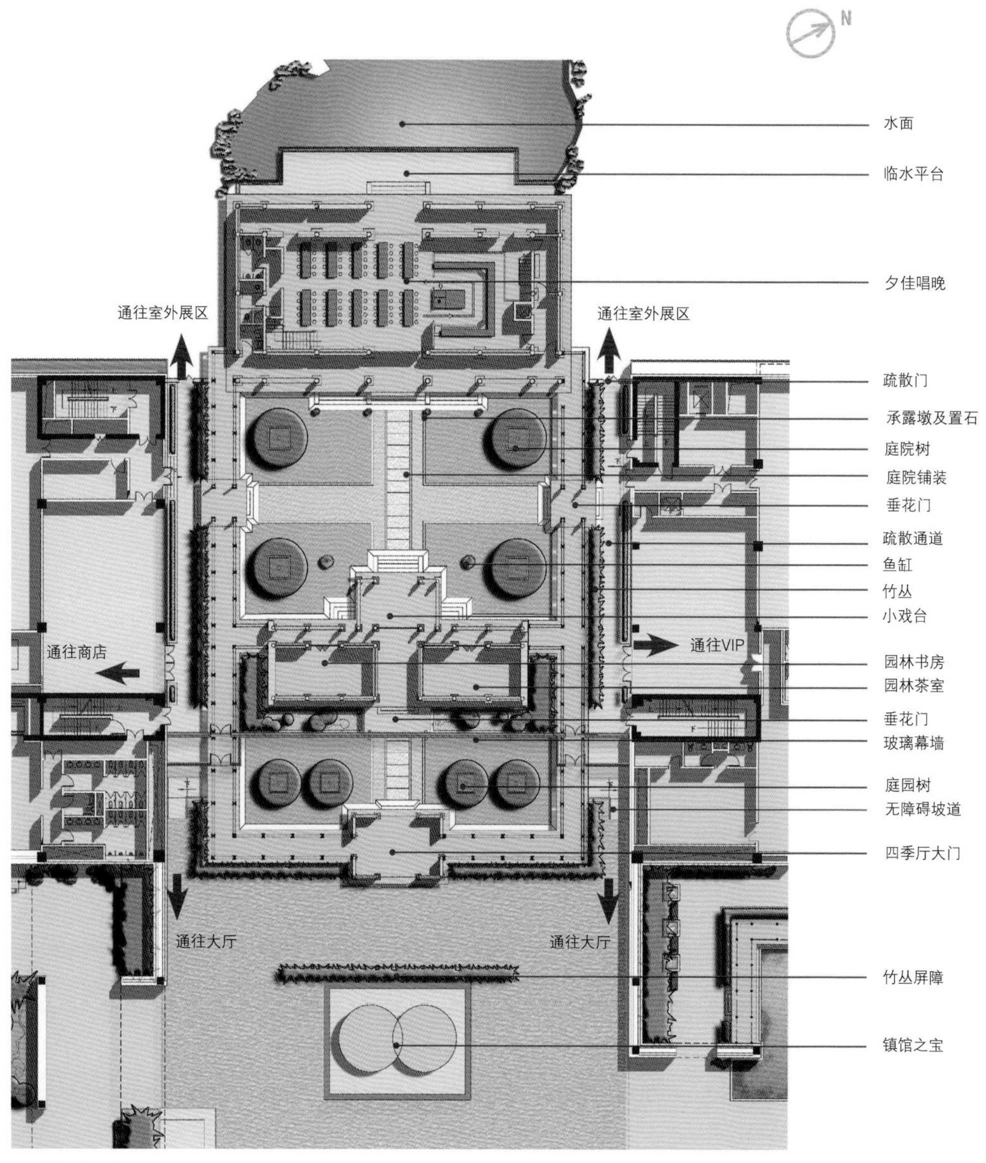

四季厅平面图

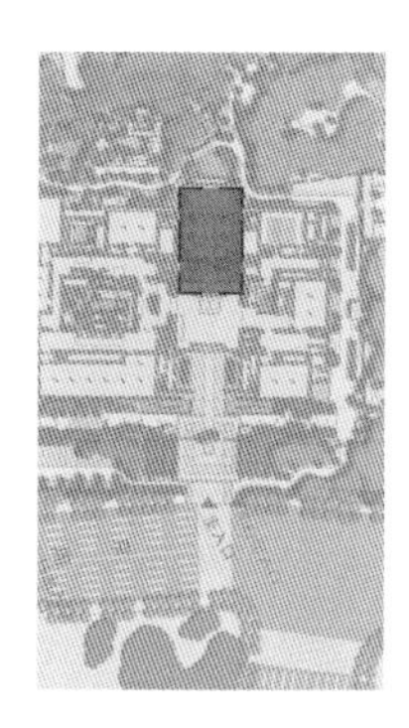

主轴线中的位置

四季厅（诗意仙居）剖面图

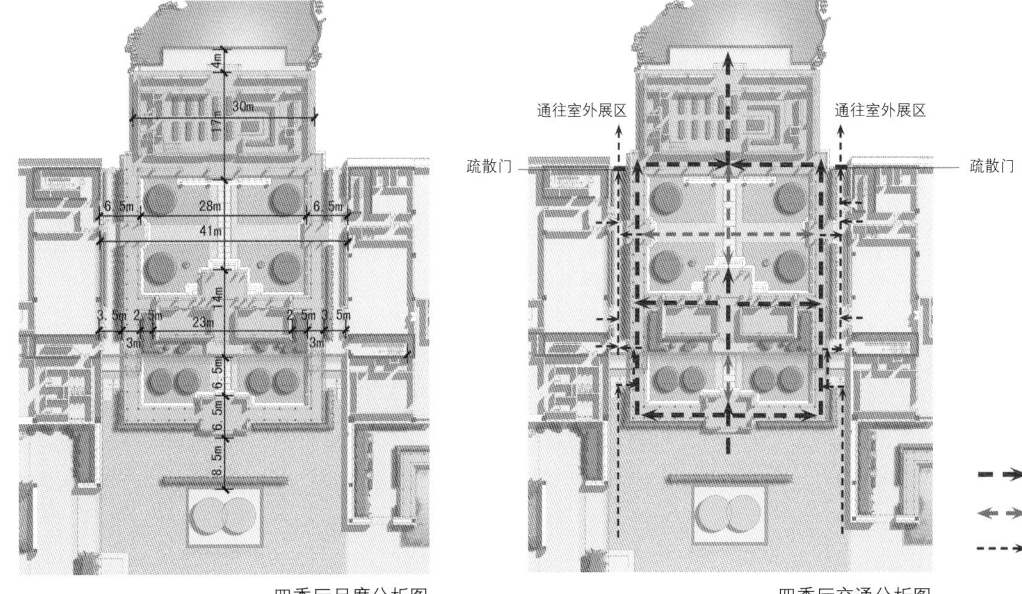

四季厅尺度分析图

四季厅交通分析图

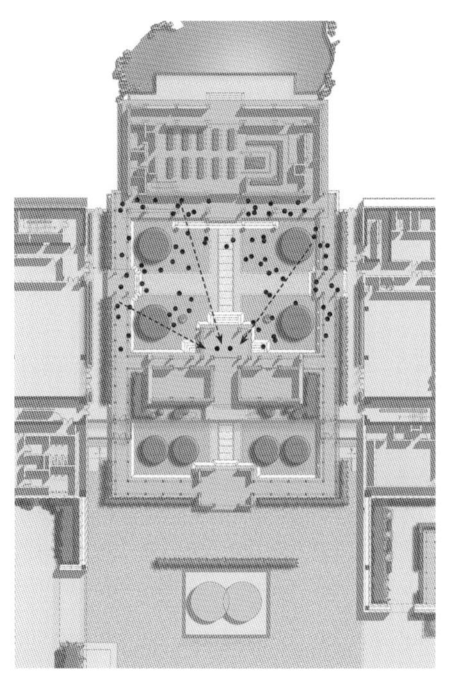

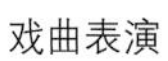

戏曲表演

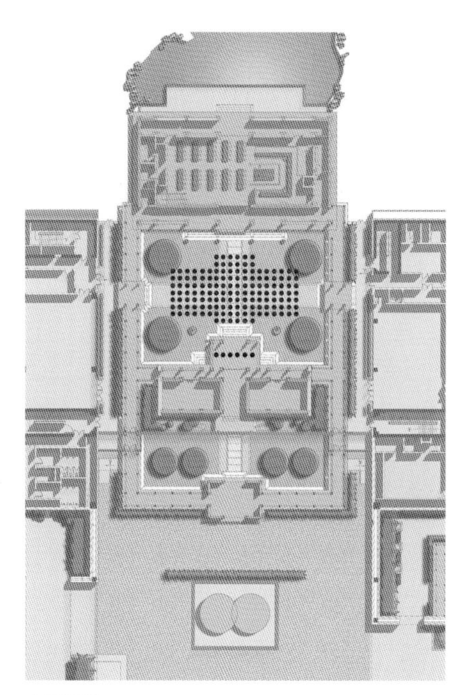

小型活动

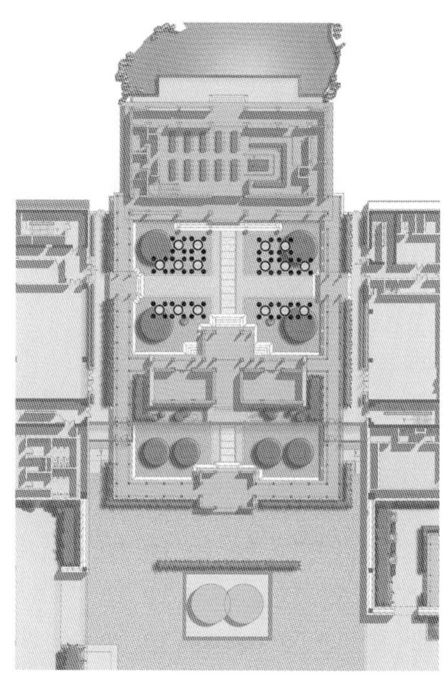

室外餐饮

四季厅（诗意仙居）功能分析图

四季厅（诗意仙居）
模型示意鸟瞰图

四季厅（诗意仙居）模型示意图

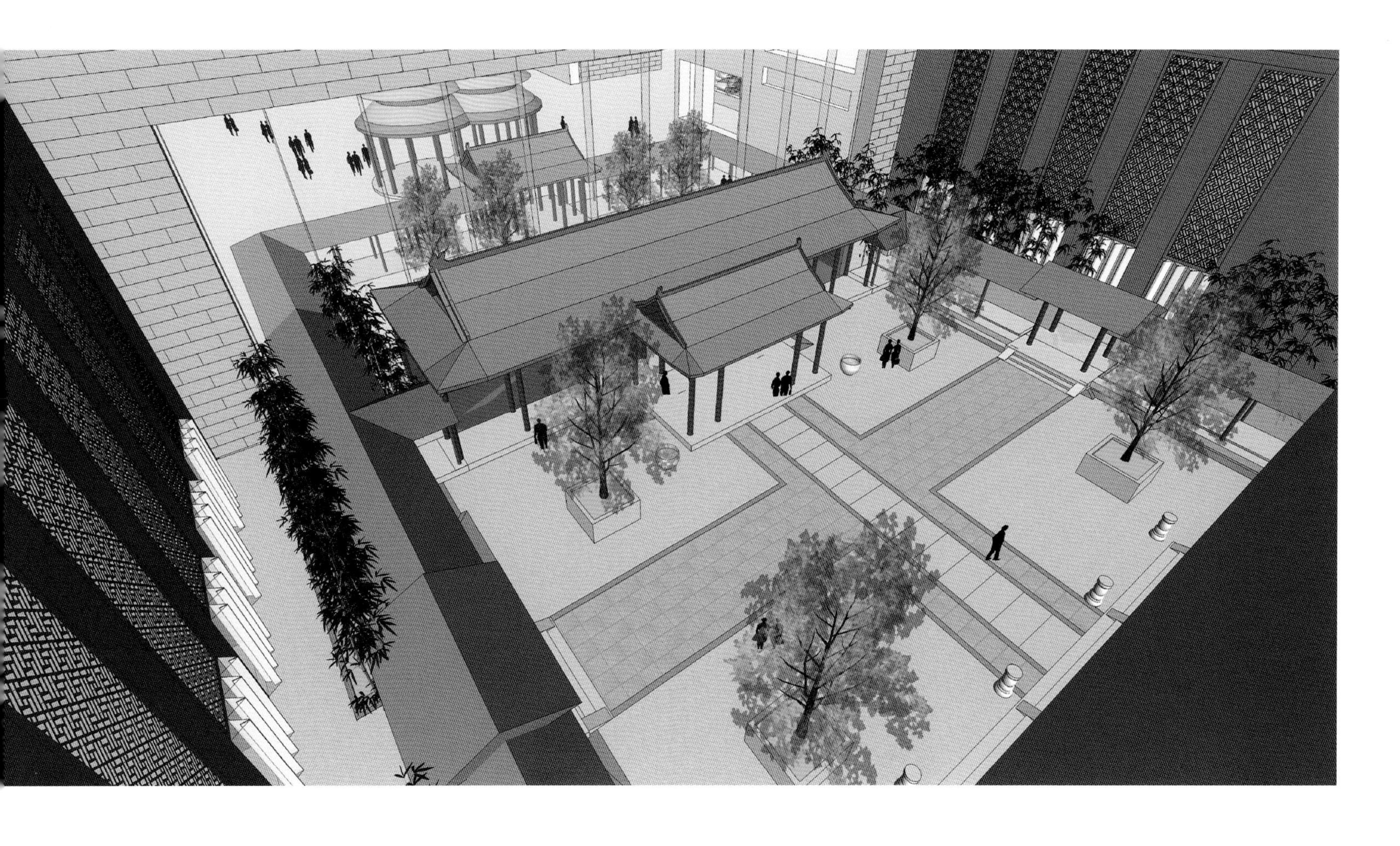

山石跌水（山水静明）

山石跌水（山水静明）即主轴线的端点，也象征了主轴线从城市向自然的过渡。

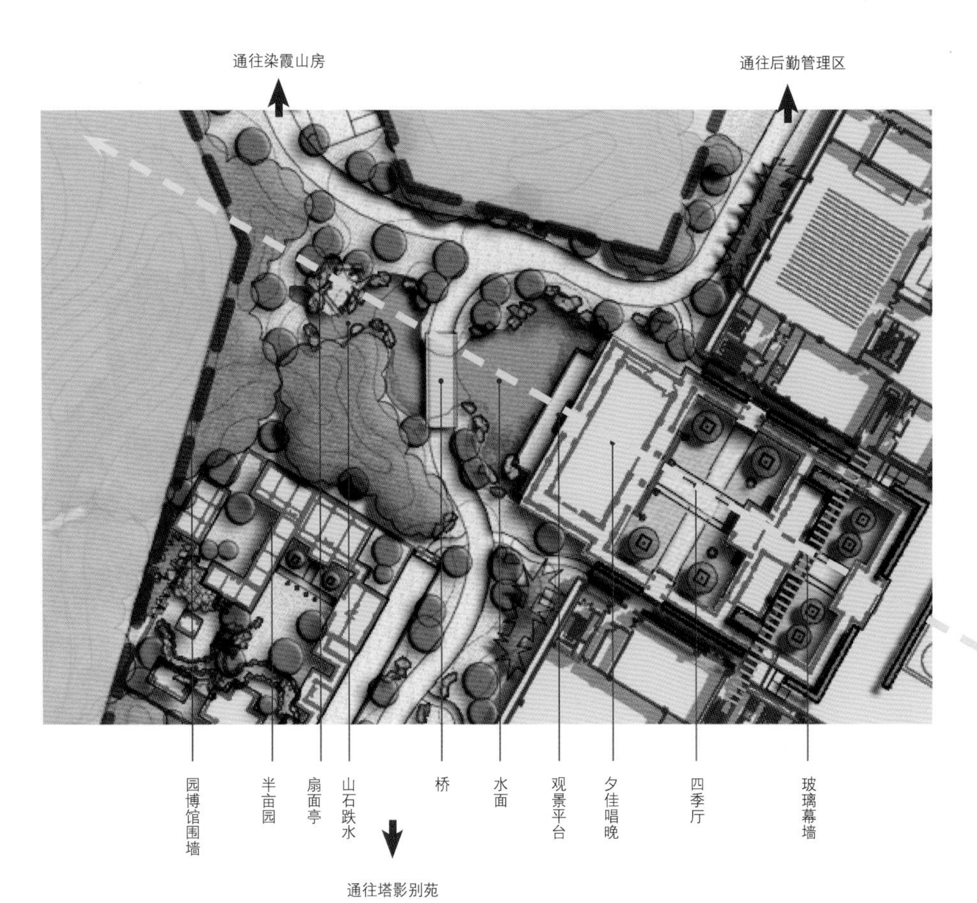

山石跌水（山水静明）平面图

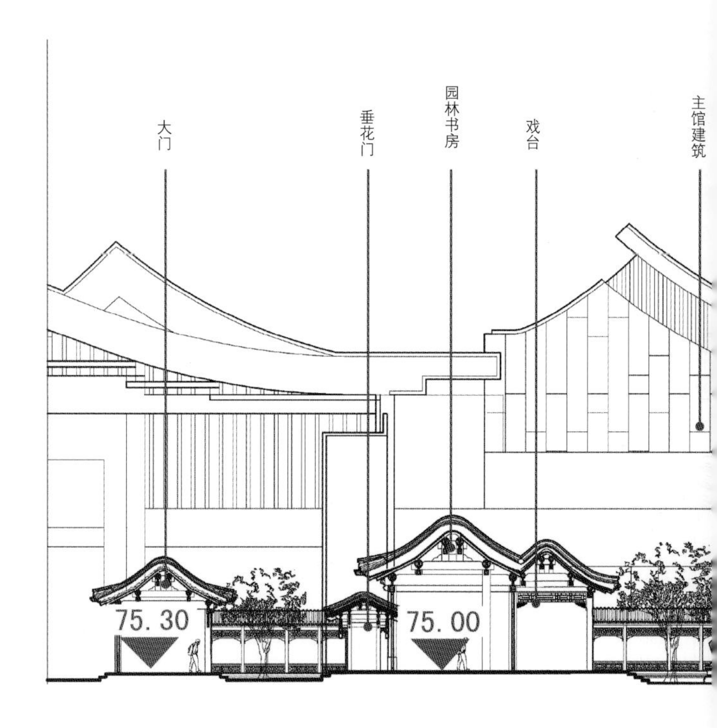

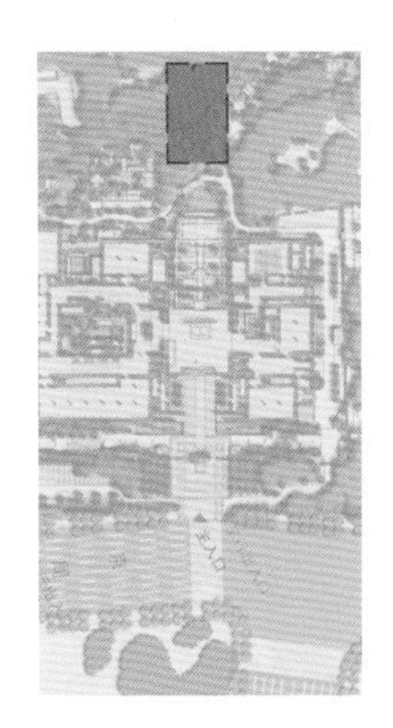

主轴线中的位置

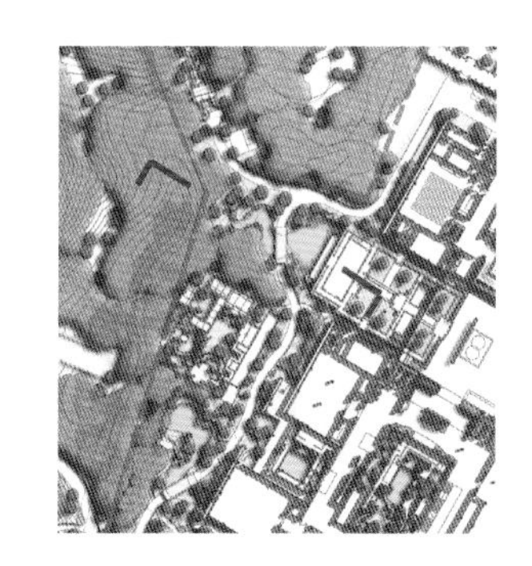

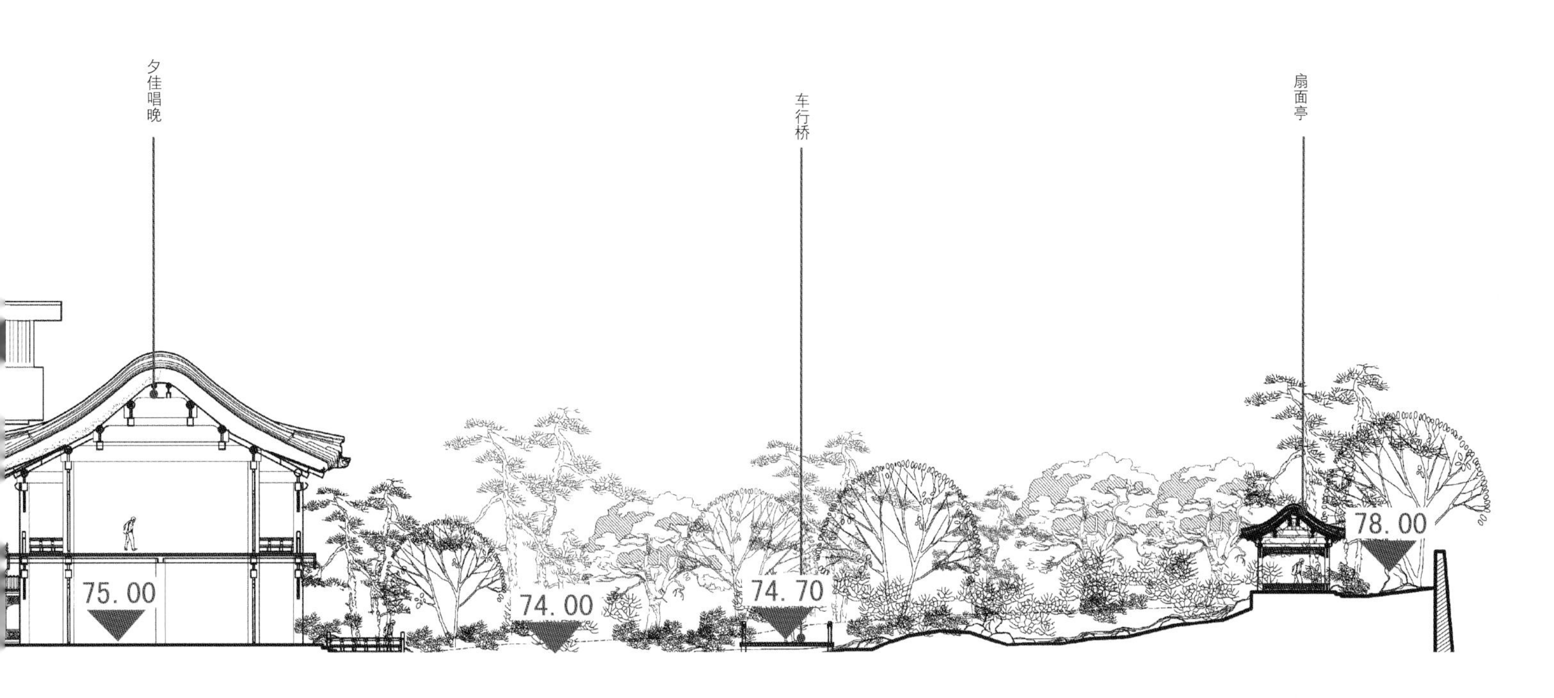

四季厅及山石跌水剖面图

细部分析

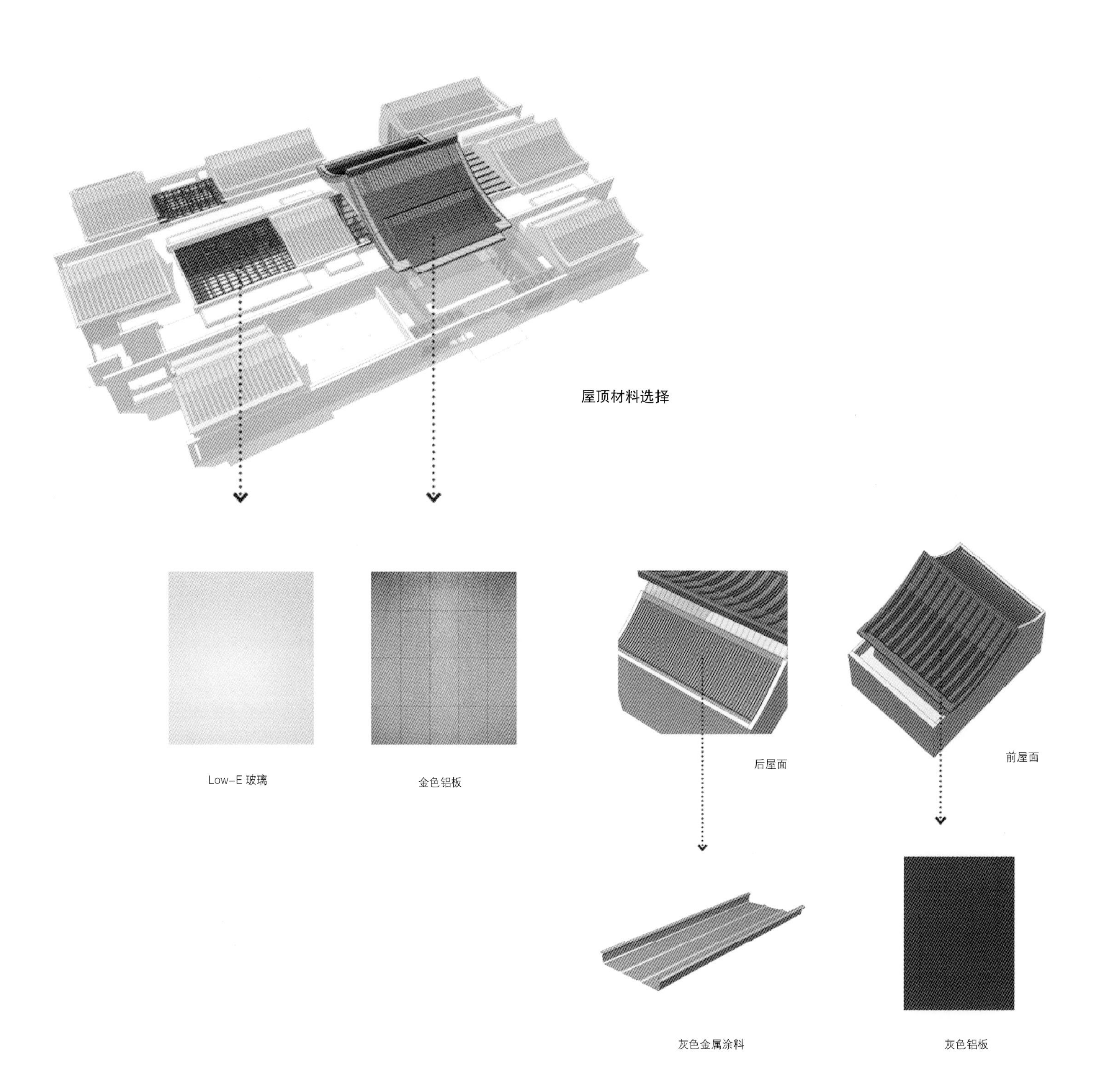
屋顶材料选择
Low-E 玻璃
金色铝板
后屋面
前屋面
灰色金属涂料
灰色铝板

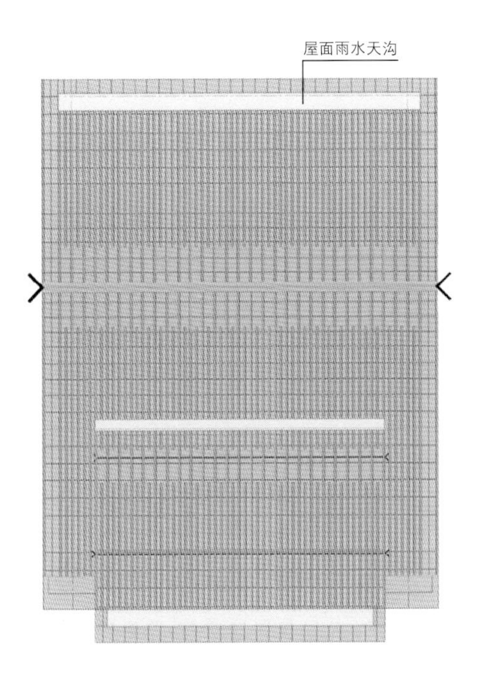

平面图

金色屋顶选用铝单板作为面层材料，构造方式如下图：

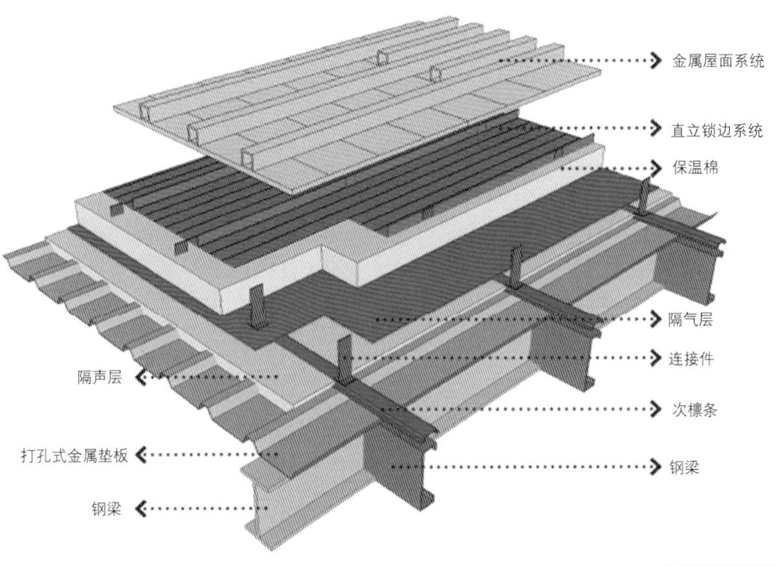

金屋顶构造详图

照明设计图

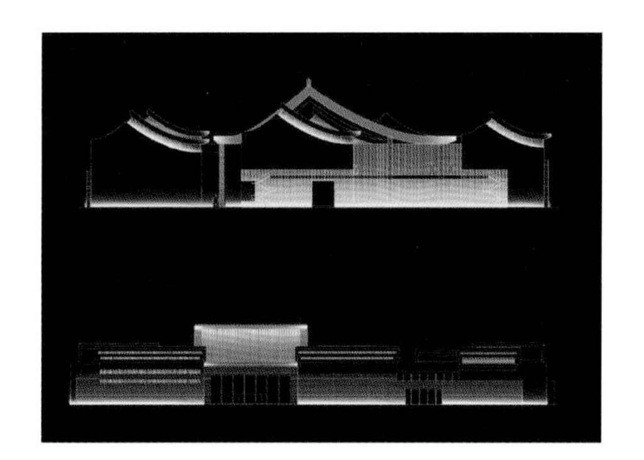

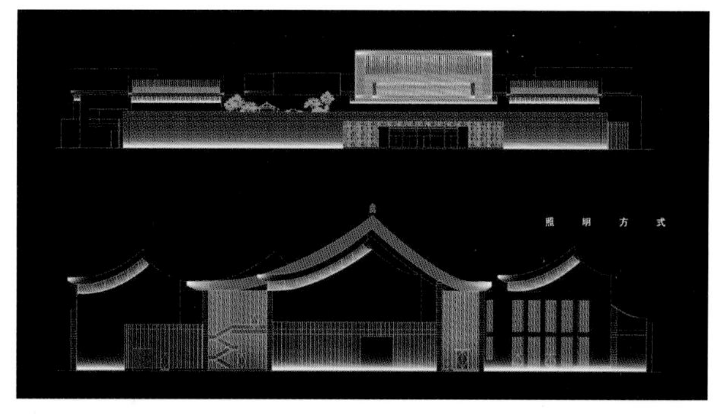
照 明 方 式

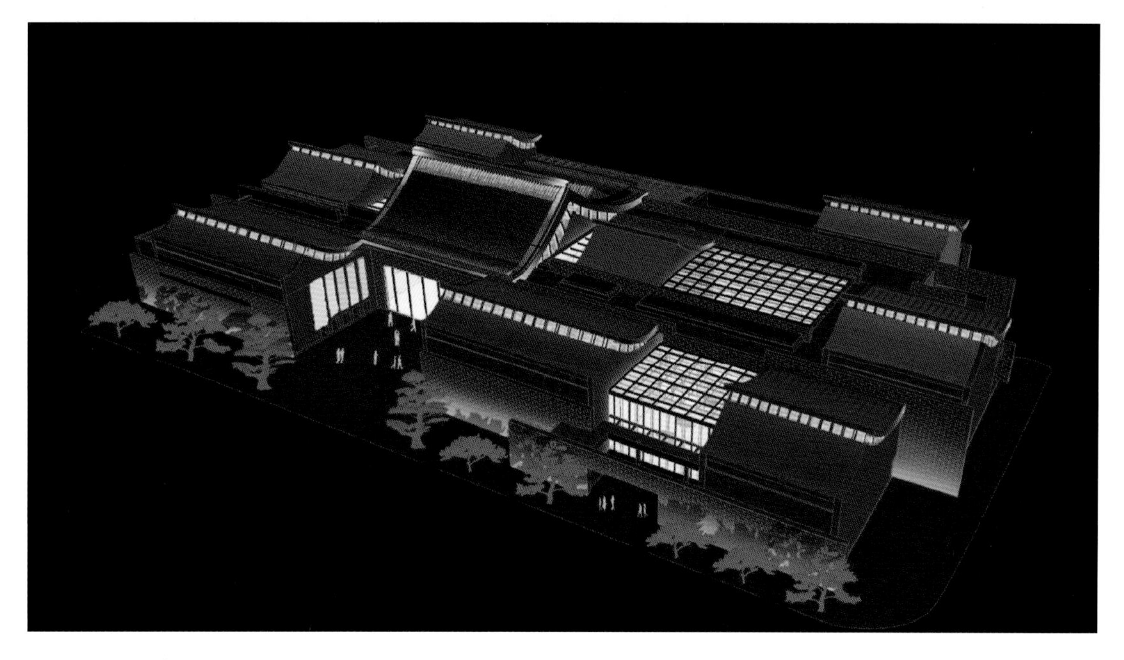

局部空间透视示意图

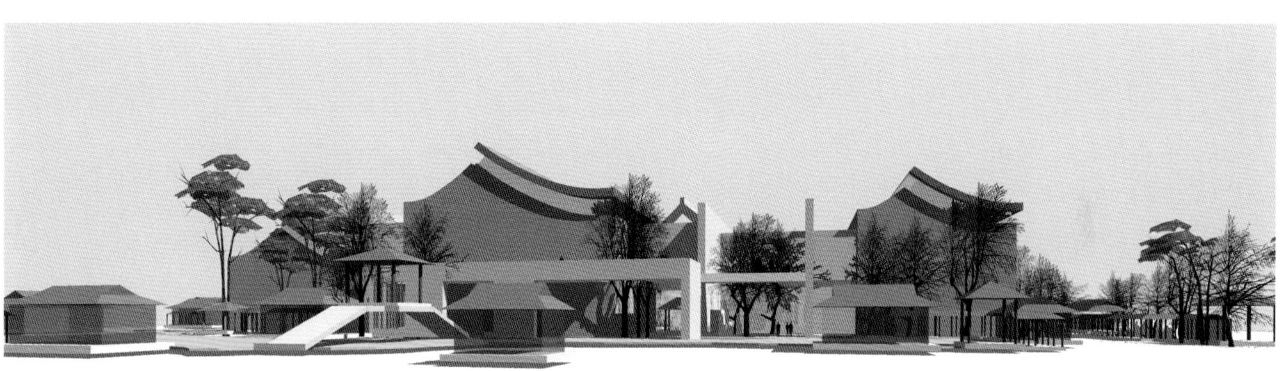

主馆大厅效果图

主馆休息走廊效果图

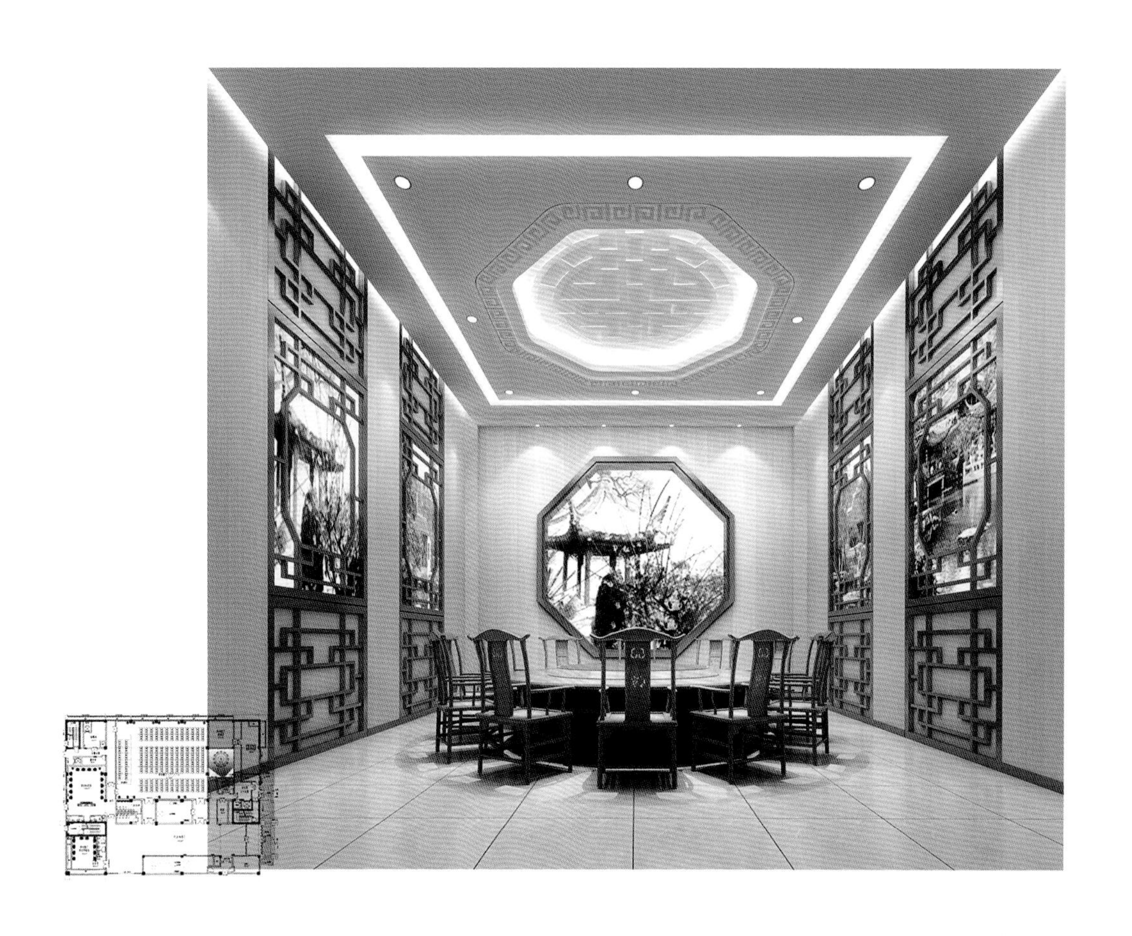

贵宾接待厅效果图

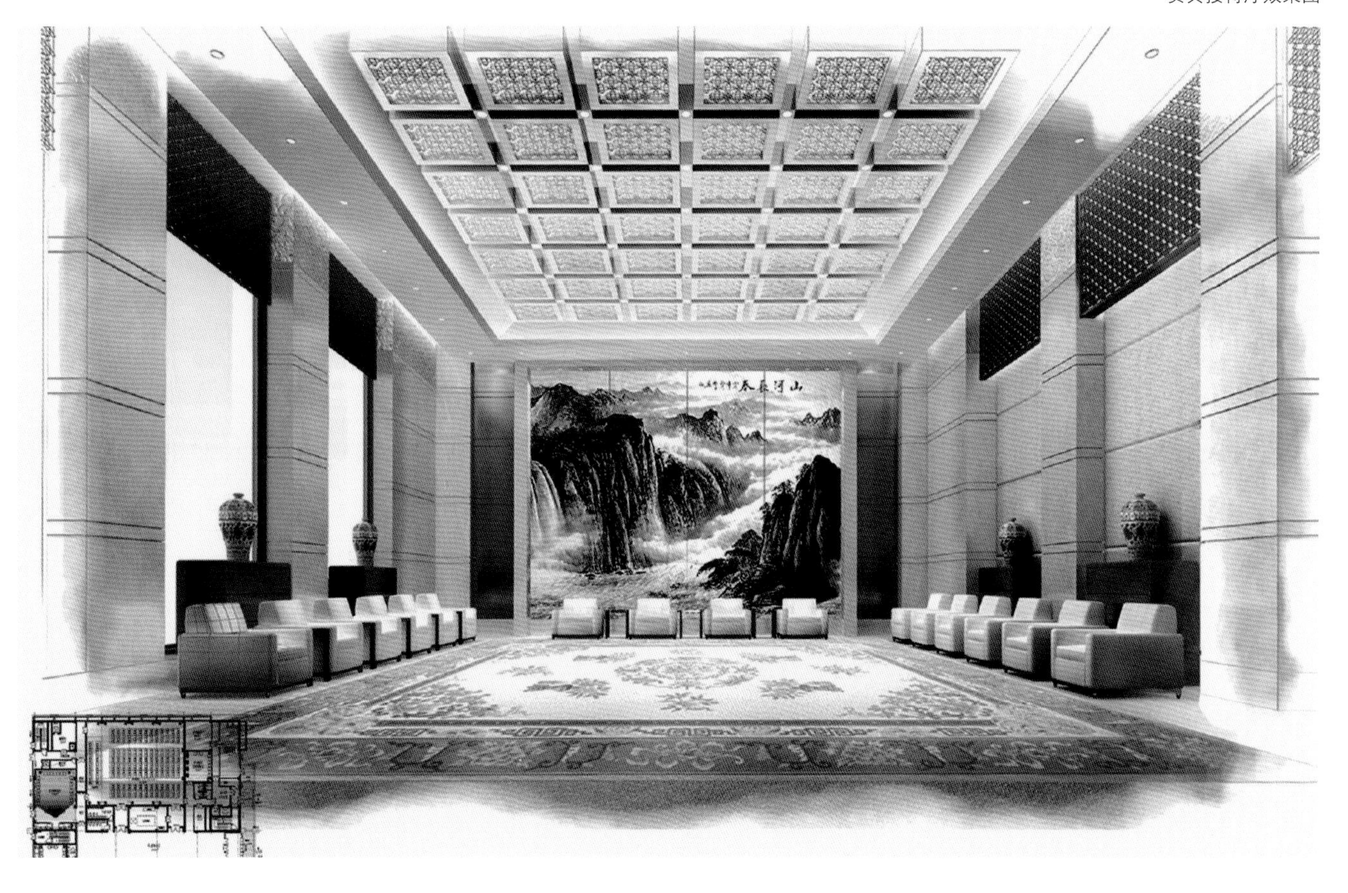

工程建设

中国园林博物馆位于丰台区园博园的西北角，北至永定河新右堤，西至鹰山公园东墙，南至射击场路，东至规划京周公路新线。建设内容主要包括博物馆主馆、展陈、室外展园和室内展园及配套基础设施工程等。园博馆主体地上建筑面积31300m^2，地下建筑面积12650m^2。其中，主馆包括陈列展览区、观众服务区、科普教育区、藏品管理区、科学研究区、行政办公区、安全保障区、机电设备区。建筑庭院包括室内展园和室外展区两部分。室内展园主要包括苏州畅园、扬州片石山房、岭南余荫山房。室外展区主要包括染霞山房 、半亩一章、塔影别苑、四季厅。2011年8月20日园博馆主体建筑破土动工，2013年4月28日竣工。

整体工程实施分五个阶段：

方案筹备阶段2010年7月-2011年2月

规划设计阶段2011年2月-2011年8月

工程实施阶段2011年8月-2013年4月

竣工调试阶段2013年4月-2013年5月

运行保障阶段2013年5月-2013年11月

施工难点

地质情况复杂。本工程50%地下室基础位于原首钢炼钢废弃炉渣填埋区，原设计要求此部分桩基施工采用人工挖孔施工。施工过程中发现废弃钢渣体积大，最大直径在2.0m左右，且人工无法完成破碎成孔，使用冲击钻机施工，屡次发生钻杆断裂、钻头脱落的现象。项目部多次组织设计、监理、施工单位开会讨论解决方案，最终确定换填区域及处理方案。

结构工艺复杂。钢骨柱贯穿主体结构，节点复杂。劲型钢柱从地下室基础承台开始预埋，直至屋顶与屋面空间桁架及钢梁连接。钢构件尺寸大、吨位重。主体建筑大厅屋面有2榀大跨度空间支撑桁架，空间桁架跨度42.0m，重达100t；4榀箱型截面钢梁跨度31.5m，重40t。屋面钢结构为仿古建筑，管结构冷曲量大，曲率半径不一致，管结构焊接口有10000道，工艺要求高，焊接量大，质量要求高。混凝土结构形式多样化。工程主体采用现浇钢筋混凝土框架–剪力墙结构体系，局部大跨部分采用有粘结预应力钢筋混凝土结构。混凝土结构设计复杂。整个结构为一整体，未设永久伸缩缝、防震缝和沉降缝。层高超高（最高15.0m），跨度大，超限梁多（最大截面1200×2200），模架支撑施工难度大。

施工亮点

节能环保技术应用。工程规划设计满足住房和城乡建设部绿色建筑评价的二星级标准。在节地与室外环境、节能与能源利用、节水与水资源利用、节材与材料资源利用、室内环境质量及全生命周期综合性能方面实现各项绿色标准。特别是冰蓄冷空气调节技术，减少环境污染，快速达到冷却效果。智能空调通风系统根据室内CO_2浓度检测值，实现最小新风量控制。

百吨钢梁精确吊装。主体建筑大厅屋面有2榀大跨度空间支撑桁架，空间桁架跨度达42.0m，重达100t。经专家论证确定吊装方案，将百吨大梁采用分三段制作、运输、吊装，每段长度约14m，重量约33t。现场采用100t履带式吊车，分三次吊装，吊装拼接点设置刚性支撑。首先吊装两侧钢梁，焊接完毕后，于2012年8月6日吊装中间段，顺利合拢。

百株大型苗木移植。由于工程的特殊性需要大量苗木反季节施工，工程建设方、设计方及施工单位共同配合协作，花大力气，多方号苗，提前囤苗。共有来自天坛、北海、香山、颐和园、植物园、潭柘寺、机场路及周边地区的百余株特型苗木，采取特殊措施移植、养护，确保了工程高标准完成，形成中国园林博物馆环境特色。

古典园林山石叠砌。在室内展园与室外展区中，大量运用了传统掇山技法进行展示，南太湖石、北太湖石、黄石、英石、青石、笋石、萱石等传统名石因地制宜、因景制宜、因石制宜，与水体、植物、建筑交相辉映。特别是地处二层的片石山房主景，传说出自清代画家石涛和尚之手的山石画境再现，用石1000余吨成为举世无双的屋顶掇山之最、艺术精品。

III.

The Museum of Chinese Garden: Exhibition System

园博馆展陈体系

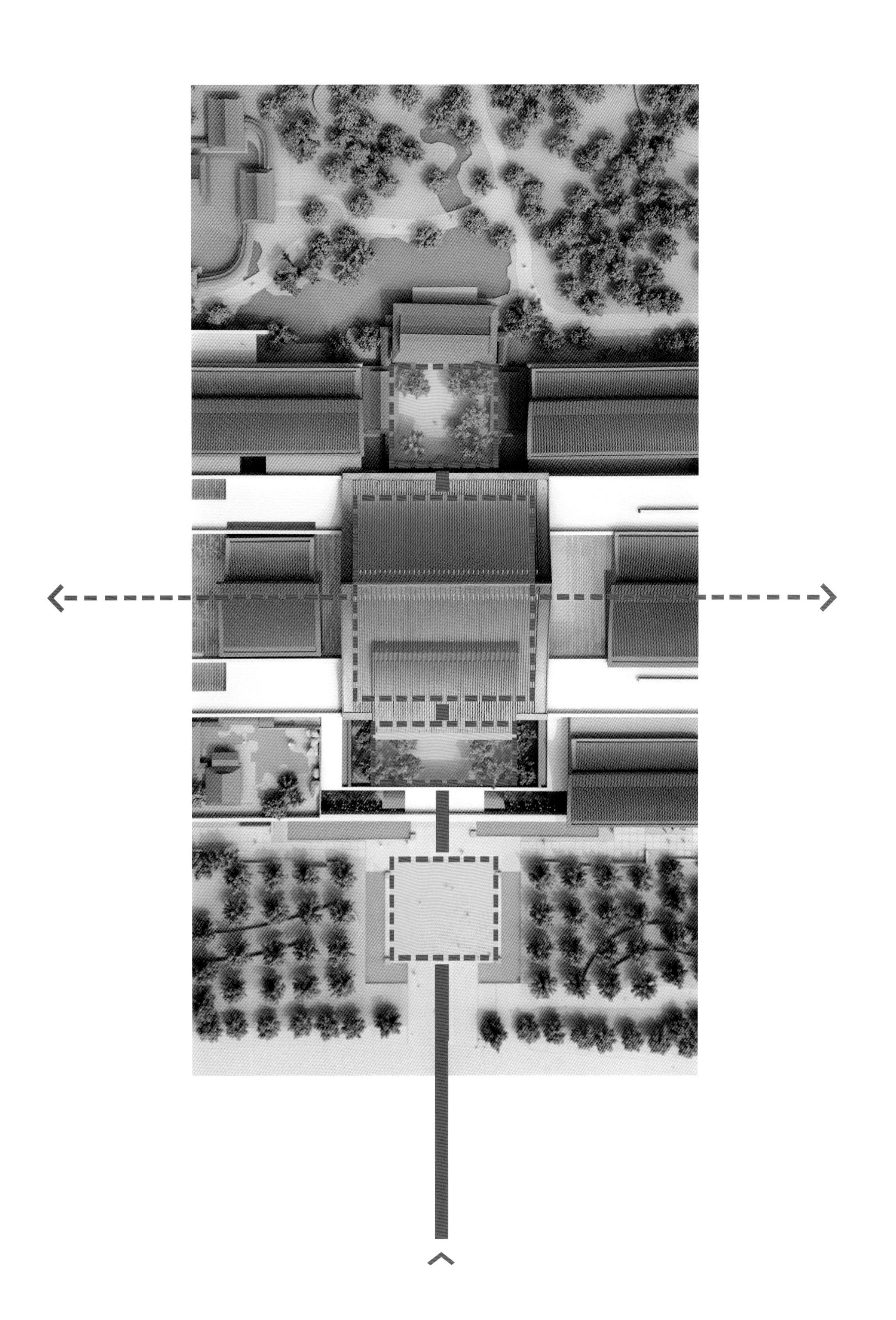

指导思想

中国园林博物馆的展陈指导思想为：以中国历史和社会发展为背景，以中国传统文化为基础，以园林文物及相关藏品为重要支撑，以展示中国园林的艺术特征、文化内涵及其历史进程为主要内容，着重展现中国园林精湛的造园技艺和独特的艺术魅力，将中国古典园林、当代园林成就和园林未来发展汇于一堂，并辅之以国外园林艺术介绍，浓缩展示国内外园林精品。以翔实的资料、严谨的布局、科学的方法和现代化展陈手段充分展示中国园林的悠久历史、灿烂文化、辉煌成就和多元功能，体现园林对人类社会生活的深刻影响，并反映中国园林文化的研究成果，具有普及性和学术性双重使命。

展陈策划

中国园林博物馆以室内展陈为主，以室外展园和室内庭院为辅，三者相互穿插、渗透，成为一个展陈整体；在采用传统展陈手段的基础上，增加趣味性、参与性、互动性的现代化展陈手段，突出具有季相变化和空间艺术特征的园林展品，体验人与自然和谐的园林艺术魅力；立足中国园林“天人合一”的哲学理念和“虽由人作，宛自天开”的造园技法，追求情境交融的文化体验，达到博物馆展陈内容与园林环境完美融合的境界。

中国园林博物馆采取“实物展陈与互动体验相结合、文物展示与场景再现相结合、可控天然光与人工光相结合、传统展陈和数字技术相结合”的展陈手段，重点表现中国园林的历史发展进程、精湛的造园技艺和独特的艺术特征、深邃的哲学思想和丰厚的文化底蕴，重点展示继承创新发展的中国现代园林发展成就、未来发展和对理想家园的构建追求。

体系框架

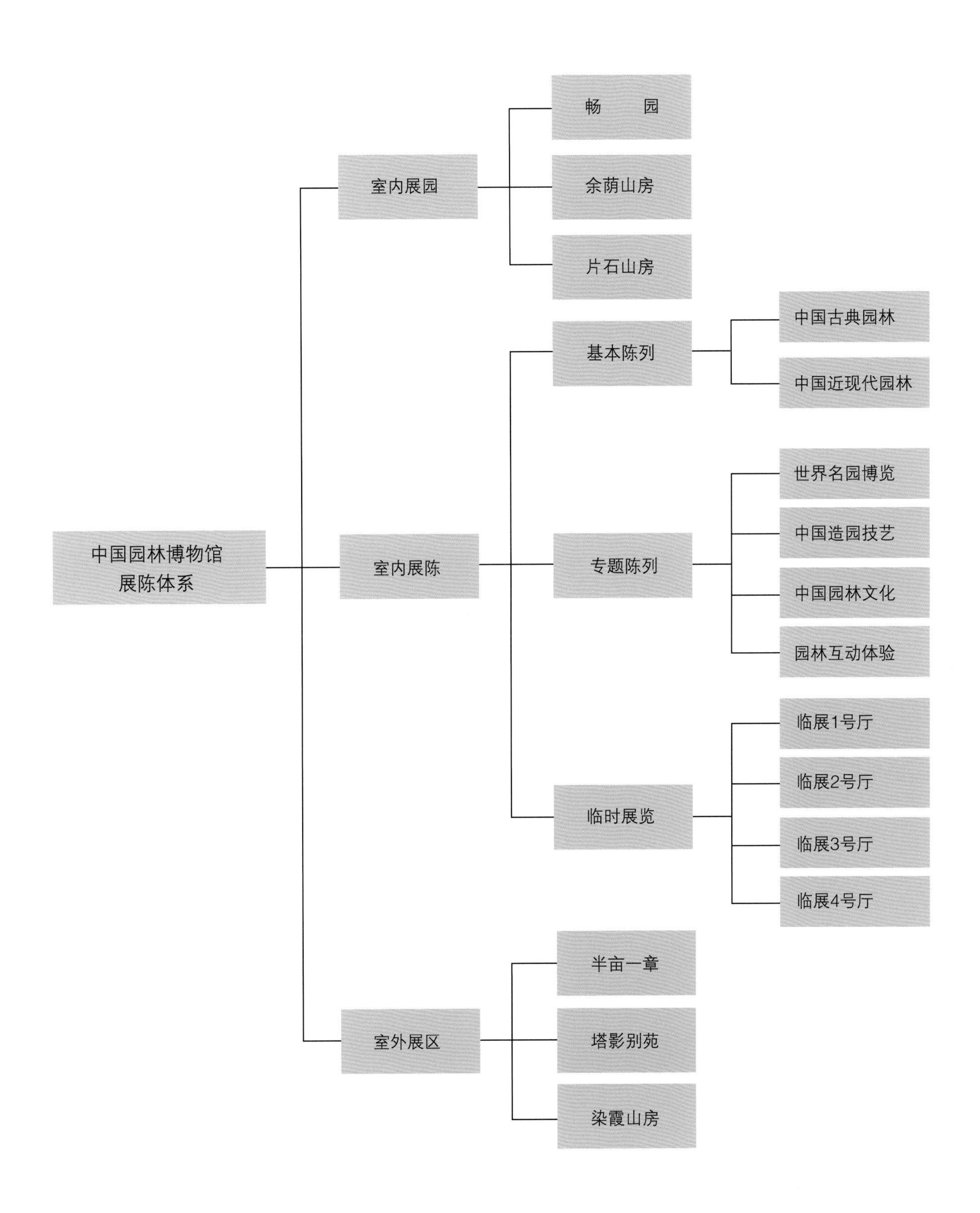
中国园林博物馆
展陈体系
室内展园
畅　园
余荫山房
片石山房
室内展陈
基本陈列
中国古典园林
中国近现代园林
专题陈列
世界名园博览
中国造园技艺
中国园林文化
园林互动体验
临时展览
临展1号厅
临展2号厅
临展3号厅
临展4号厅
室外展区
半亩一章
塔影别苑
染霞山房

方案设计

基本陈列力求体现中国园林的发展历程；体现中国园林的艺术与文化；体现中国园林多元的功能；体现中国园林源于自然，高于自然的价值取向；体现中国园林 “虽由人作，宛自天开”的造园技艺；体现中国园林学科发展与传承创新；体现“中国园林——我们的理想家园”建馆理念。

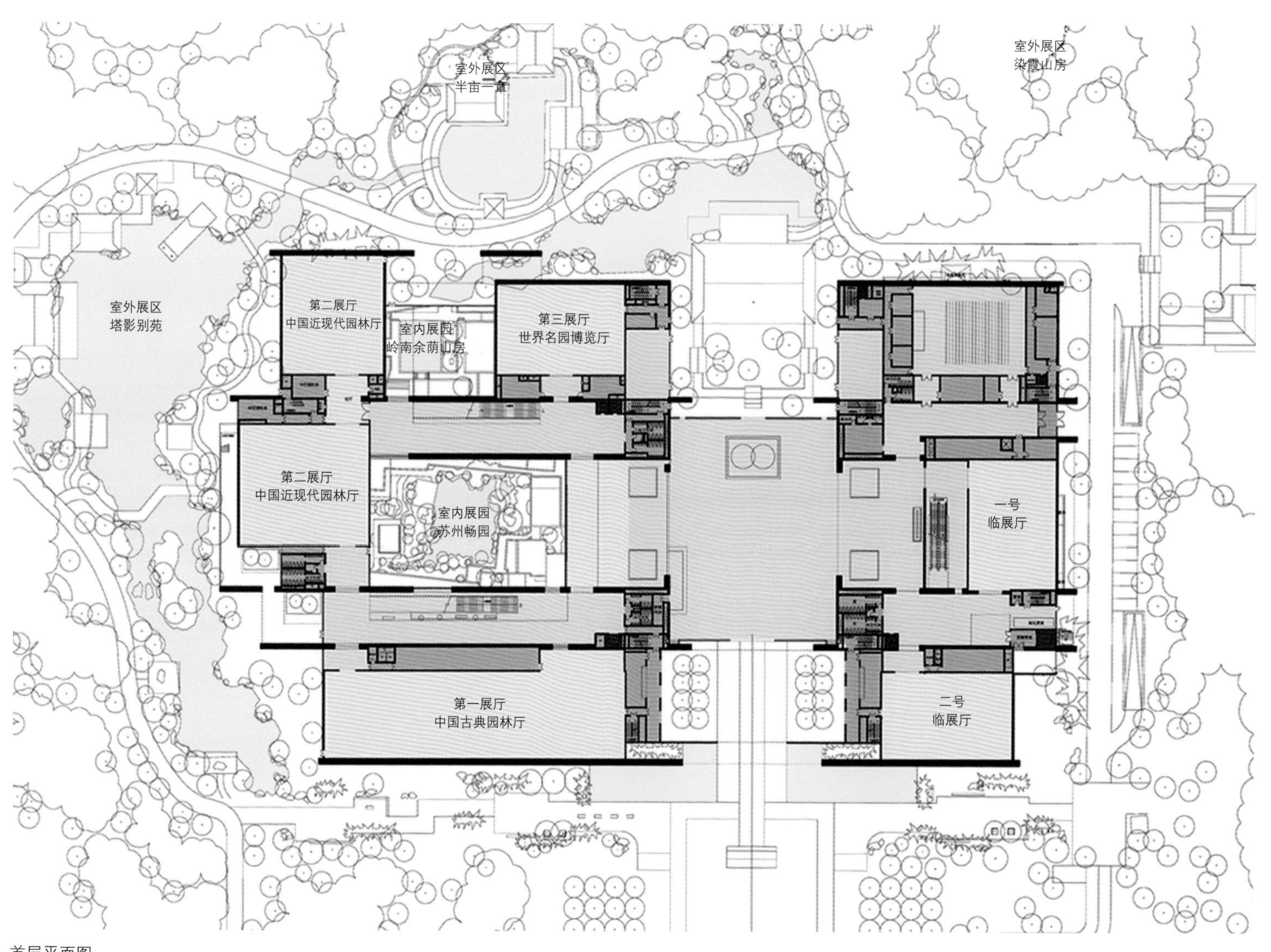

首层平面图

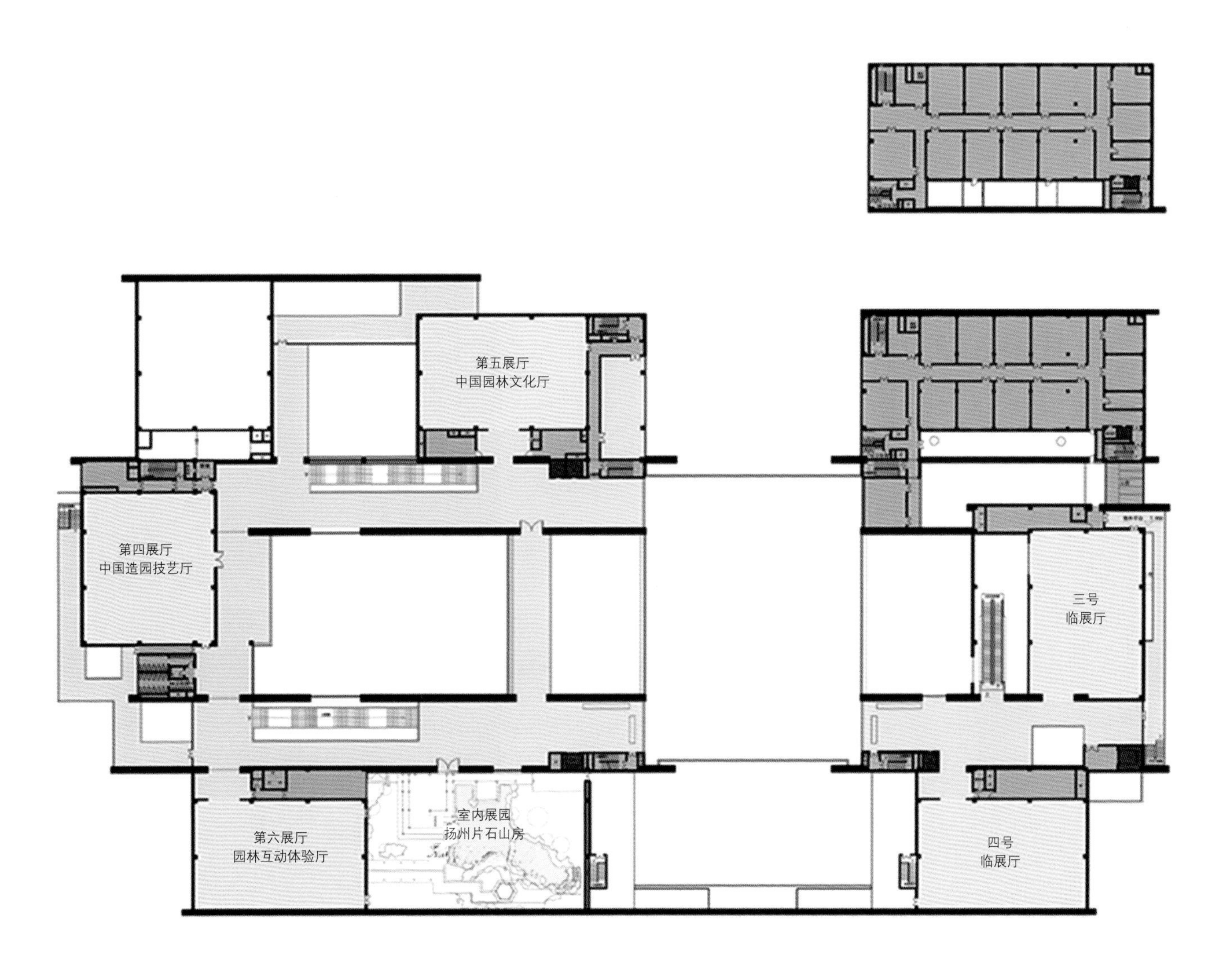
第五展厅
中国园林文化厅
第四展厅
中国造园技艺厅
三号
临展厅
第六展厅
园林互动体验厅
室内展园
扬州片石山房
四号
临展厅

二层平面图

中国古典园林厅

以“源远流长　博大精深”为主题，系统展示中国园林三千多年的发展历程。展厅面积1670m²，以中国园林的生成、中国园林的转折、中国园林的繁盛、中国园林的成熟和中国园林的集盛五个部分构成展览的主线。展览主要通过5个复原场景、6个沙盘模型、4个数字成像、472件精选展品等，见证中国古典园林的辉煌发展历程。其中包括我国现存最早的宫苑园林基址实物遗存“西汉时期南越国御苑”、唐代文人园林的典型代表“白居易履道坊宅院”、宋代皇家园林的代表“艮岳”等经典历史名园的场景再现，重点展品有反映中国园林起源时期特点的实物“刖人守囿车”、反映秦代宫苑建设华美恢弘的“鹿纹瓦”、唐代石槽线刻画《春苑捣练图》、宋代皇家园林遗石“青莲朵”、我国最早的造园学巨著“《园冶》明刻本”，以及迄今传世最早、篇幅最宏的画石谱录《素园石谱》等。

展厅平面图

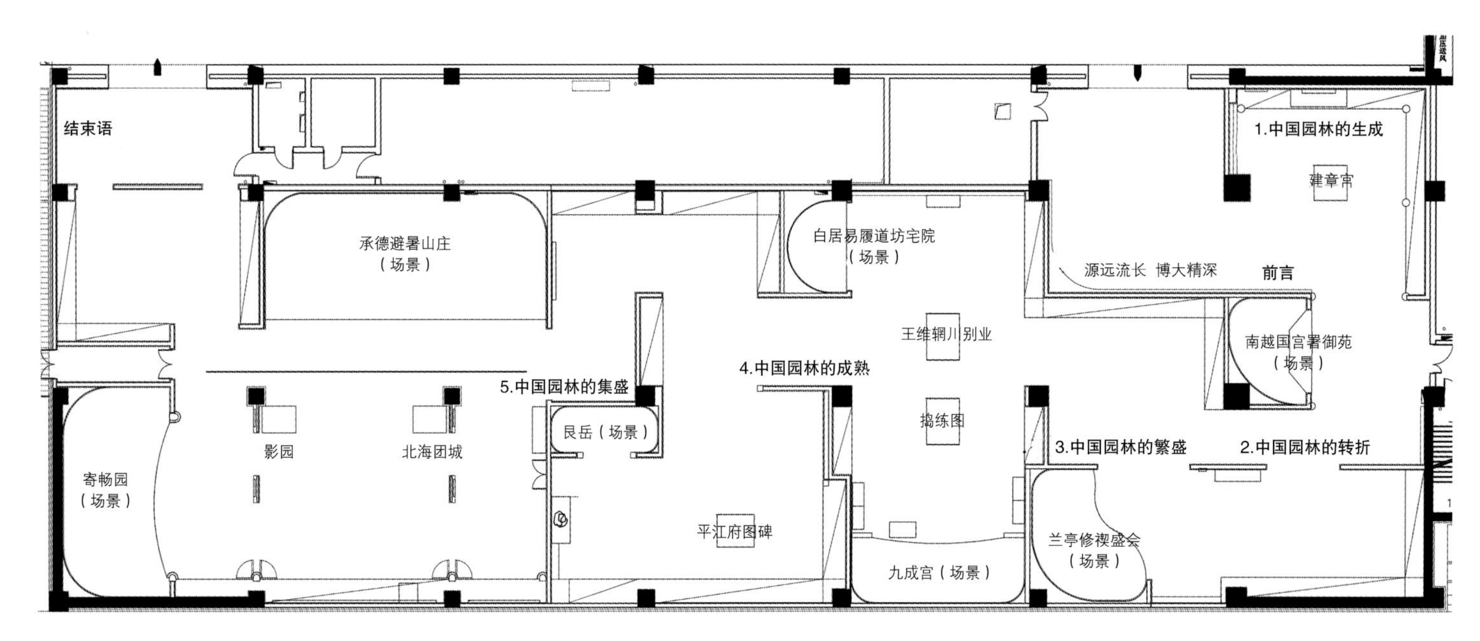

场景再现——唐代白居易履道坊宅院

场景再现——宋代艮岳

展厅模型图

场景再现——西汉南越王御苑遗址

场景再现——兰亭修禊盛会

场景再现——明代寄畅园

场景再现——承德避暑山庄

场景再现——唐代王维辋川别业层雕

展厅效果图

中国近现代园林厅

以“传承创新 宜居和谐”为主题，系统展现中国近现代园林逐步走向繁荣发展的光辉历程，展望中国园林发展的未来。展厅面积1505m²，分为中国近代园林和中国现代园林两个部分，通过7个场景、4个沙盘、13个数字成像和300件精选展品等主要展项，重点展示新中国成立以来城市绿化、公园和风景名胜区建设等方面发展成就。其中清农事试验场开放、无锡梅园等为主题的场景直观展示中国近代园林建设成果。立体数字沙盘重点展示国内城市绿地系统规划与重要节点案例。同时展出有毛泽东 “绿化祖国”的题词手稿、陈毅手书盆景展题词、我国最早的国家级园林行业期刊《中国园林》创刊号、我国第一个获得国际园林设计大奖的获奖作品等。

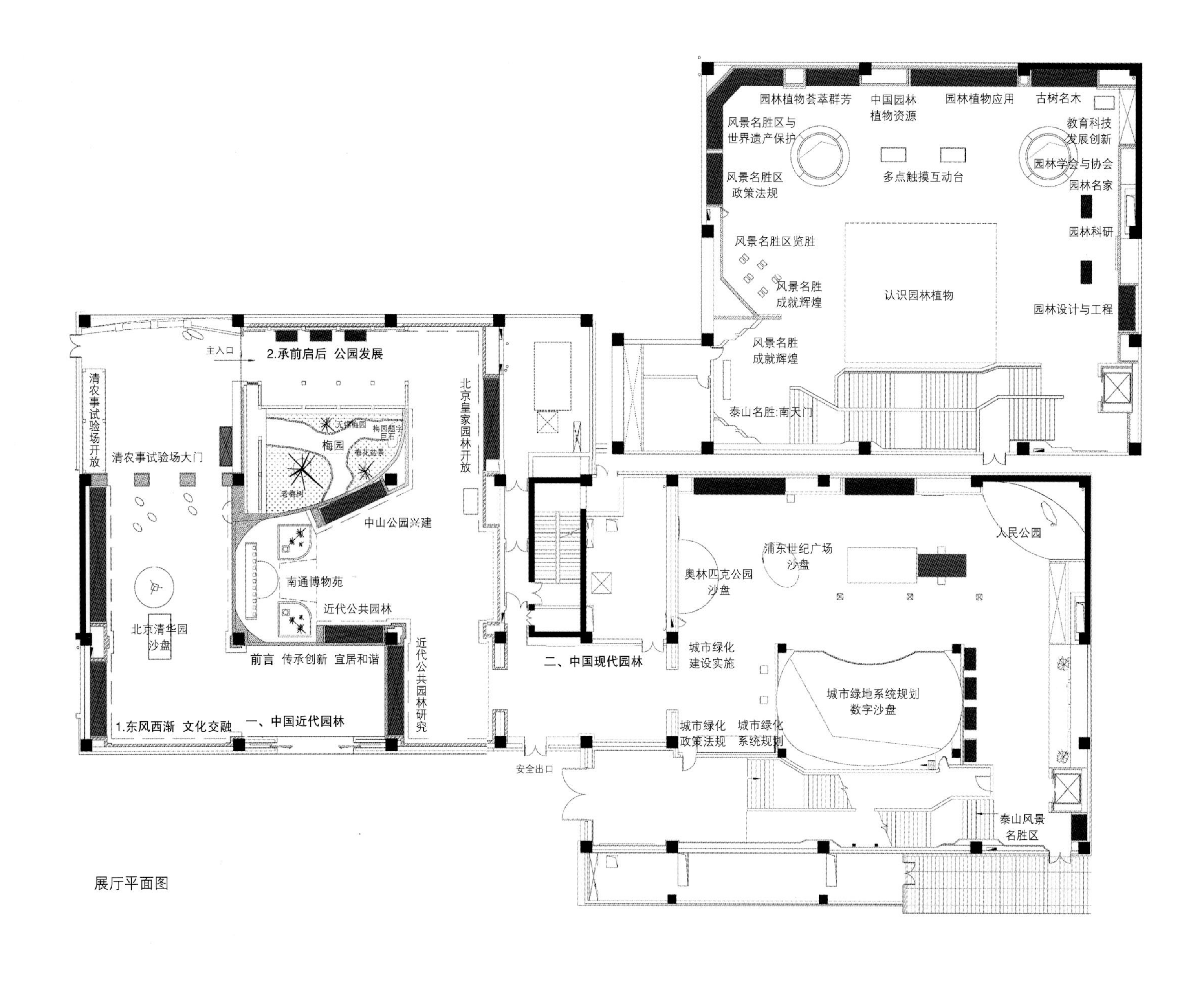

展厅平面图

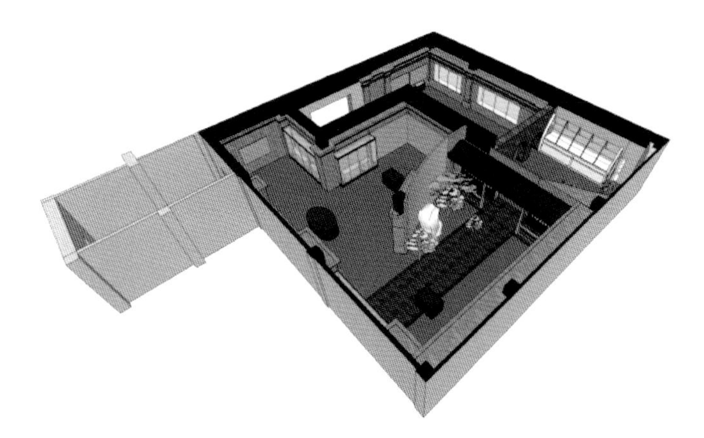

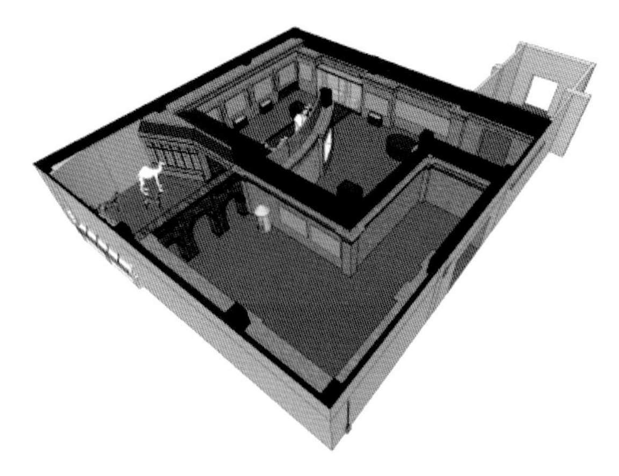

展厅模型图

展厅效果图

场景再现——清农事试验场开放

场景再现——无锡梅园

场景再现——天津人民公园

场景再现——泰山风景区

城市绿地系统数字沙盘

世界名园博览厅

以“名园揽胜 艺海撷珍”为主题，展示不同流派和不同风格的世界名园精品。展厅面积650m²，以欧洲园林、亚太地区及非洲园林和美洲园林三个部分构成展览主线，展示22个国家和地区的经典名园。展厅内设置3个场景、11个沙盘、3个数字成像和11件精选展品。场景包括典型的欧洲规则式园林“法国凡尔赛宫苑”和具有东亚园林风格特征的“日本枯山水庭院”等，沙盘包括体现伊斯兰园林风格的“印度泰姬陵”等，辅之以图版和多媒体成像展示不同国家的经典园林。

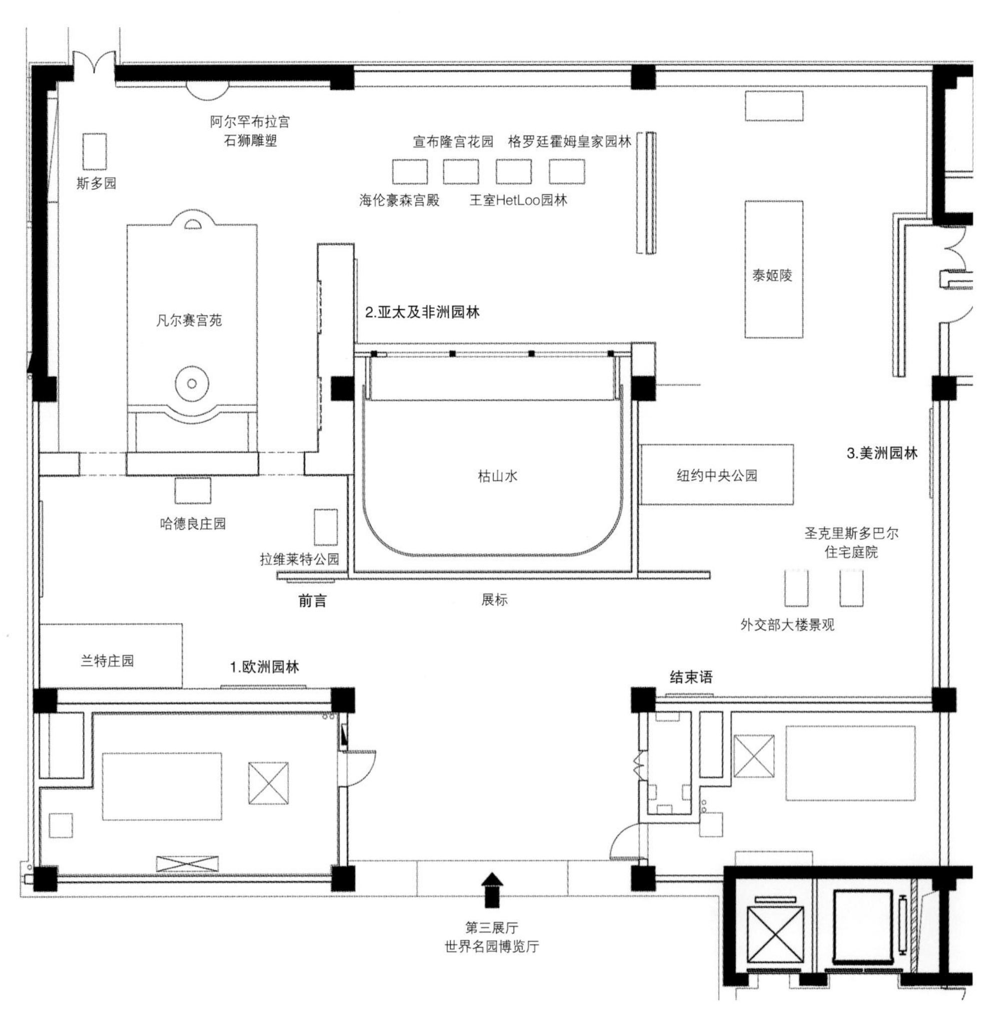

展厅平面图

场景再现——日本枯山水

展厅效果图

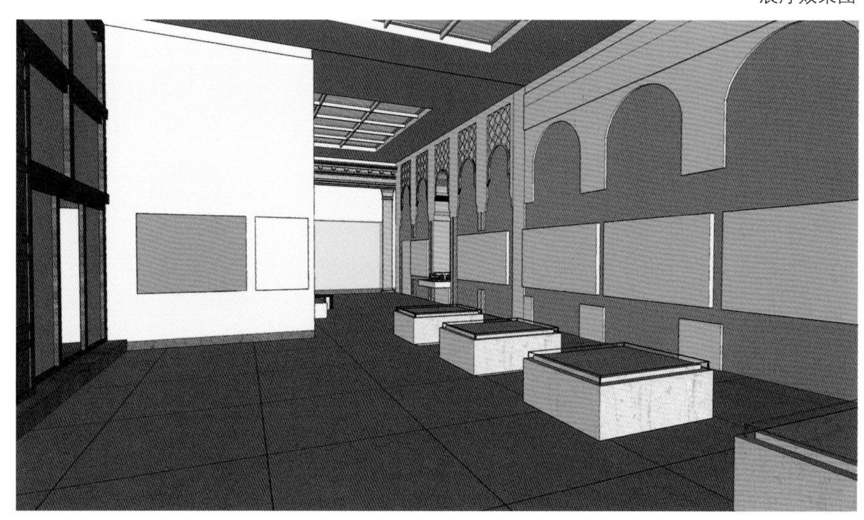

场景再现——法国凡尔赛宫苑

展厅效果图

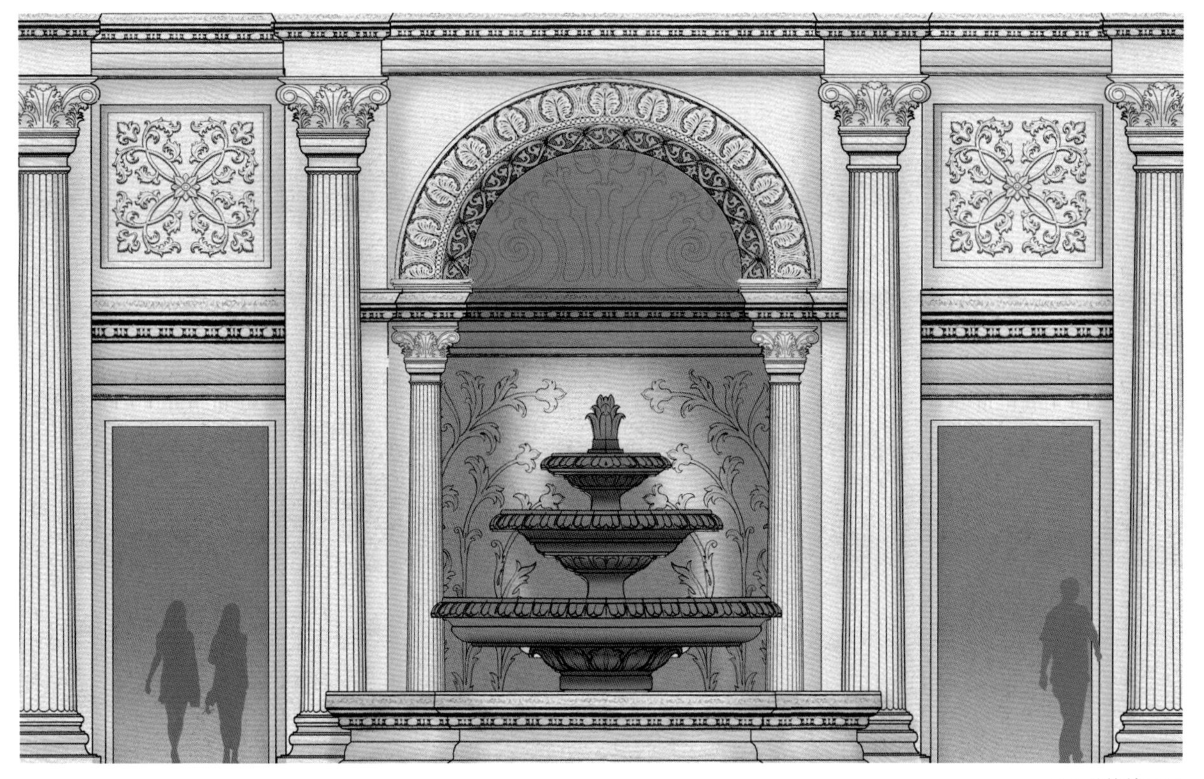

展厅装饰效果图

法国的古典主义园林是规则式园林发展的顶峰，
凡尔赛宫苑是欧洲园林规则式布局的典范

中国造园技艺厅

以“师法自然　巧夺天工”为主题，重点展现中国造园的艺术特征。展厅面积640m^2，以园林造景立意、园林造景技法、园林基本要素和传统造园流程四个部分构成展览的主线。通过8个场景、1个沙盘、1个数字成像和74件精选实物展品，展示中国传统园林的精湛的造园技艺。展厅内通过叠山、理水、花木配置、园林建筑等一组大型场景系统展示中国园林的造园技法。以一组模型沙盘讲解中国园林的造园流程。重点展品包括“明代太湖石立峰”、“紫檀木园林建筑模型”、“清乾隆乌泥涡口云足圆花盆”、“退思轩铭红木小供桌配供石”等园林陈设品。

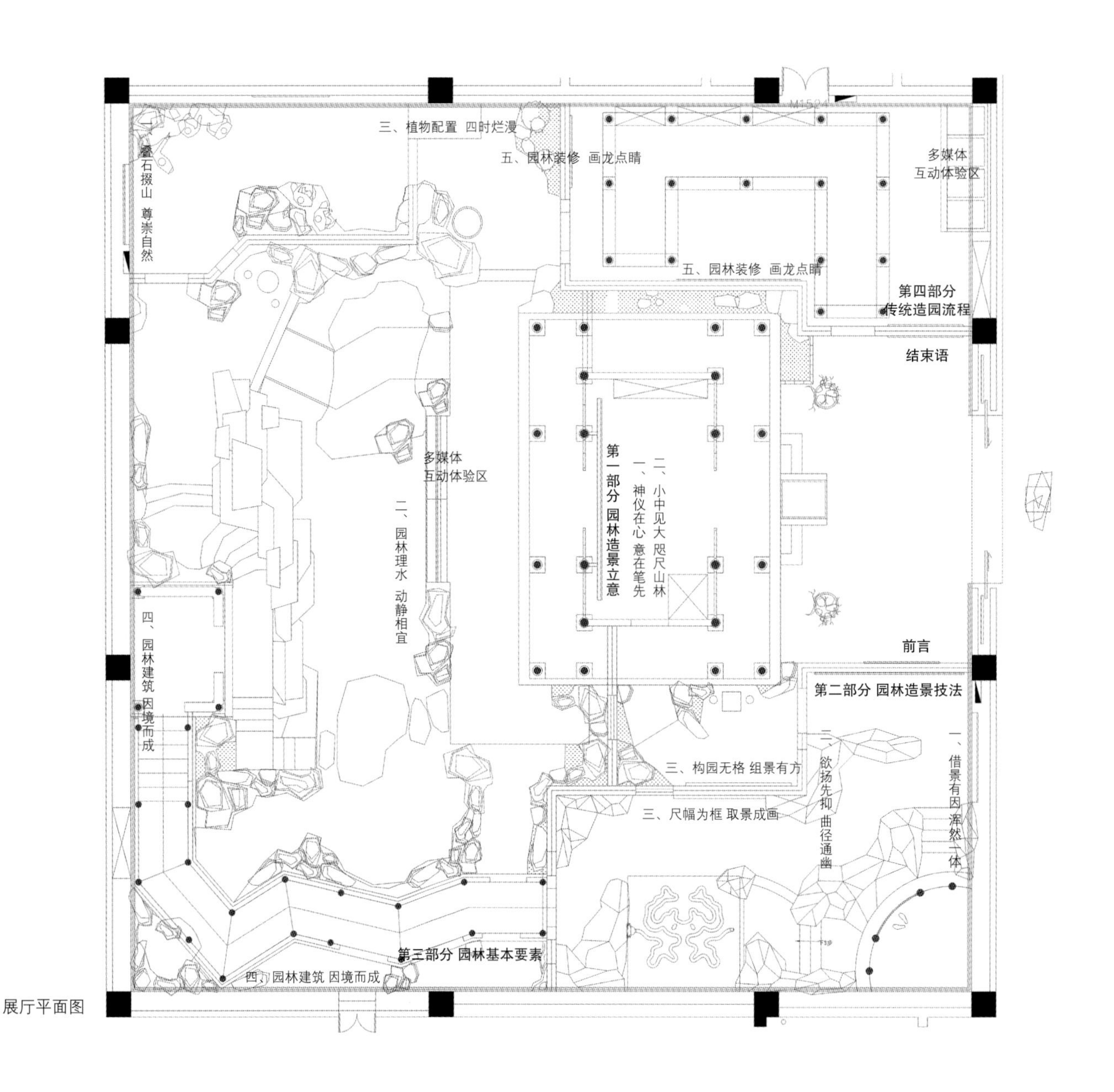

展厅平面图

厅堂展示效果图

园林要素展示图

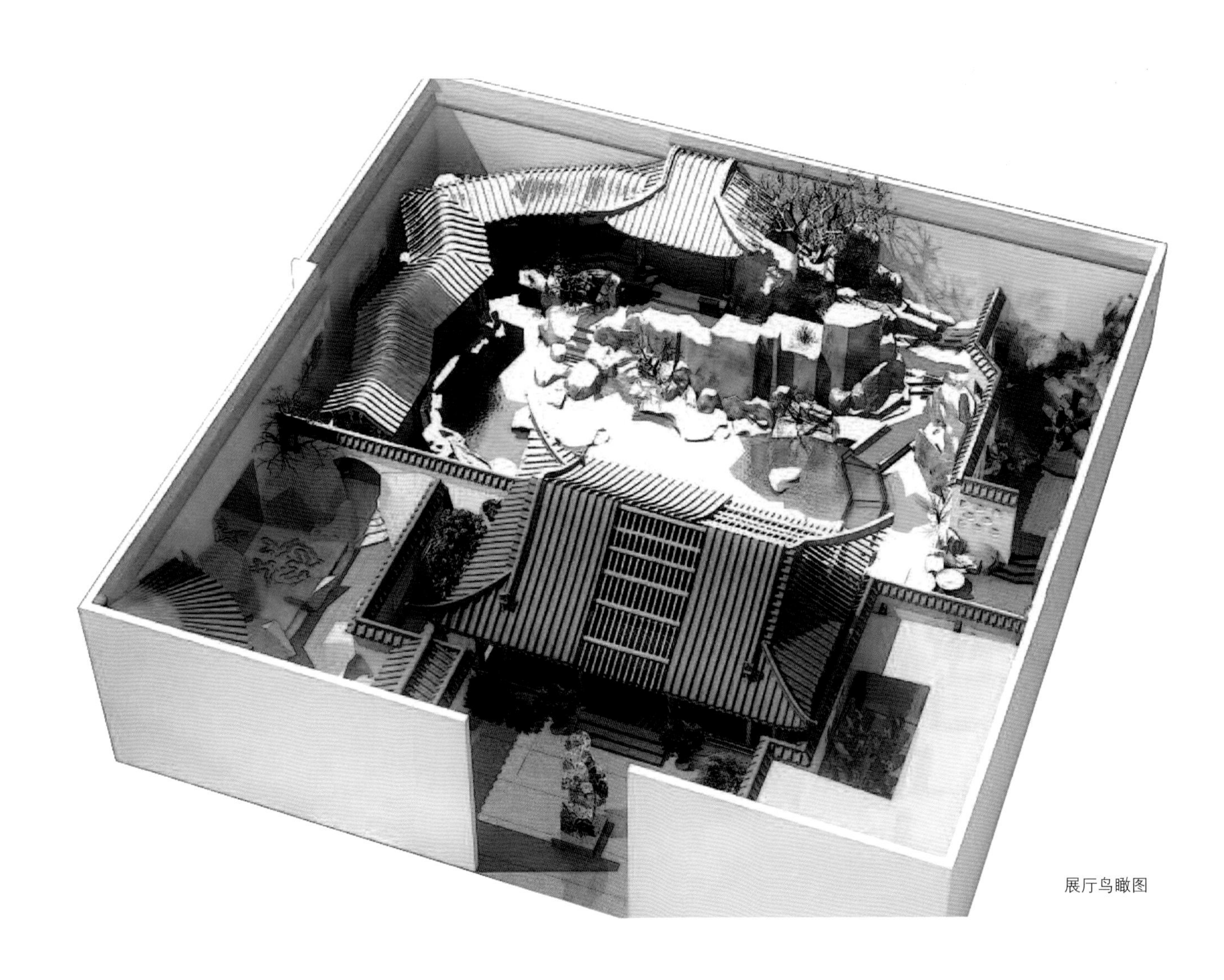
展厅鸟瞰图

曲廊展示效果图

厅堂内部效果图

园林要素展示图

展厅局部效果图

中国园林文化厅

以“文心筑圃 诗情画境”为主题。展示中国园林与传统哲学、文学、书画、戏剧音乐等的相互影响，体现中国园林的多元功能及其文化底蕴。展厅面积805m^2，以中国园林与传统思想、中国园林与传统文学、中国园林与传统书画、中国园林与传统戏曲、中国园林与人居文化和中国园林文化交流六个部分构成展览的主线。通过5个场景，2个沙盘、1个数字成像和157件精选展品等主要展项，展示中国园林的文化内涵。设置听琴、品园、唱戏、读书等场景，体味古人的园居生活。

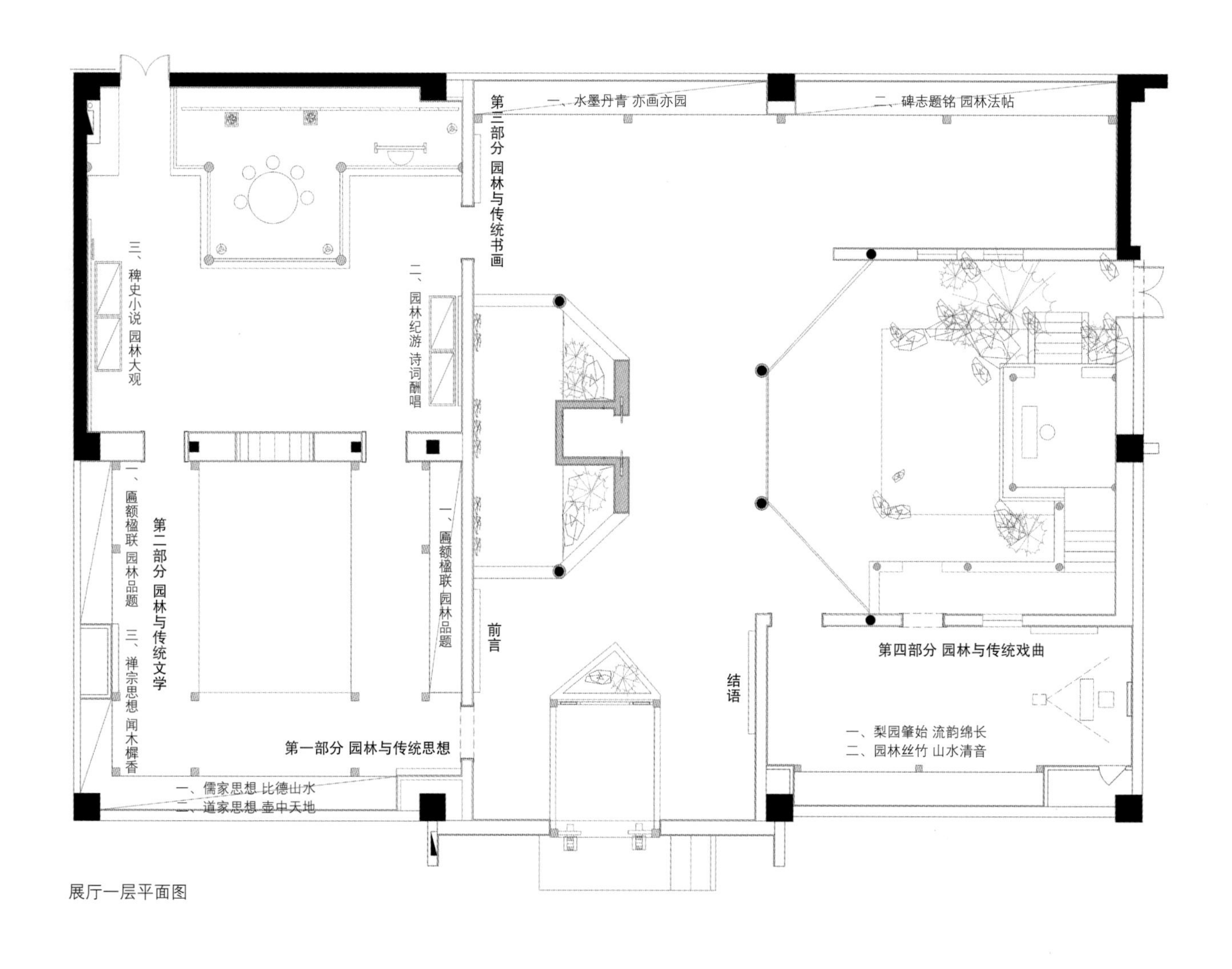

展厅一层平面图

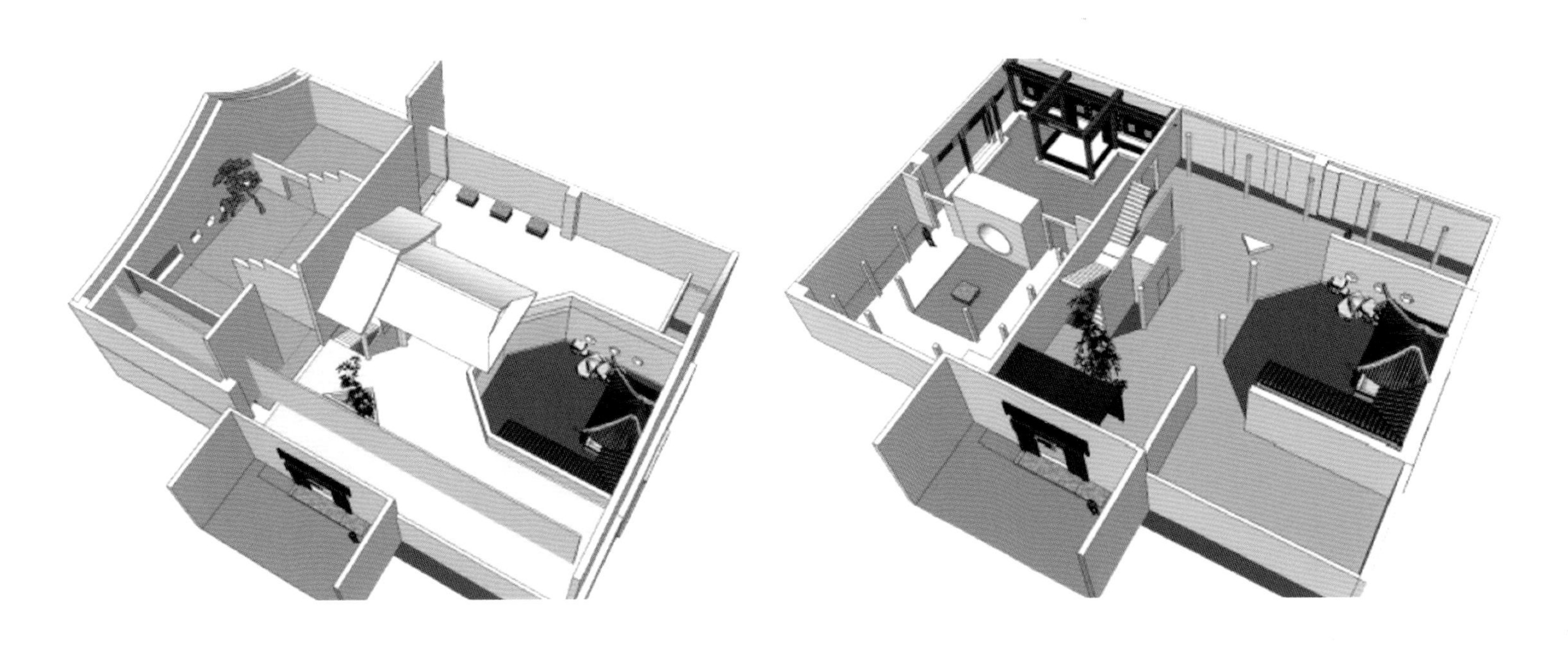

展厅模型图

场景再现——红楼梦大观园

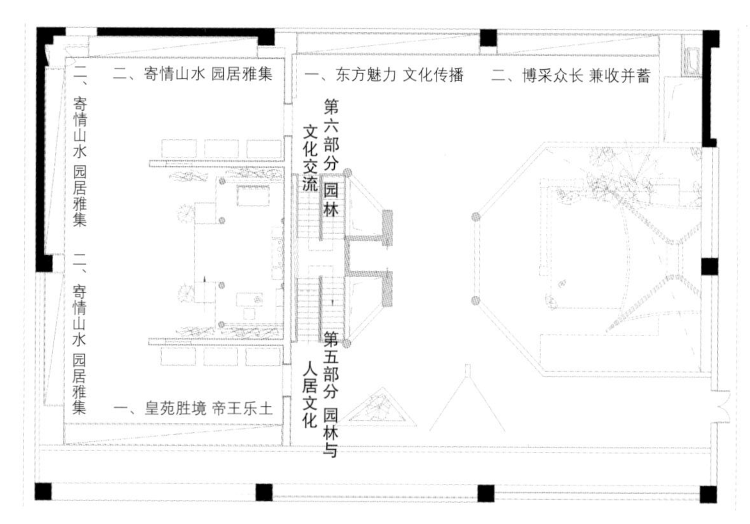

展厅二层平面图

园林书画展示图

场景——园林戏曲牡丹亭

展厅内场景效果图

展厅局部效果图

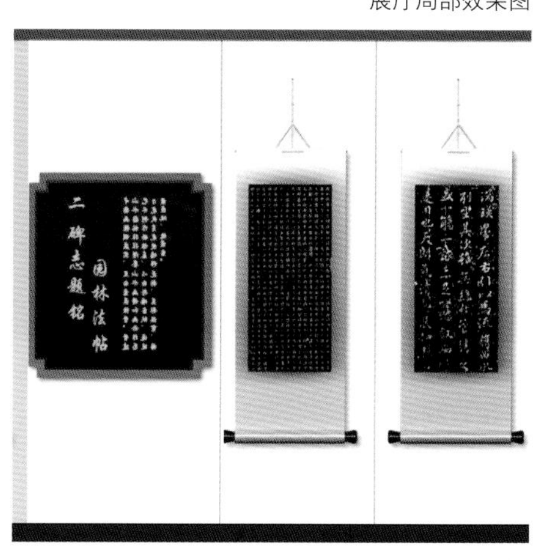

园林互动体验厅

以“科普互动 体验园林”为主题，突出科普性、互动性和趣味性。展厅面积650m²，以中国园林畅游和园林体验互动两部分构成展览主线。以4D影院为重点展项，以“梦幻家园”3D园林实景影片与“理想家园，美丽中国”2D高清晰主题影片对古典与现代园林进行完美诠释。用新技术展示手段设置植物识别、造园体验等互动项目，唤醒人们对自然环境的珍爱与对未来理想家园营建的渴望。

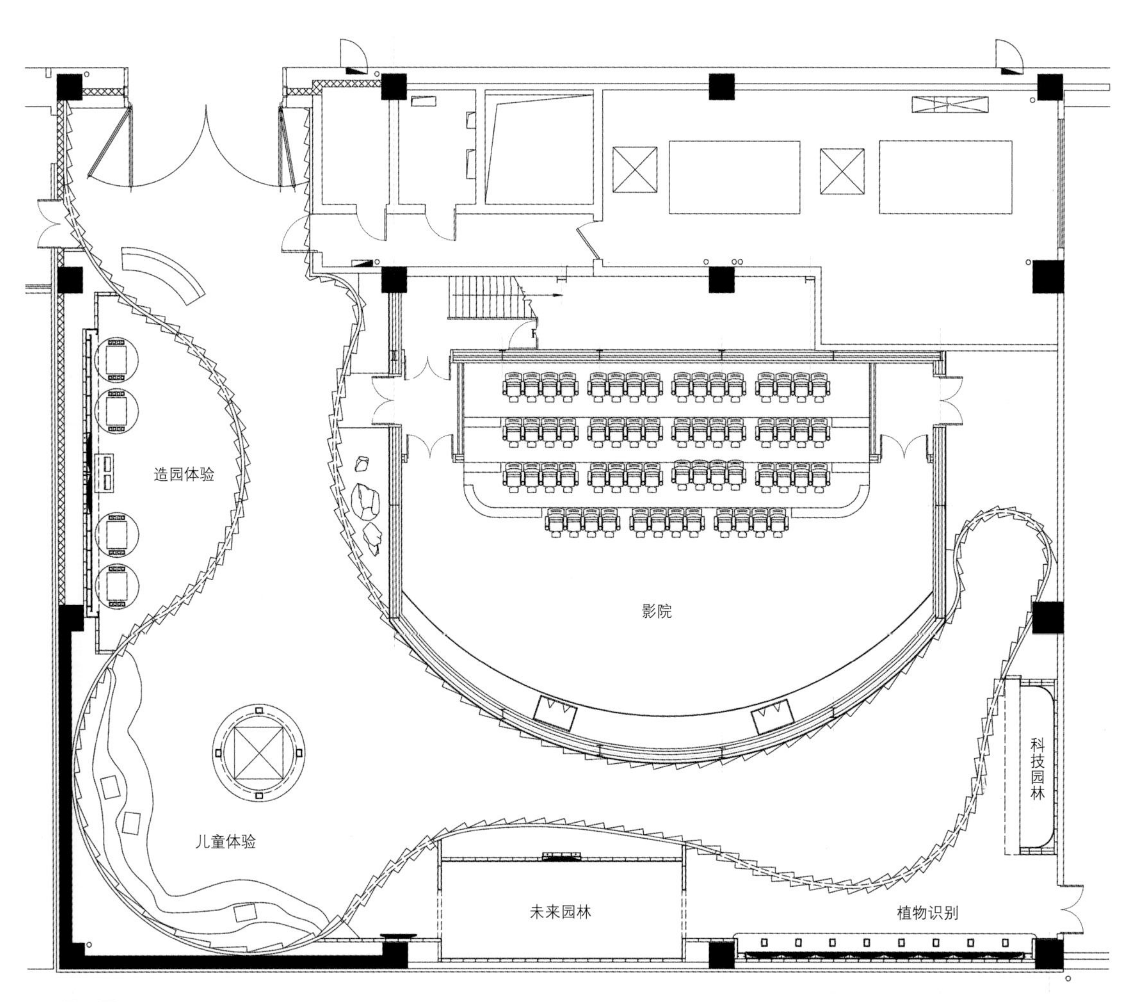

展厅平面图

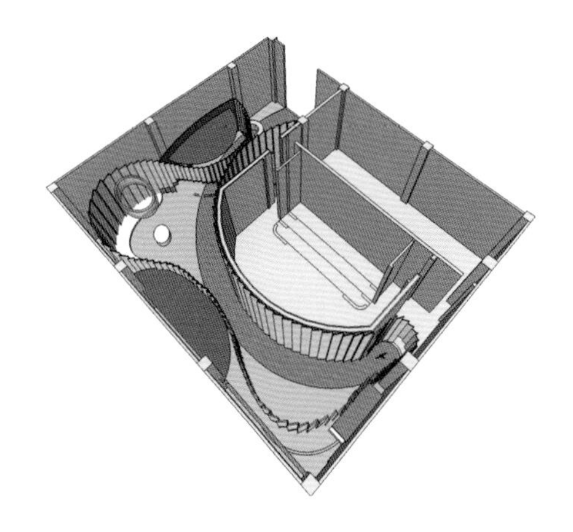

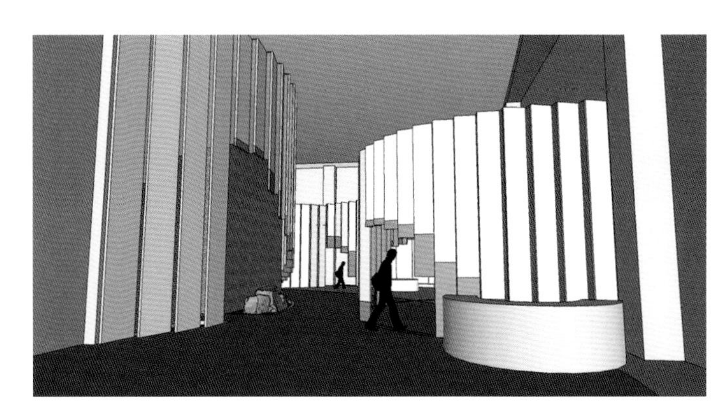

展厅模型图

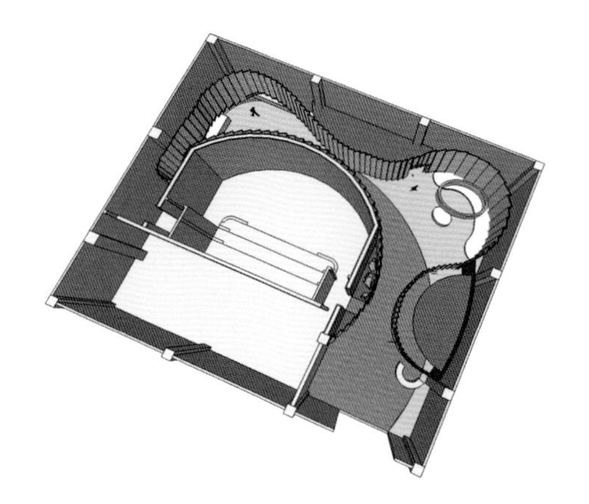

4D影院效果图

儿童互动区效果图

儿童体验区效果图

植物体验与留影墙效果图

造园体验展项效果图

植物识别展项效果图

科技园林展示效果图

特色展品

青莲朵

中山青莲朵

青莲朵是历史名石。原系南宋临安（今杭州）德寿宫中故物，原名“芙蓉”，800多年历史的太湖石，高1.7m，周围3m，石上沟壑遍布，质地细密，上刻乾隆御笔“青莲朵”三字。乾隆十六年（1751年）弘历奉皇太后第一次南巡时，在杭州吴山的宗阳宫游览，发现此奇石，十分喜爱，并与此石结缘并吟诗曰：“临安半壁苟支撑，遗迹披寻感慨生，梅石尚能传德寿，苔华又见说兰瑛；一拳雨后犹余润，老干春来不再荣，五国内沙埋二帝，议和喜乐独何情。”此石随后运至京师。乾隆降旨置于长春园的茜园太虚空院中，并亲自命名为“青莲朵”。

硅化木

硅化木

硅化木也称木化石。数亿年前的树木因种种原因被深埋入地下，在地层中，树干周围的化学物质如二氧化硅、硫化铁、碳酸钙等在地下水的作用下进入到树木内部，替换了原来的木质成分，保留了树木的形态，经过石化作用形成了木化石。因为所含的二氧化硅成分多，所以，常常称为硅化木。奇台硅化木产丁距今约1.5亿年的侏罗系石树沟群砂岩、泥岩中，树木的原生构造保存清晰，硅化木直径一般0.5–1m，呈倒伏状、直立状等不同的埋藏状态，反映了在远古时期盆地河湖环境下茂密的森林景观。由于硅化木的木质纤维结构甚至细胞结构和树干外形、树皮、年轮、虫洞等特征得以保存，因此它不但可以其材质展示富贵和美丽，还可以其化石的年轮、树皮、节瘤、虫洞、肌理等斑斓多姿的特征记录、见证着亿万年的地质变迁和物种衍化，为人们研究古植物及古生物史以及古代地质和气候变化提供了线索，其产地也被世界上很多国家建设成为硅化木国家公园。本馆收藏的硅化木产于新疆奇台，化石长达38m，根部直径达2m，是当今极为罕见的巨型化石。

圆明园模型

《全景式巨型立雕圆明园》由上海雕刻大师阚三喜历时10年创作，按照盛时的“圆明园”实景，以1：150的比例制作完成，把全盛时期“圆明园”雄伟壮丽的风貌，锦秀山河的神韵，一览无遗地展现在世人面前。那蜿蜒起伏、连绵奔突、错落有致、林木苍郁的青山，巧夺天工的灵石，飞流直下的细瀑，泉流叮咚的曲涧，碧波荡漾、泛泛涟漪的湖水，回环萦流、蜿蜒曲折的河水，气宇轩昂的宫殿，椽檐飞挑的楼阁亭榭，金碧辉煌的琉璃宝塔，欧式经典的西洋楼，曲折连绵的花径走廊，鬼斧神工的石雕，浓荫蔽天的古木，低拂水面的垂柳，使人们仿佛回到了梦幻仙境的万园之园——“圆明园”。整座作品长18m，宽14m，外包面积250m^2、净面积154m^2。有大小各异的山250座，各类建筑近2000座，各式桥梁180座，各种规格、用途的园门30座，船坞9所，各式游船200艘，各式树木10000棵，各类人物3000个。各式建筑采用紫檀木、红酸枝、瘿木、绿檀、黄杨木、寿山石、青田石、昌化石、巴林石等镶嵌制作，建筑类型有：殿、馆、斋、堂以及楼、阁、亭、榭。屋顶形式有：庑殿、歇山、硬山、悬山、单卷、双卷以至五卷，还有单檐、重檐等形式。殿堂平面布局有：工字、口字、田字、井字、卍字、偃月、曲尺等形状。亭子的平面布局有圆、方、六角、八角、十字、流杯、方胜形等。亭阁的顶子有单檐、重檐、三重檐以及攒尖等形式。在2000幢各式建筑中有近10万扇门窗，均采用榫卯连接，而且均可开启，许多屋面采用各色天然名贵木材镶嵌成各式图案，再精雕细刻成各种式样瓦片，瓦片总数达1亿片之多。西洋楼建筑配有四座大型自动喷泉群，和十九座小型喷水池，共有大小喷泉23组，喷头近500个，均可自动循环或一起喷水。如海晏堂的十二生肖和两旁环形楼梯扶手上64个莲花喷水口，均可自动喷水，喷嘴口径只有0.2mm，为微型喷泉之最。植物有松、梧桐、柳、桃、翠竹、荷花等，均采用绿檀、竹丝等雕刻而成，其中柳树叶只有0.3mm粗，采用广西竹精拉而成。作品用去了紫檀木、红酸枝、瘿木、绿檀、黄杨木等珍贵木材近60t。寿山、昌化、青田、巴林等名石近5t。

硬木雕刻圆明园四十景图（局部）

瓦当、画像砖、封泥砖

瓦当伴随着先民地面建筑的生成而生成，三千年来衍生发展，逐渐形成了一脉内涵丰富、品类繁多而自成体系的文化遗产，也形成独立的收藏与研究门类。瓦当是中国古代建筑上的一种构件，用于椽头，起遮挡风雨和装饰屋檐的作用。瓦当文化始于周而造极秦汉，大体经过由半瓦到圆瓦、由阴刻到浮雕、由素面到纹饰、由具象到抽象、由图案到铭文这样一些递进。内容涉及自然、生态、神话、图腾、历史、宫廷、官署、陵寝、地名、吉语、民俗、姓氏等等，反映了丰富的自然景观、人文美学和政治经济内容。

汉画像空心砖有车马出行、狩猎、射虎、铺首、仙人、凤凰、西王母、年、双龙穿壁、门亭长执戟、捧盾等图样，几乎成了汉代民俗、生活、艺术的简明图录，有着极高的考古价值。

封泥是古人封缄文书、信件、货物时在封口处用来盖印的泥团，是印章最初的使用遗存。秦封泥中，信宫、中宫、北宫、南宫、负阳宫、安台、章台、上寝等等，是为帝室居息、办公之所在。这些宫殿周边都有一定的园林建设。专门的苑囿，已见有上林、华阳、阳陵、东苑、鼎胡、杜南、白水、具园、麋圈、云梦等等，揭示了数十个失载的郡县、宫苑名称，极具学术研究价值。

战国燕・双龙纹半瓦当

西汉・上林瓦当

汉与华无极瓦当

汉与华相宜瓦当

秦・重泉丞印封泥

汉・蓝田丞印封泥

汉・长信仓印封泥

汉・严道桔园

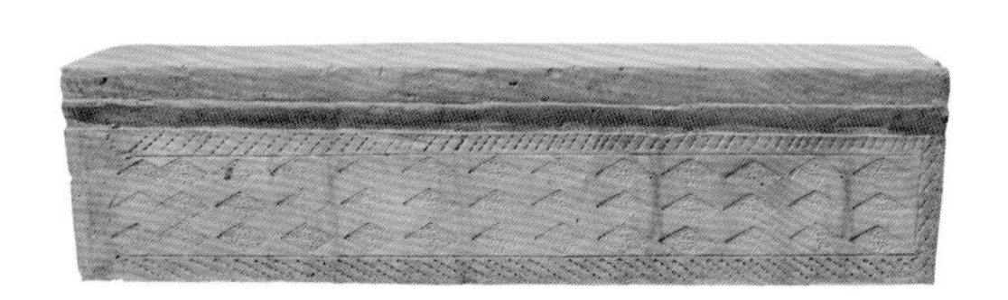

汉灰陶花卉纹画像砖

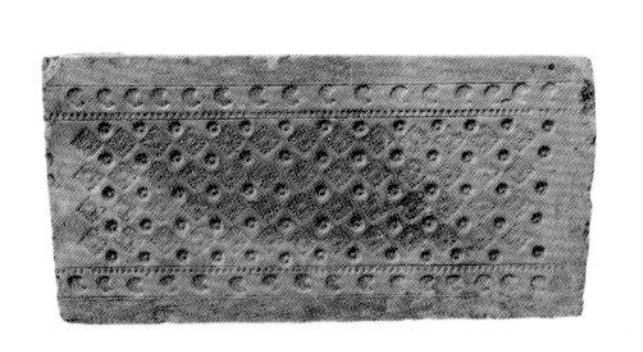

汉组合纹样画像空心砖

汉灰陶铺首衔环纹、月牙、太阳、柿蒂纹画像砖

胡杨

胡杨（学名：*Populus euphratica*），是杨柳科杨属胡杨亚属的一种植物，常生长在沙漠中，它耐寒、耐旱、耐盐碱、抗风沙，有很强的生命力，胡杨也被人们誉为“沙漠守护神”，是一种神奇的植物，千百年来，它们毅然守护在边关大漠，守望着风沙。在第四纪早、中期，胡杨逐渐演变成荒漠河岸林最主要的建群种。主要分布在新疆南部、柴达木盆地西部，河西走廊等地。在极其炎热干旱的环境中，能长到30多米高。当树龄开始老化时，它会逐渐自行断脱树顶的枝杈和树干，最后降低到三、四米高，依然枝繁叶茂，直到老死枯干，仍旧站立不倒。胡杨被人赞誉是“长着千年不死，死后千年不倒，倒地千年不朽”的英雄树。

胡杨

样式雷

“样式雷” 指的是清代著名建筑世家雷氏家族。之所以叫“样式雷”，是因为从17世纪末到20世纪初的200多年间，雷氏家族共有八代人先后负责皇家建筑设计，清代，人们把建筑图样称为“样式”，也叫它“样子”。现存“样式雷”图档包括样图，现今可以在中国国家图书馆、中国第一历史档案馆、故宫博物院见到的“样式雷”建筑样图，涵盖了众多类型，比如投影图、正立面、侧立面、旋转图、等高线图等，工程的每一个细节，每一个结构的尺寸，全部都有记载。此外，“样式雷”还画了“现场活计图”，即施工现场的进展图，从这批图样中，可以清楚看到陵寝从选地到基础开挖，再到基础施工，从地宫、地面、立柱直到最后屋面完成，体现了样式雷在建筑施工程序上的过程。直至清代末年 ，雷氏家族有6代后人都在样式房任掌案职务，负责过北京故宫、三海、圆明园、颐和园、静宜园、承德避暑山庄、清东陵和西陵等重要工程的设计。雷氏家族进行建筑设计方案 ，都按1/100或1/200 比例先制作模型小样进呈内廷 ，以供审定。模型用草纸板热压制成，故名烫样。其台基、瓦顶、柱枋、门窗以及床榻桌椅、屏风纱橱等均按比例制成 。雷氏家族烫样独树一帜，是了解清代建筑和设计程序的重要资料，故宫收藏的83件烫样由于在当时主要是为呈给皇帝审阅而制作，因而形象逼真，数据准确，具有极高的历史价值。

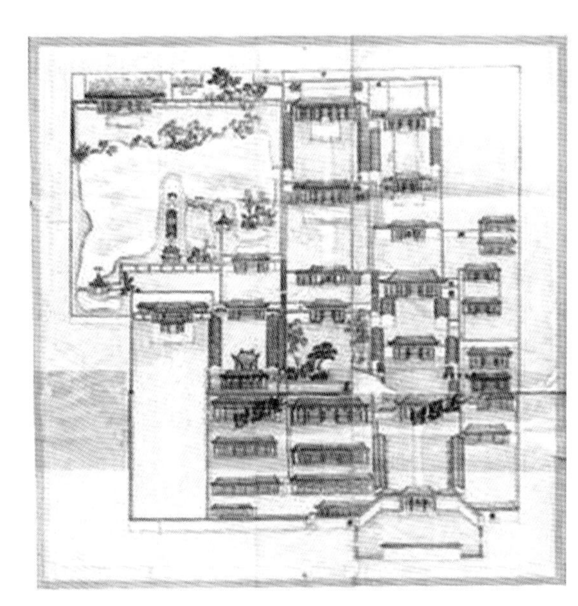

“样式雷”江宁行宫图样

“样式雷”佛香阁图样

太湖石

太湖石为我国古代著名的四大玩石，因盛产于太湖地区而古今闻名，是一种玲珑剔透的石头。太湖石是由石灰岩遭到长时间侵蚀后慢慢形成的，分为水石和干石两种。水石是在河湖中经水波荡涤，历久侵蚀而形成的。干石则是地质时期的石灰石在酸性红壤的历久侵蚀下而形成。太湖石是皇家园林重要的布景石材，可谓千姿百态，异彩纷呈。或形奇、或色艳、或纹美、或质佳、或玲珑剔透、灵秀飘逸；或浑穆古朴、凝重深沉，超凡脱俗，令人赏心悦目，神思悠悠。它永不重复，一石一座巧构思，自然天成，在历史名园中多有体现，并留下许多传说。白居易曾写有《太湖石记》，《云林石谱》中也专门有记载，历史上遗留下来的著名太湖石有苏州留园的“冠云峰”、上海豫园的“玉玲珑”等园林名石。

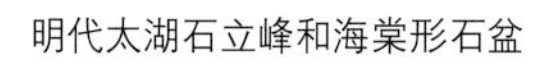

明代太湖石立峰和海棠形石盆

明代太湖石立峰和菱花形石盆

盆器

顾名思义盆器就是盆景的容器，同时也是盆景的艺术组成部分。盆器本身不但要融于盆景之中，还必须与盆景主题协调。“一景、二盆、三架、四名”。紫砂盆因为其特有的透气性和沉静稳重的颜色时常作为文人首选。而古代上好之盆除文人把玩使用之外，其中有的古盆甚至成为了国与国之间交往的重要礼品。据记载，清末政治家李鸿章曾将肃亲王所赐的一只乌泥外缘正方盆赠送给了时任日本内阁总理大臣的大隈重信。紫砂古盆是古代绝对的奢侈品，它能反映出一个时代紫砂工艺的最高水平。

紫砂盆通常底小口大，有圆形、方形、钟形、六角形、马槽形、腰形等多种造型，可与不同的花木相适配，有赤褐、淡黄、紫红、紫黑等多种色泽。一部分紫砂盆上面有文字图案和款识。巧手匠人以阴刻、阳刻、线刻等技法，在盆上镌刻诗文或花鸟小品，盆底则铭刻作者或作坊的钤印，汇集诗文、书画、印章于一体，字体银钩铁划，书画遒丽秀美，是富有独特艺术魅力的文化产品。

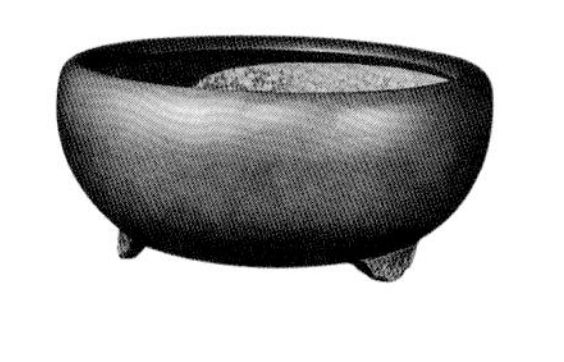

清乾隆 乌泥涡口云足圆盆

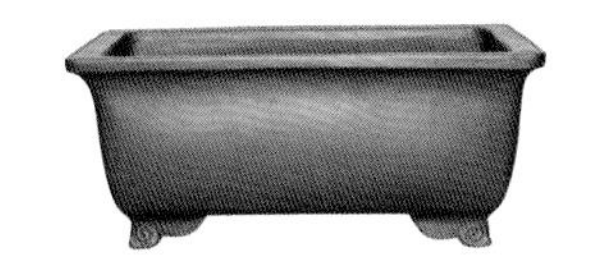

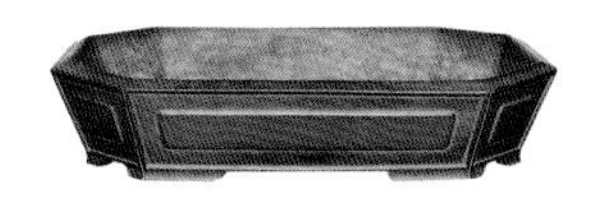

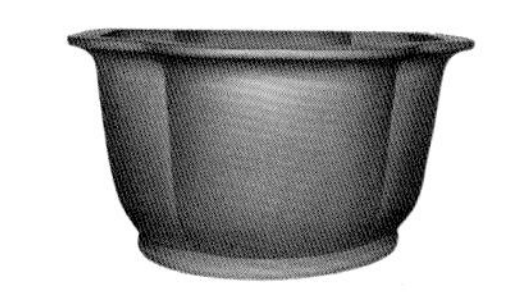

紫砂盆

戈壁石

戈壁石又称凤棱石，主要是因风沙吹蚀磨蚀而成的砾石，也有的是生成于岩洞之中，多为火成硅质岩，可分为玉髓、玛瑙、石英、碧玉、蛋白石等质地，色彩绚丽，硬度一般在7度左右。大小不一，以小型多见，棱角峥嵘，皱漏兼备，造型粗犷，手感滑润。在我国的内蒙古、宁夏、新疆、青海等地均有产出。戈壁石质坚如玉，造型变幻，五彩纷呈，而且皮壳特别润朗，具有特别的视觉和触觉效果。

“奇石宴——满汉全席”观赏石

Ⅳ.

The Museum of Chinese Garden: Environment Construction

园博馆环境营建

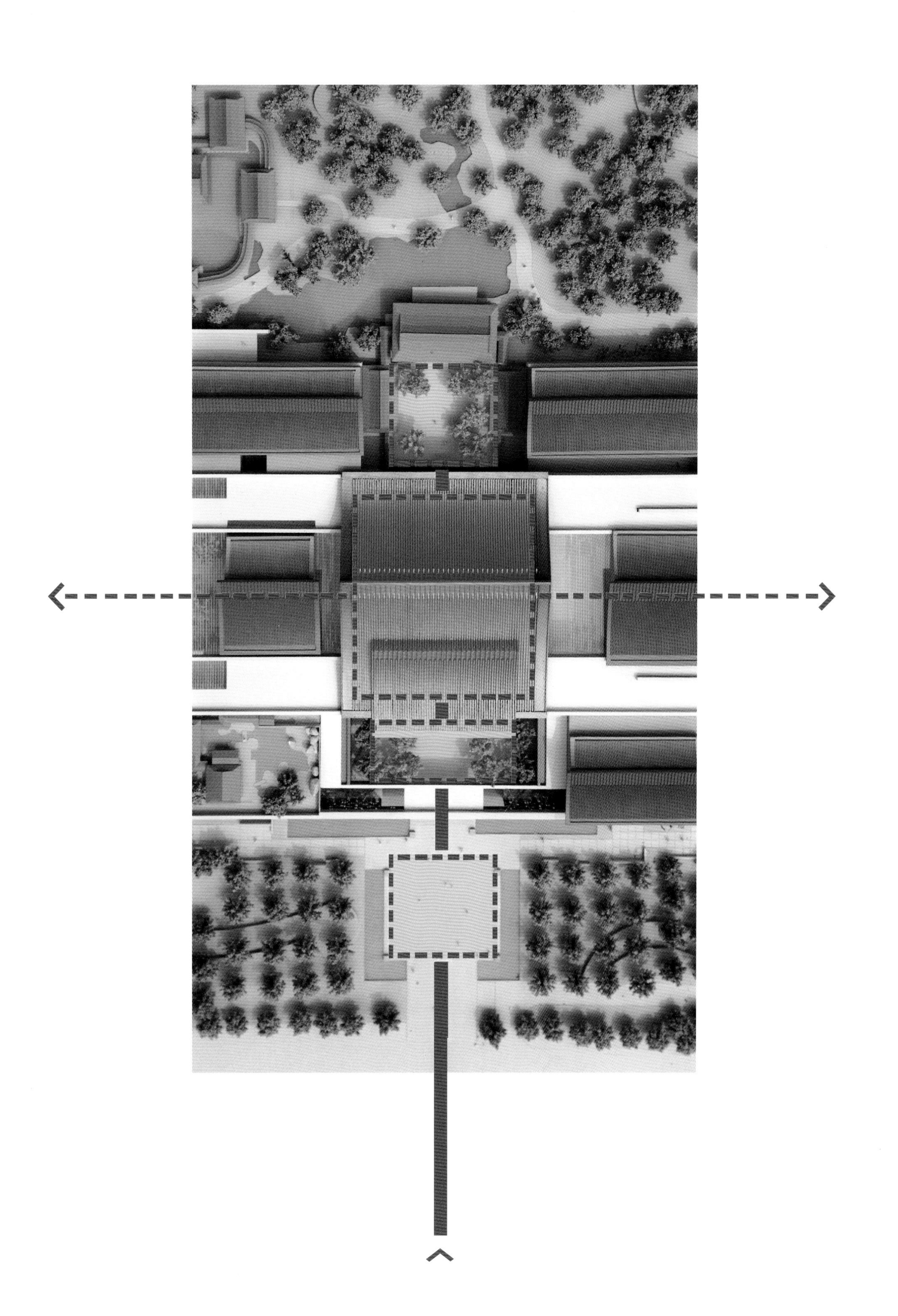

规划方案

中国园林博物馆区别于其他博物馆的最大特色就是要营建具有生命的博物馆，突出人与自然的和谐统一。为体现中国园林博物馆环境特色，营造丰富多变的内部、外部空间，将主体建筑、室内展园、室外展区融为一体。展园、展区形成中国园林博物馆特色的同时，又是博物馆展品的延伸，山、水、植物、动物、文物、园林建筑等等组成了动静结合、步移景异、风格独特的展示空间。

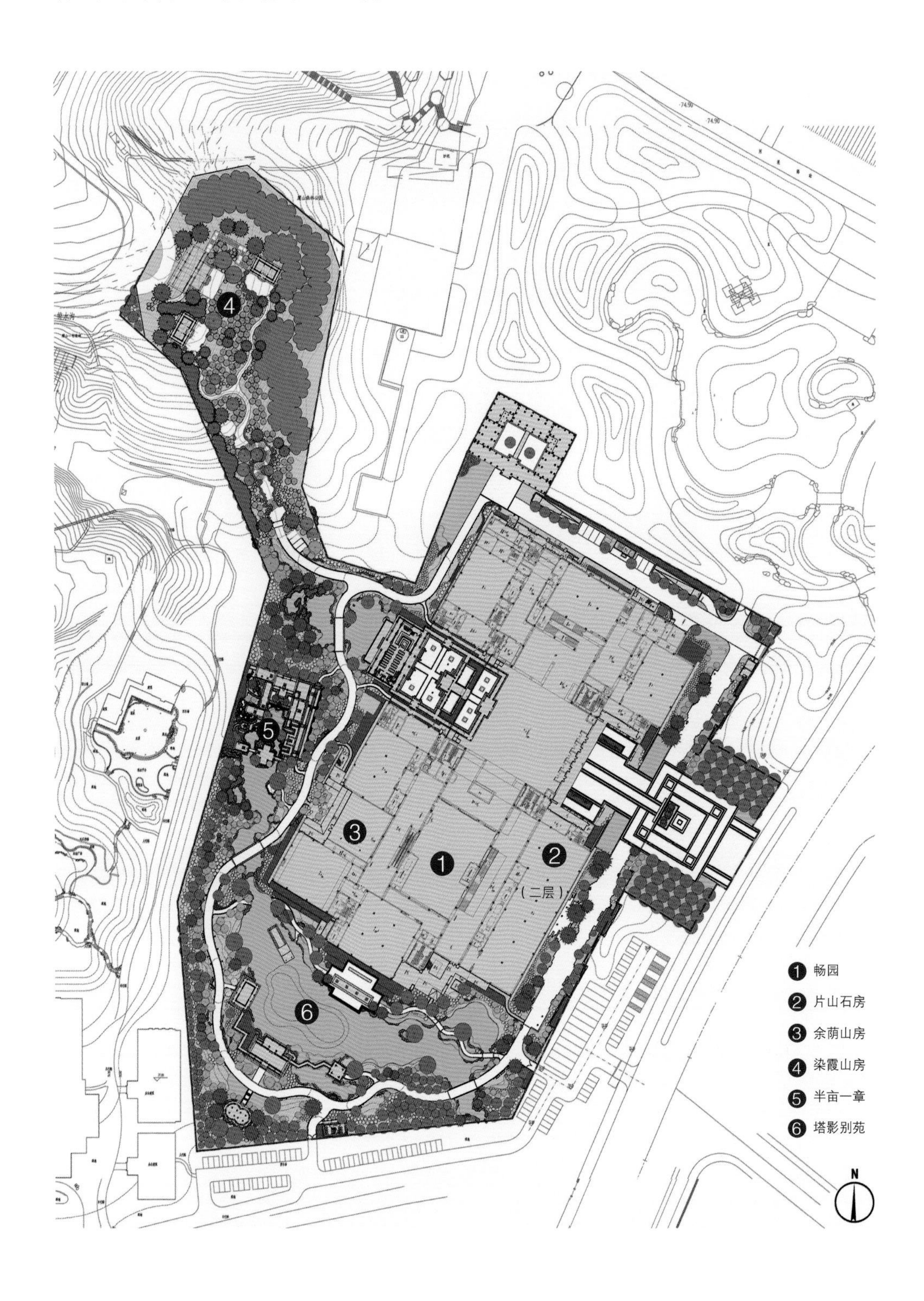

室内展园

室内展区展陈园林类型一览

名　称	类　型	特　　点	面积（m^2）
苏州（畅园）	江南私家园林	●小中见大，山石、水景、建筑、花木结合巧妙	1450
扬州（片石山房）	江南私家园林	●叠石技法突出 ●江南园林植物与山石精巧搭配	1050
广东（余荫山房）	岭南私家园林	●岭南风格山水格局 ●岭南园林植物 ●岭南特色建筑形式	580

基本原则

1.完全仿建，最大限度保持其原真性，具有可研究性。

2.面积根据场地实际调整，以尺度合宜为准。

3.由当地最高水准设计施工人员操作。

4.形式与展陈相结合。

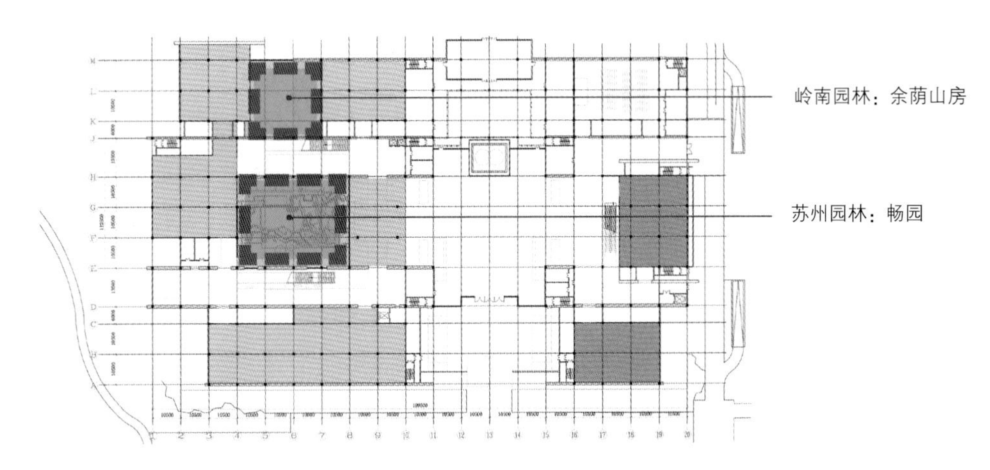

首层平面图

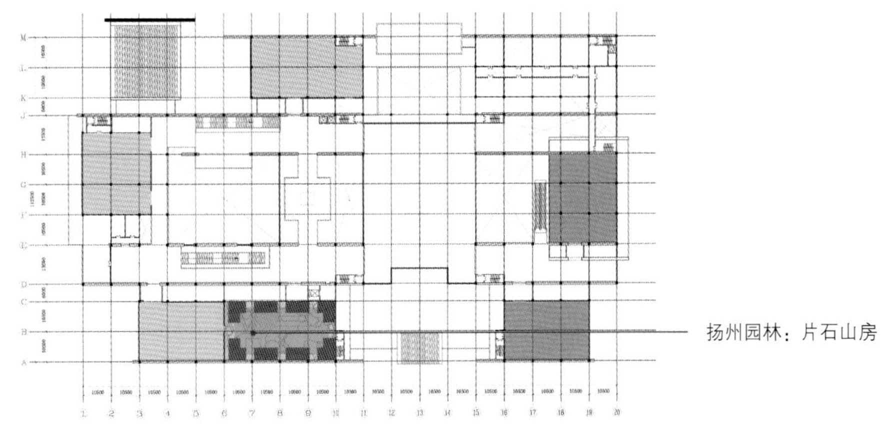

二层平面图

庭院选择原则

1.中国传统园林依周边大环境分为两类：城市中的园林与自然中的园林。据此，主馆建筑内的室内展区，全部选自城市环境中的园林类型（宅园）。

2.充分利用馆内珍贵的小气候环境，尽可能多地展示南方植物。因此按地域类型，选取苏州、扬州、岭南3个代表性的、小型私家园林进行仿建。

畅园

位于苏州庙堂巷，是苏州小型园林的代表作之一，面积不大，一亩有余，以水池为中心，周围绕以厅堂、船厅、亭、廊，采用封闭式布局和环形路线，景致丰富而多层次。园内园林古典建筑较多，局部处理手法细腻，比例尺度适宜，山石、花木布置少而精，给人精致玲珑的印象。畅园为整体复建，总体保持原貌，同时结合场地条件进行适当调整，以期展现苏州园林造园的独特风格和高超的艺术成就。

畅园总面积1450m²，总建筑面积395m²。

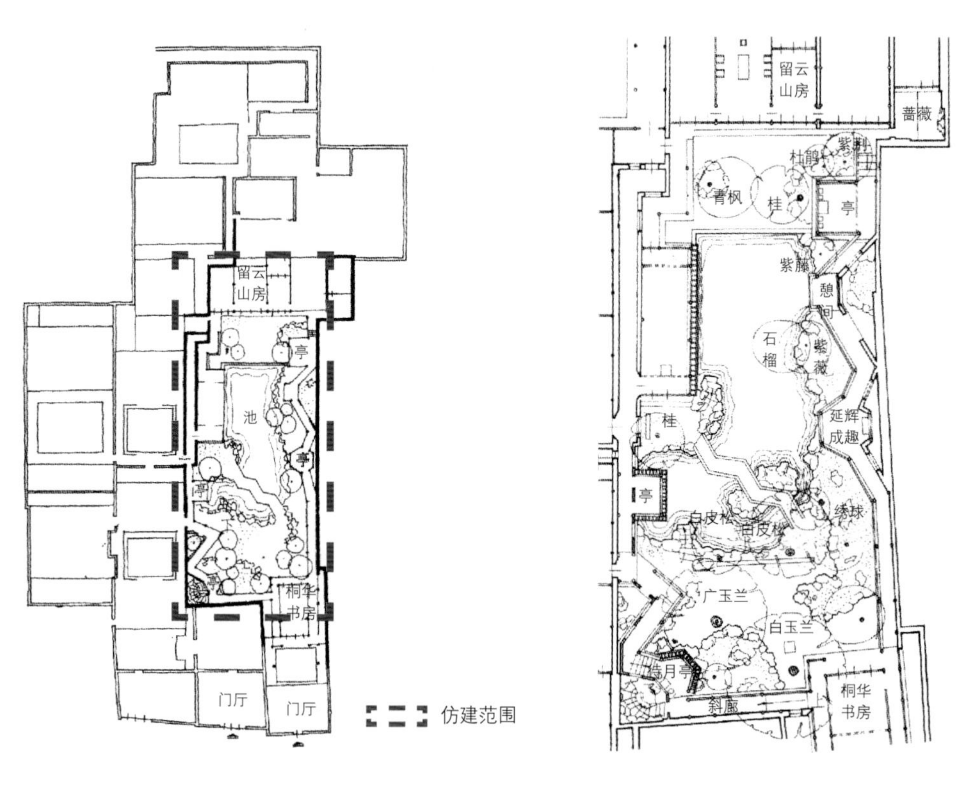

畅园住宅总平面图　　畅园原址平面图

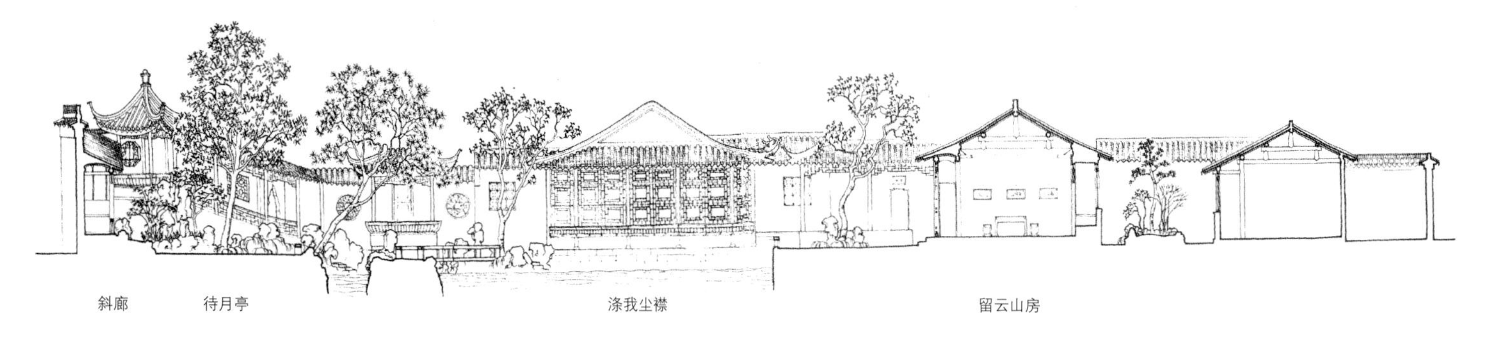

畅园原址剖立面图

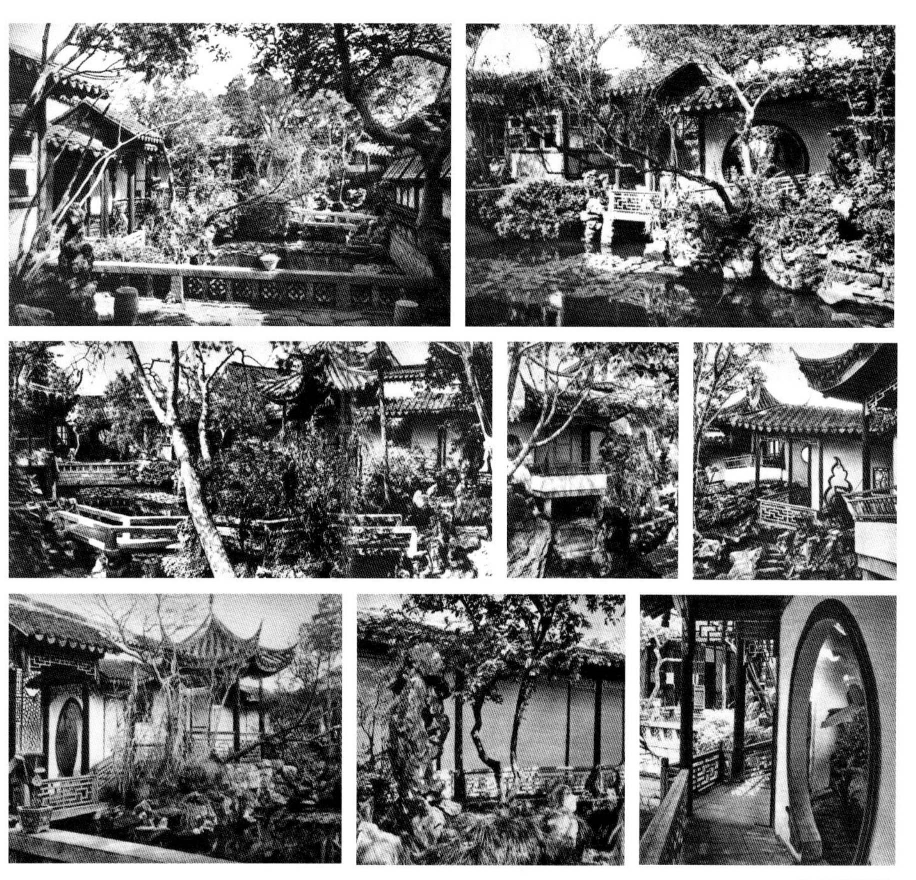

畅园老照片

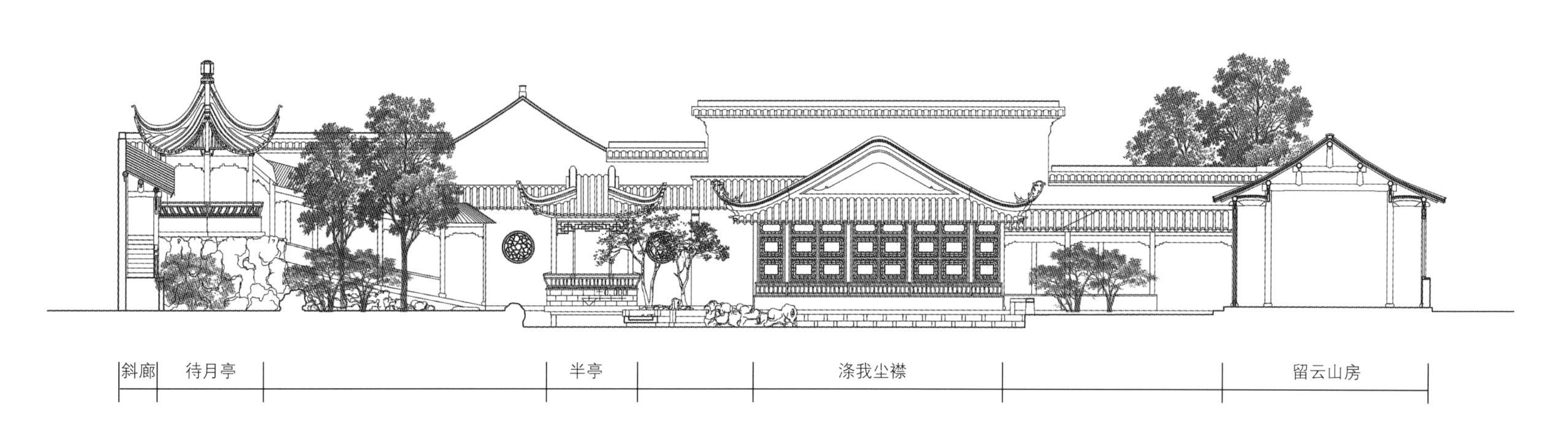
斜廊
待月亭
半亭
涤我尘襟
留云山房

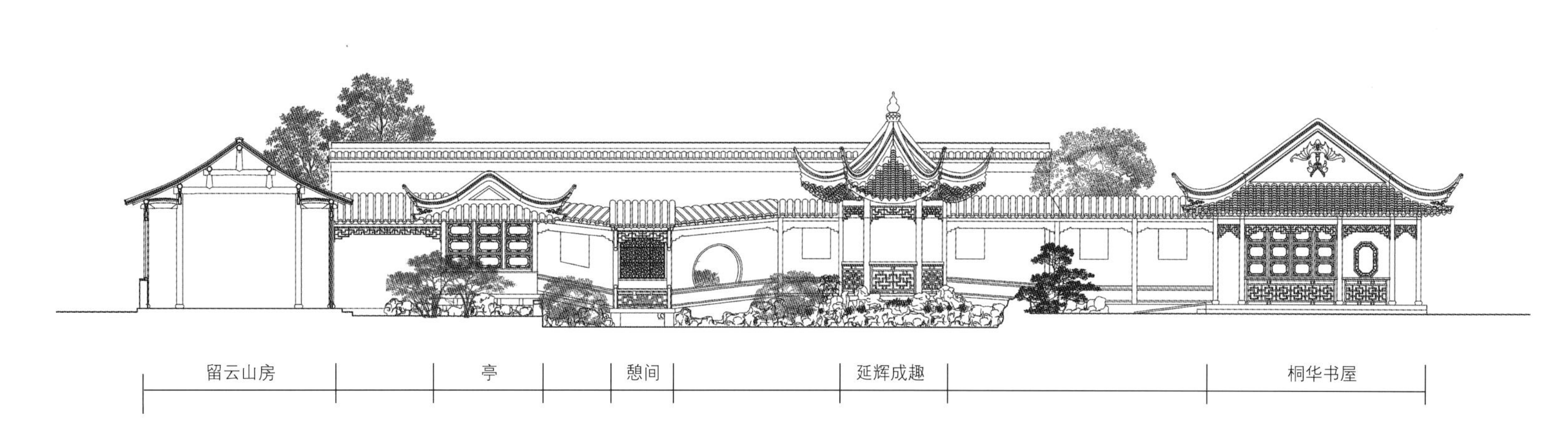
留云山房
亭
憩间
延辉成趣
桐华书屋

立面图

上部空间6mx36.5m左右，同时一半空间是设备机房，设备房平面约6mx17m，高度5m，另一半空间则作为展园右上角次入口的前院进行设计。设备房由于体量大，形式上又需保持古典园林风格，体量上化整为零，做成两个小的双坡屋面，其山墙的起伏变化成为畅园外围的苏式民居式背景，建筑形式和材料同畅园古典建筑融为一体

次入口前院部分作为畅园展示的序曲，有烘托主题的作用，设计简洁开敞。中部为面积较大的花街铺地，周边以山石花木为主题，四周高低变化的白墙为背景，又以正对次入口的主墙面为主景

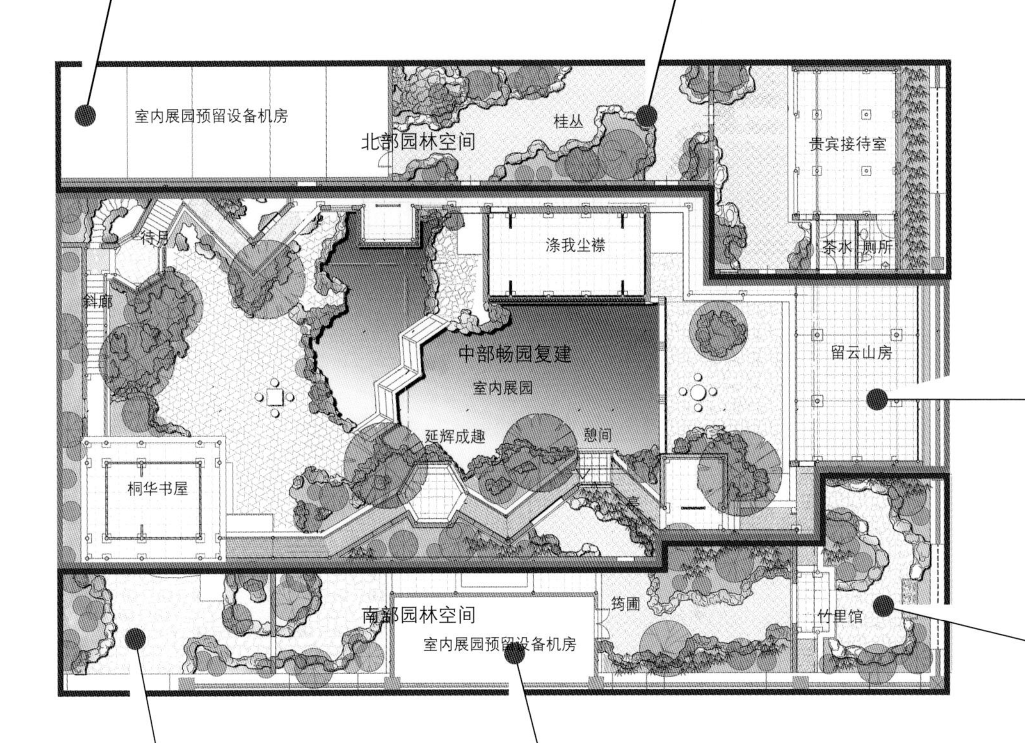

首先，根据功能要求，留云山房进行了左右的镜向调整，使留云山房的附房成为展园内的贵宾接待室，位于右上角的次入口一侧。其次，适当加大涤我尘襟船厅处的进深，空间上更加舒展。再次，由于展园东西45m的距离比实际畅园纵向的距离短，长廊调整，保证畅园的空间和尺度等没有大的改变。又次，对于古典建筑立面尺度、门窗、挂落、漏窗、精美度等问题，在畅园的复建时都需进行斟酌并提高品质

畅园的下部空间有6mx45m左右，中部有一座设备机房。设备房的建筑处理原则同另一个设备房只是形式上进行区别设计

右侧的小庭院四周围合，独处一隅，但其东侧围墙上有一较大的玻璃景窗，使其成为室内室外空间的交融地带，互为观赏点。设计此园，思路来源于畅园内流线的外延，从畅园内憩间侧的圆洞门连接小庭院，并接通留云山房山墙上的入口，园外有园。庭院以廊、半亭分隔成两部分空间，增加景观的层次感，廊亭成为此园的中心景观。植物种植以竹为主。小院可观可游可憩，别有一番小天地

左侧小庭院正对展园左下角的主入口，是主入口的前导空间，设计以堆石花木取胜，主题为牡丹芍药园，此园内畅园的主体建筑之一——桐华书屋完整地展现在院中，成为视觉中心，庭院中以精美的湖石花坛、花街铺地、花灌木进行衬托

结构分析图

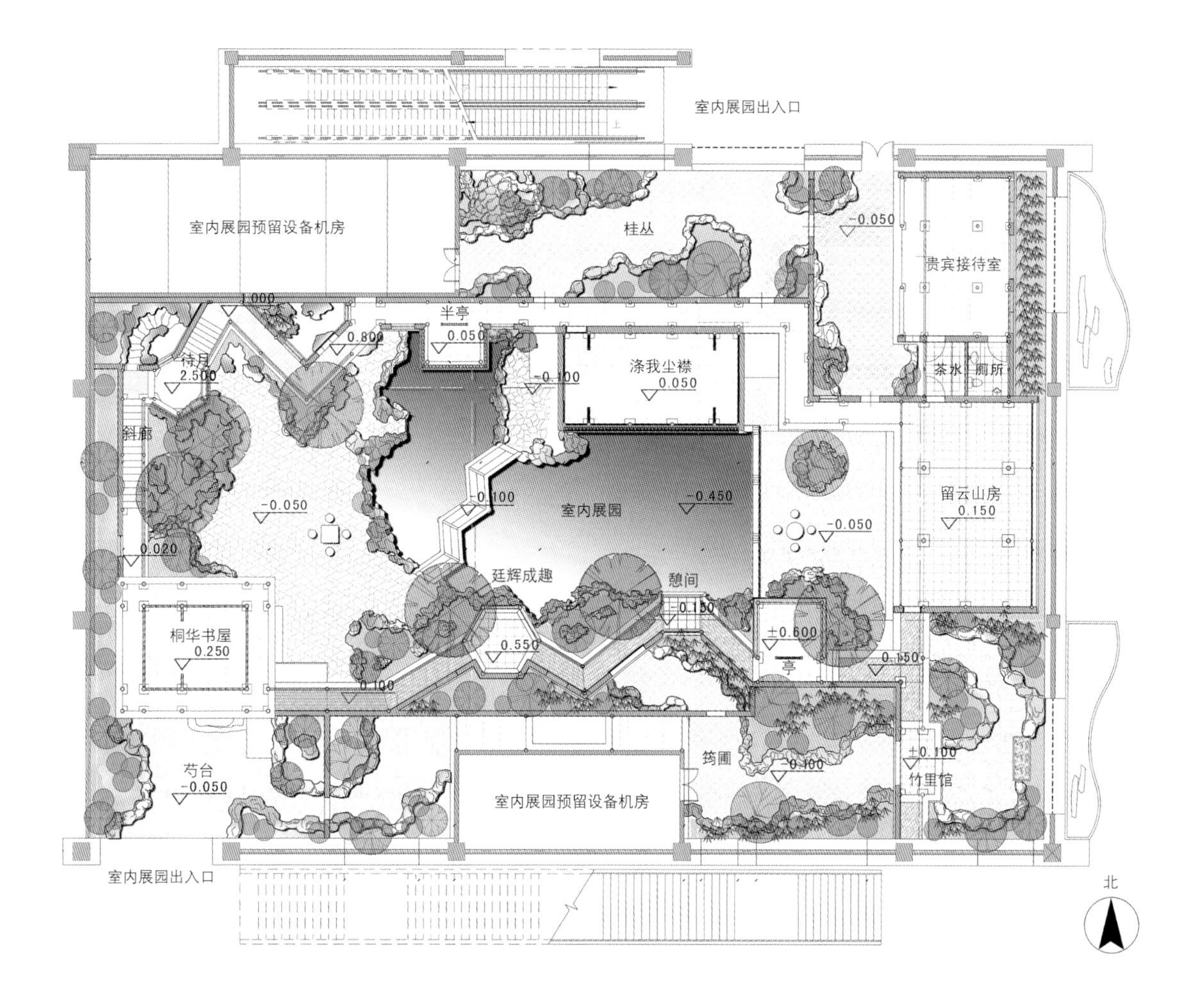
室内展园出入口
室内展园预留设备机房
桂丛
-0.050
贵宾接待室
1.000
半亭
0.800
0.050
待月
2.500
-0.100
涤我尘襟
0.050
茶水
厕所
斜廊
0.100
室内展园
-0.450
留云山房
0.150
-0.050
-0.050
0.020
廷辉成趣
憩间
0.150
桐华书屋
0.250
±0.600
0.550
0.150
亭
0.100
芍台
-0.050
筠圃
-0.100
±0.100
竹里馆
室内展园预留设备机房
室内展园出入口
北

总平面图

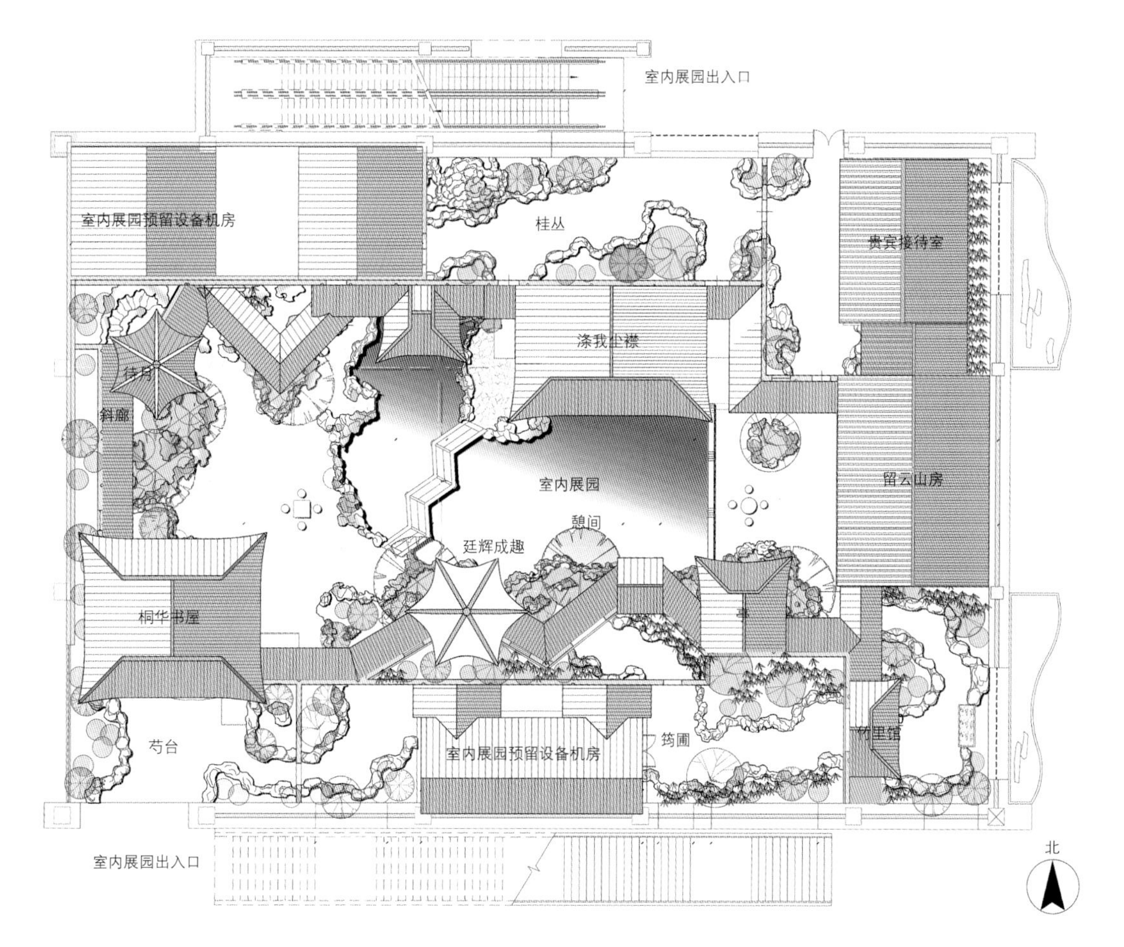
室内展园出入口
室内展园预留设备机房
桂丛
贵宾接待室
涤我尘襟
待月
斜廊
室内展园
留云山房
憩间
廷辉成趣
桐华书屋
芍台
筠圃
竹里馆
室内展园预留设备机房
室内展园出入口
北

屋顶平面图

北部效果图

南部效果图

鸟瞰图

片石山房

“扬州以名园胜，名园以叠石胜”。扬州片石山房位于扬州城南花园巷，传说为明末的大画家石涛所建，相传为石涛和尚叠石的“人间孤本”，石涛的“搜尽奇峰打草稿”的著名论点，贯穿于他的实践活动中。“片石山房”就体现出“莫谓此中天地小，卷舒收放卓然庐”的意境，洋溢出“一峰剥尽一峰环，折经崎岖绕碧湍，拟欲寻源最深处，流云缥缈隐仙坛”的诗情。园中“水中月，镜中花”的表现手法，表现出人们摆脱尘世的烦恼，修身养性、寄情山水的人生追求和向往。

片石山房总占地面积1050m²，建筑面积270m²，山石重量900t。

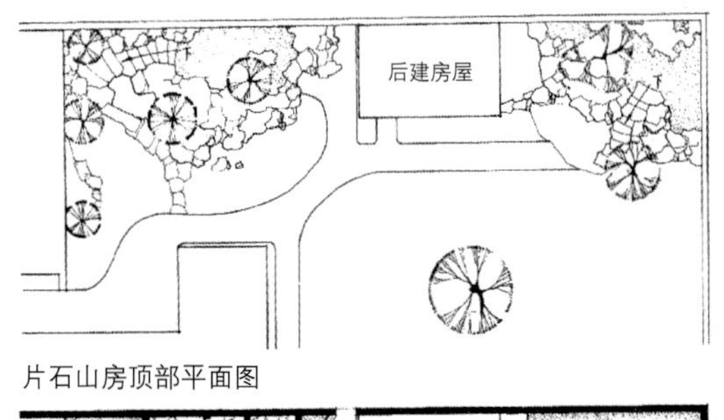

片石山房顶部平面图

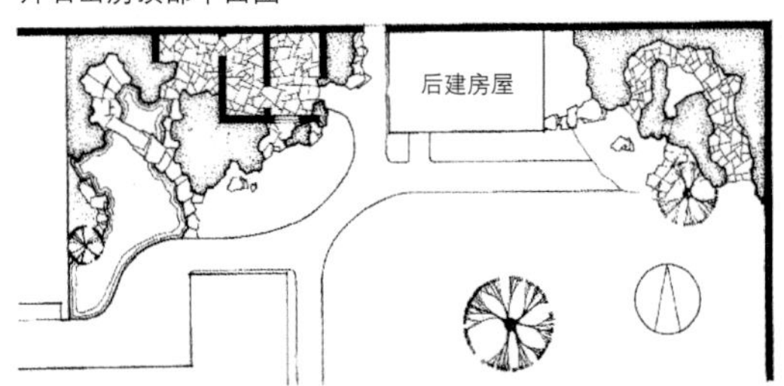

片石山房原状平面图《扬州园林》

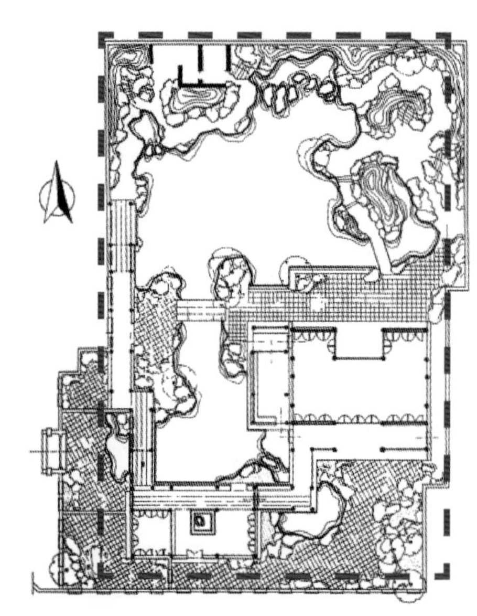

片石山房现状平面图

仿建范围

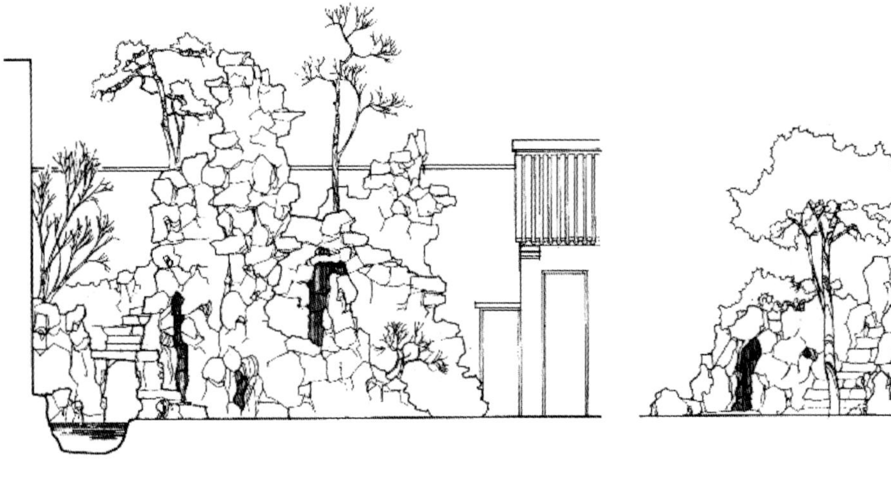

片石山房西部假山立面图

片石山房东部假山立面图

片石山房现状照片

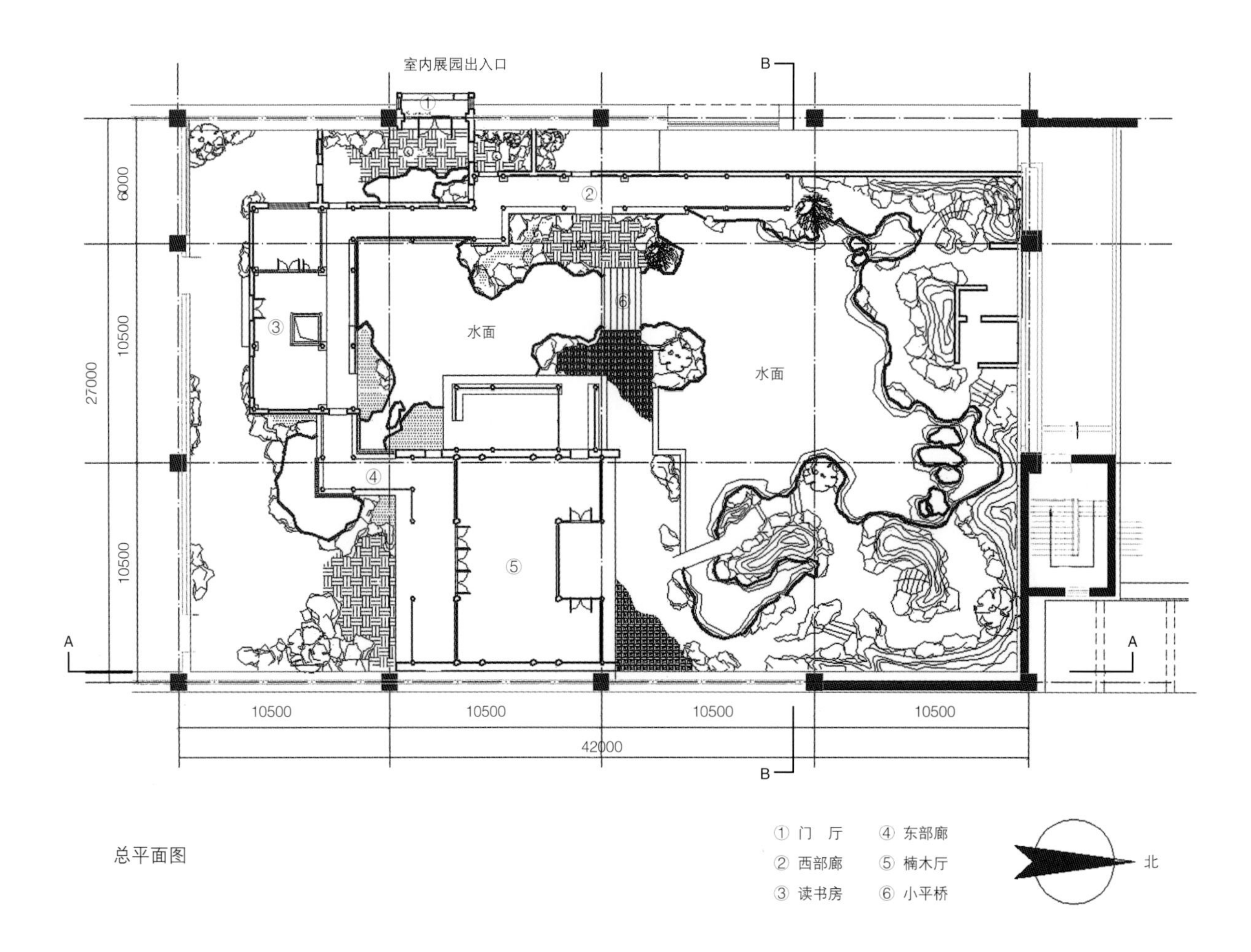
室内展园出入口
B
水面
水面
6000
10500
27000
10500
10500
10500
10500
10500
42000
A
A
B
① 门 厅
② 西部廊
③ 读书房
④ 东部廊
⑤ 楠木厅
⑥ 小平桥
北

总平面图

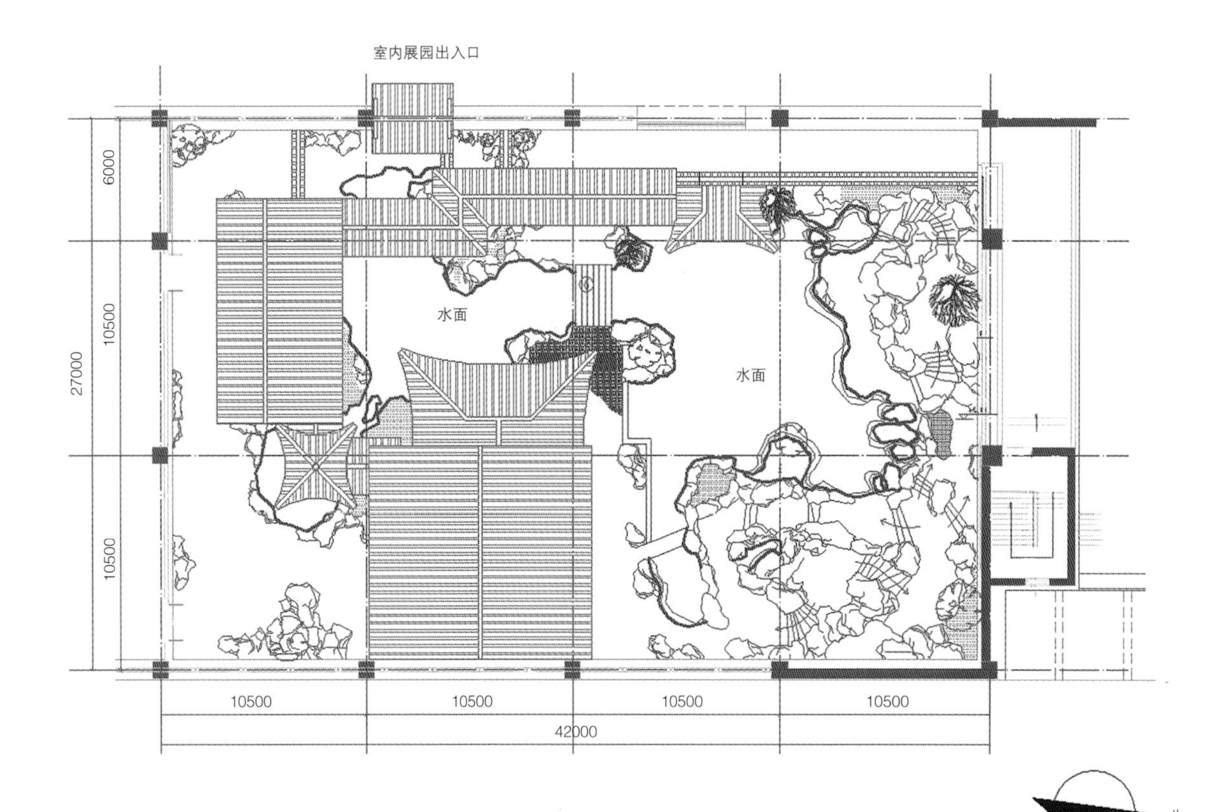
室内展园出入口
水面
水面
6000
10500
27000
10500
10500
10500
10500
10500
42000
北

屋顶总平面图

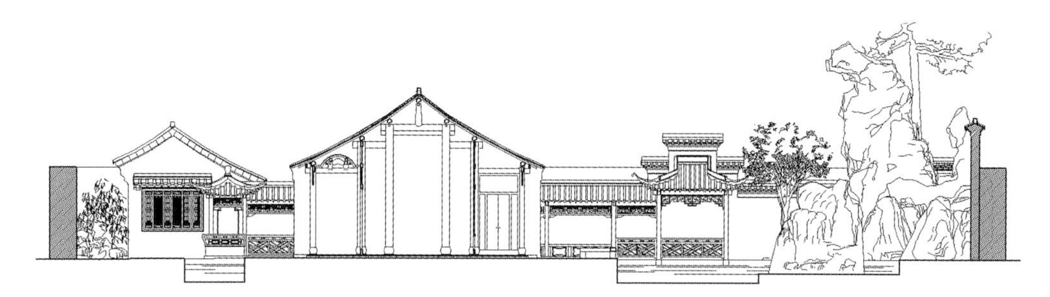

A–A剖面图

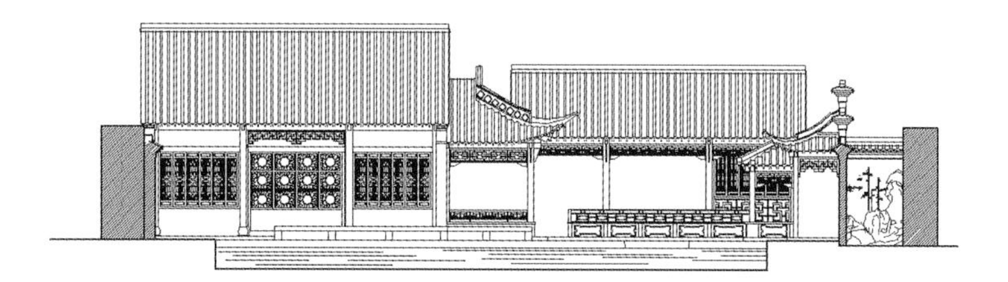

B–B剖面图

鸟瞰图

余荫山房

位于广州市番禺区南村镇北大街，为清代举人邬彬的私家花园，始建于清同治五年（1866年）。余荫山房为广东四大名园之一，“余荫”取纪念和永泽先祖福荫之意，“山房”表明园林地处山冈，寄托园主隐居之意。余荫山房造园四巧：嘉树浓荫、藏而不露；缩龙成寸、小中见大；以水居中、环水建园；满园诗联，文采缤纷。

余荫山房占地面积537m²，总建筑面积193m²。

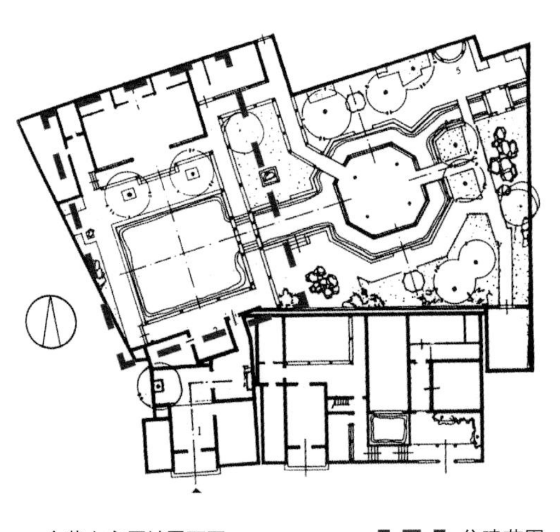

余荫山房原址平面图

仿建范围

余荫山房原址剖立面图

余荫山房原址剖立面图

深柳堂现状照片

小虹桥现状照片

临池别馆现状照片

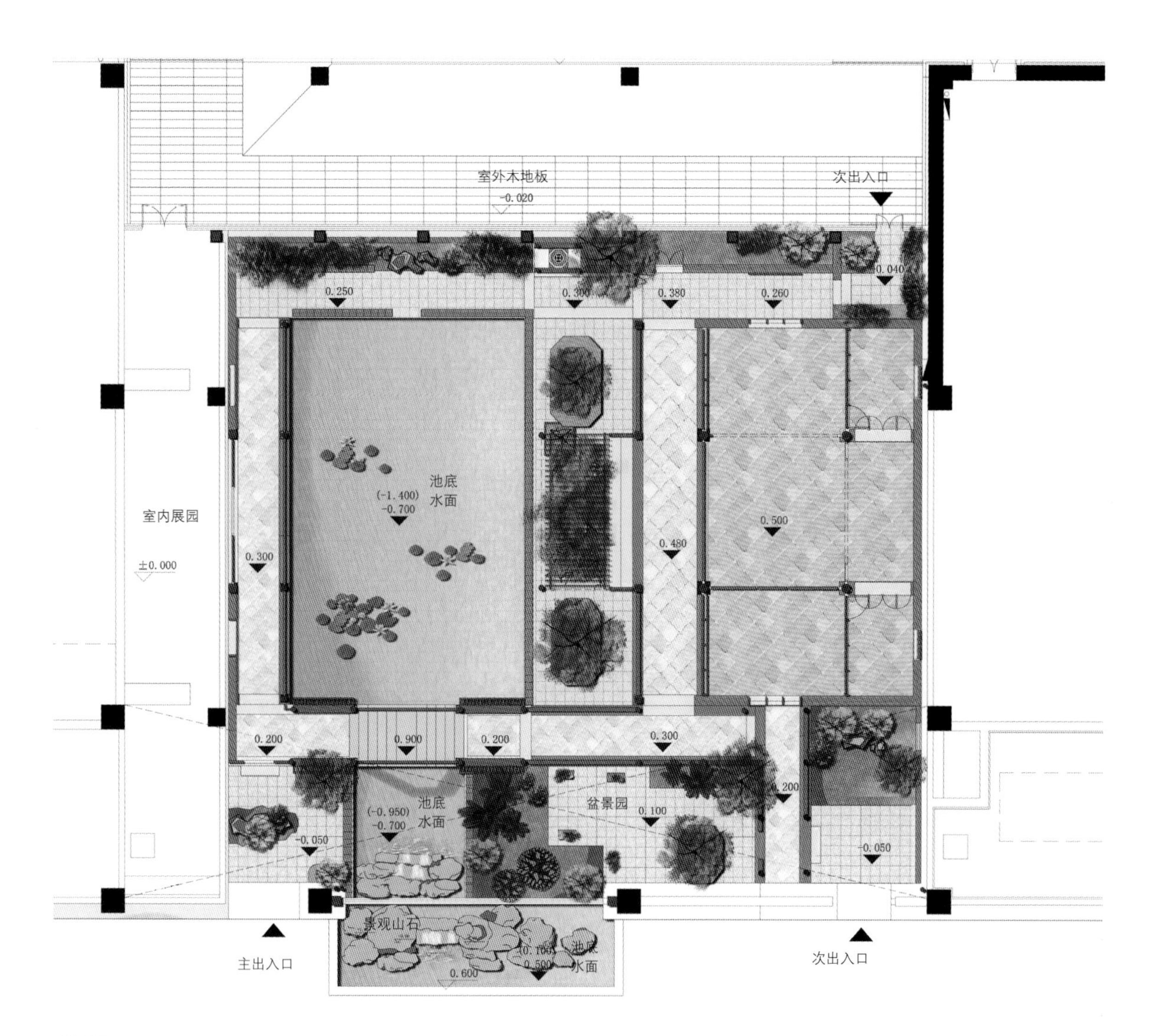
室外木地板
-0.020
次出入口
0.040
0.250
0.300
0.380
0.260
池底
水面
(-1.400)
-0.700
室内展园
±0.000
0.300
0.480
0.500
0.200
0.900
0.200
0.300
0.200
池底
水面
(-0.950)
-0.700
盆景园
0.100
-0.050
-0.050
景观山石
池底
水面
0.600
主出入口
次出入口
总平面图

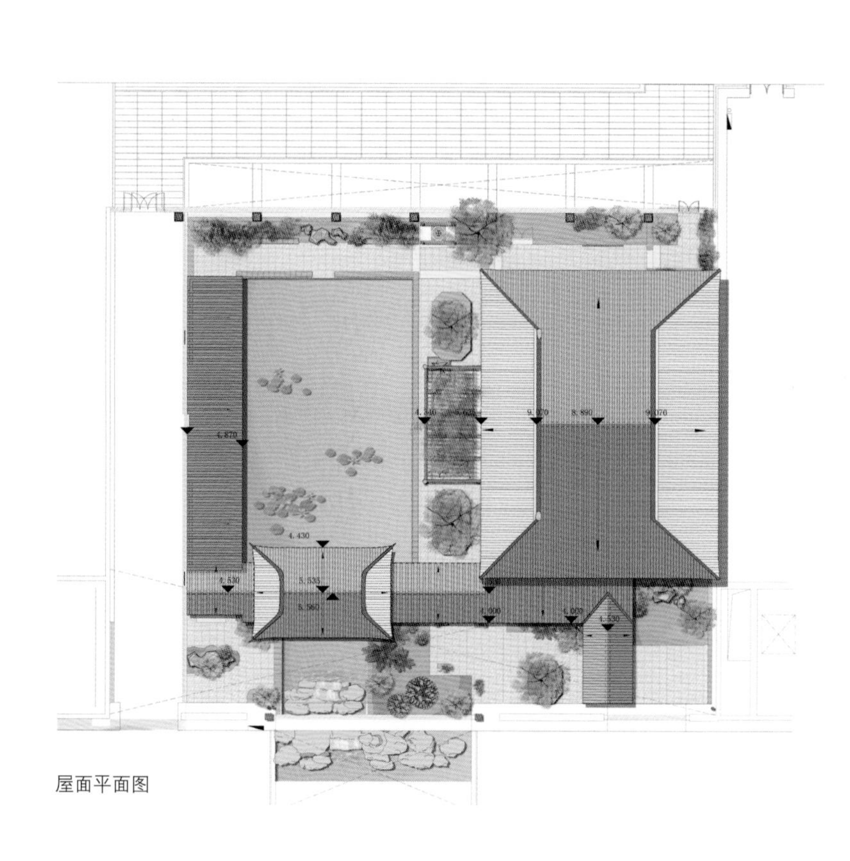
屋面平面图

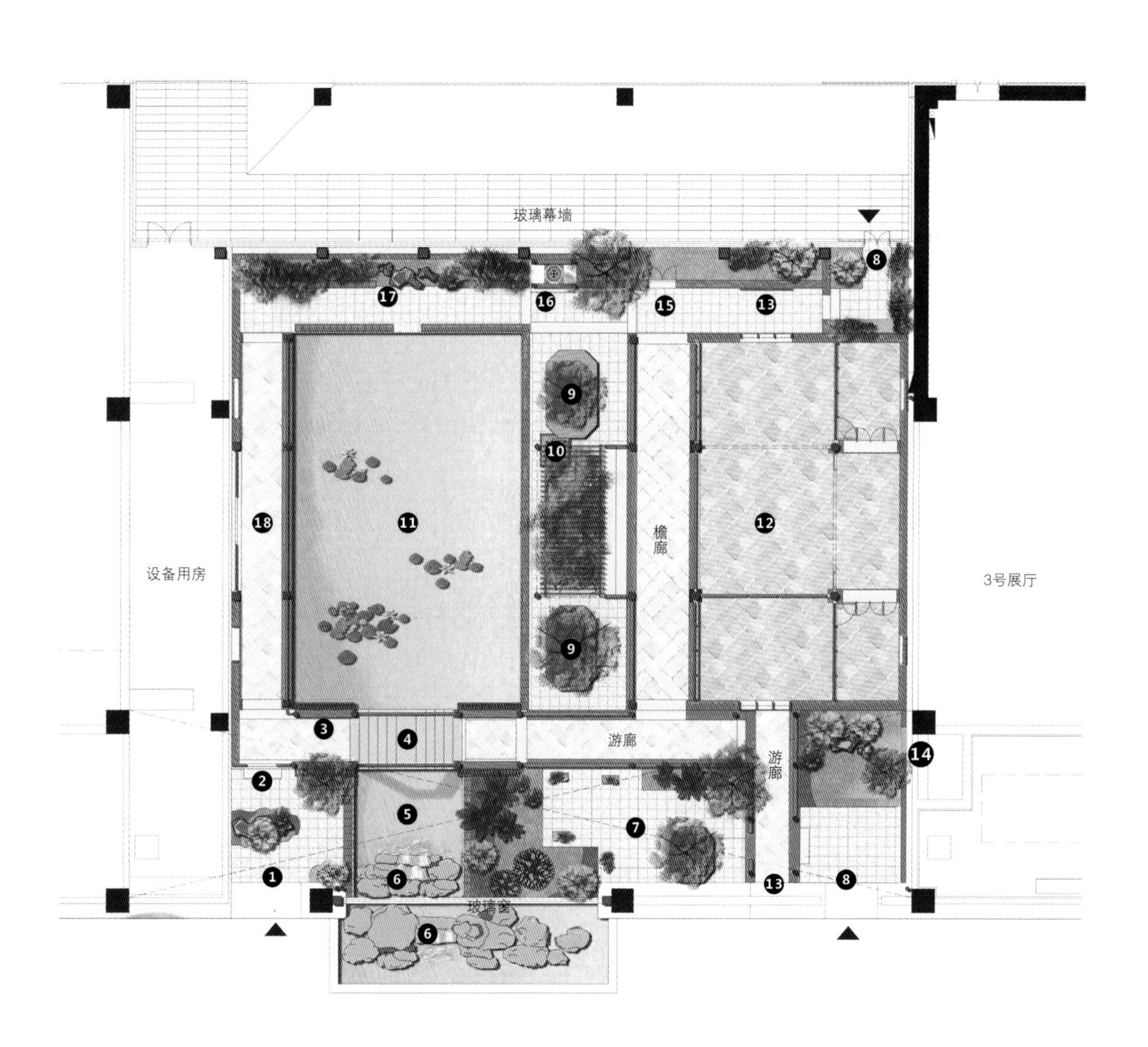

1. 主出入口英石景
2. 冰花竹门
3. 美人靠
4. 浣红跨绿桥廊
5. 小水池
6. 英石跌水
7. 盆景园
8. 次出入口
9. 榆树花池
10. 古藤花架
11. 方形水池
12. 深柳堂（展厅）
13. 灰塑图
14. 砖雕
15. 青云巷
16. 水井
17. 竹石景观
18. 临池别馆檐廊

景点标注图

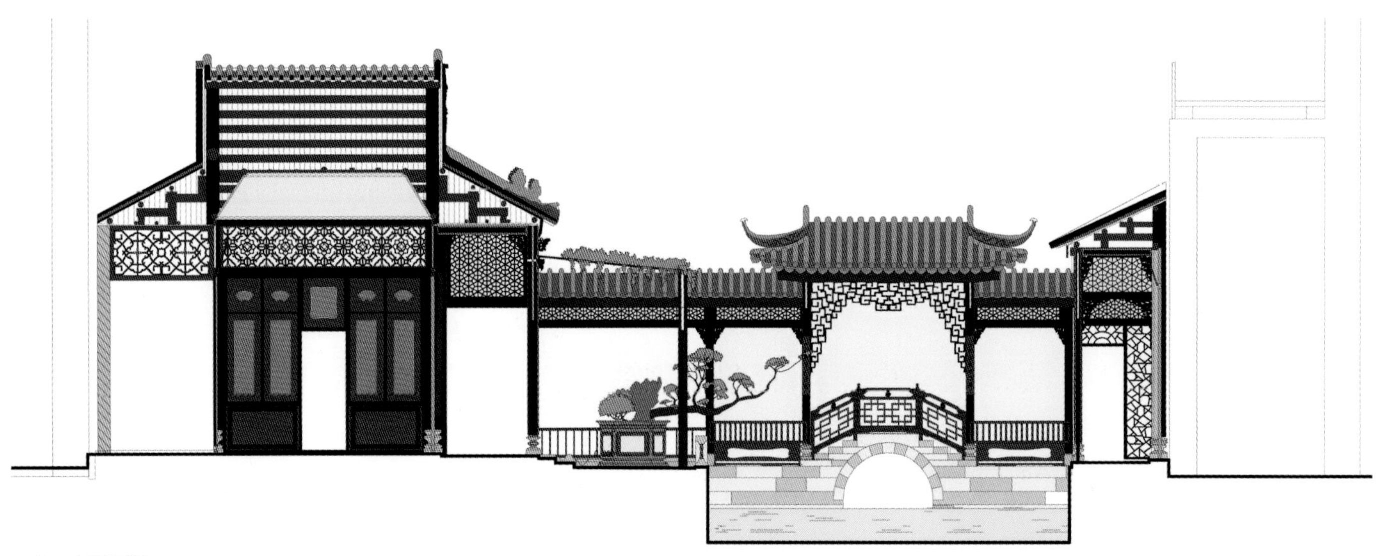

A－A剖面图

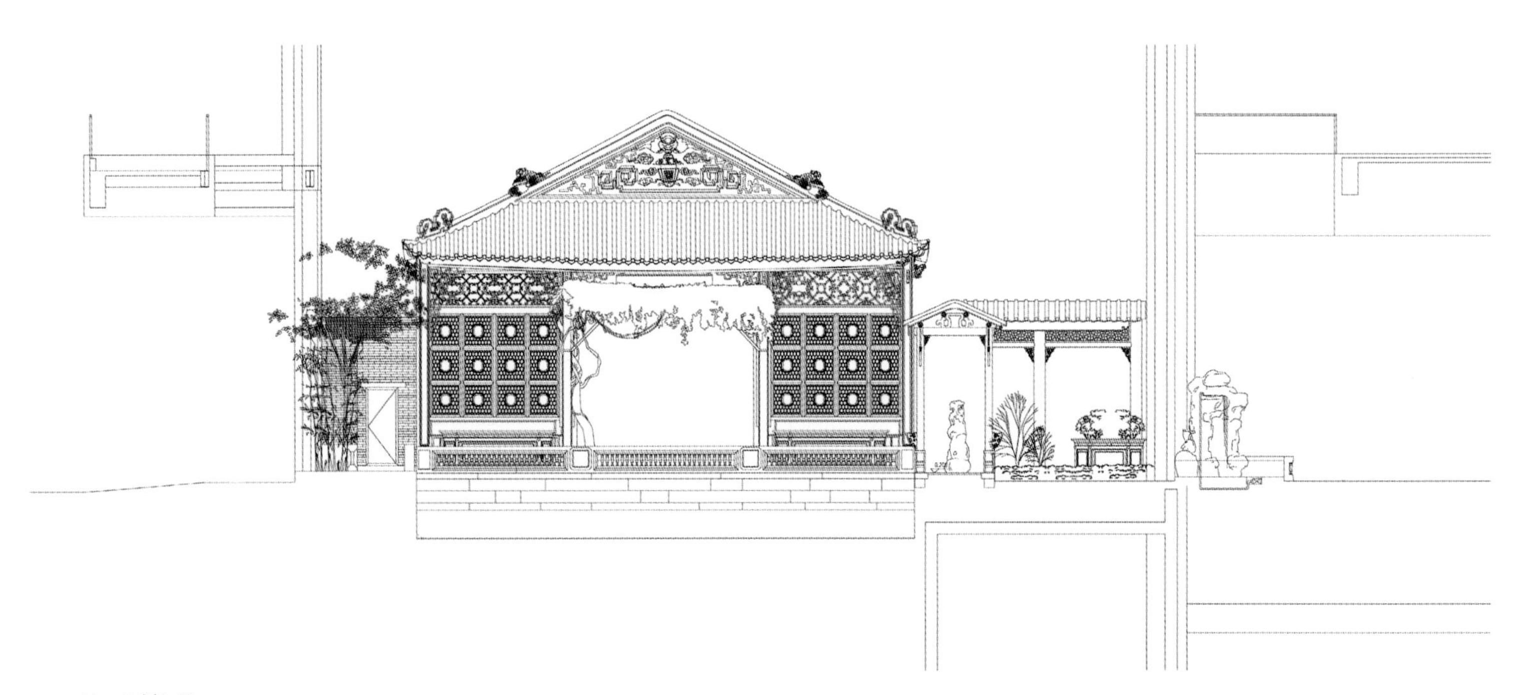

B－B剖面图

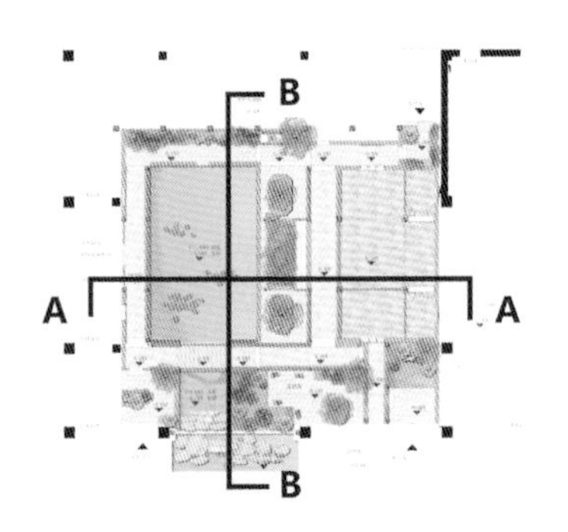

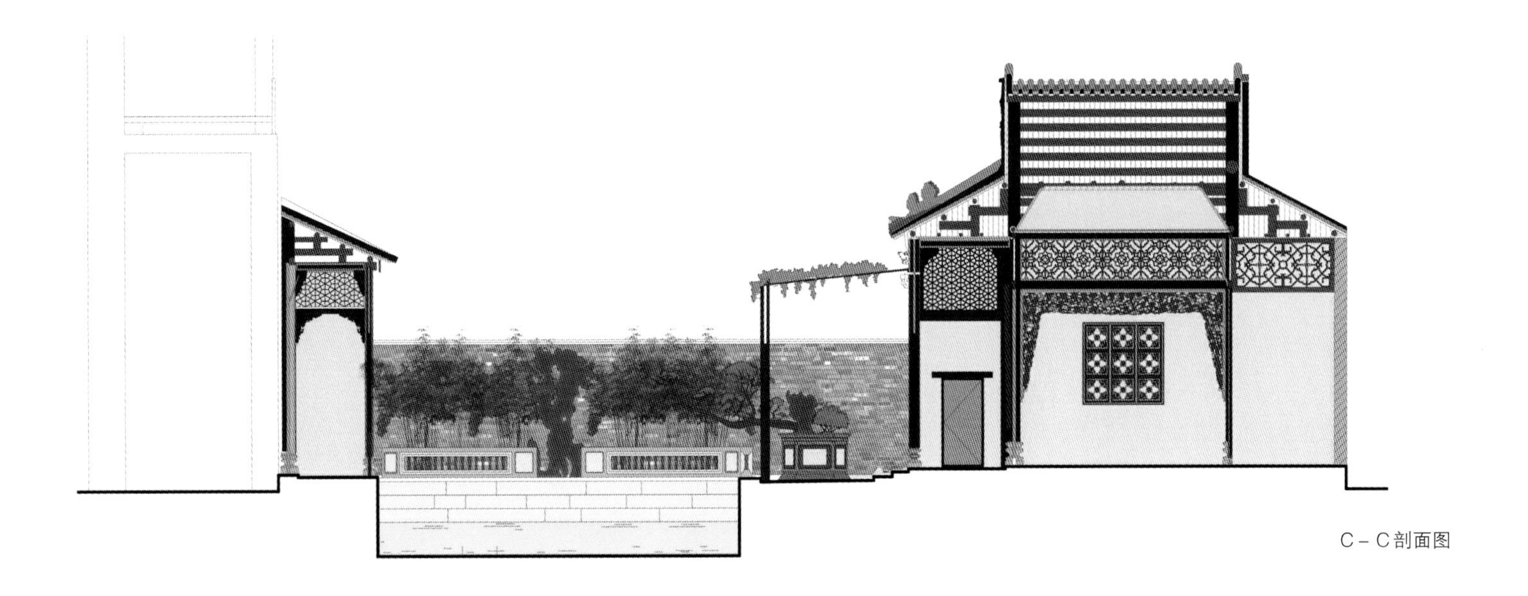

C－C剖面图

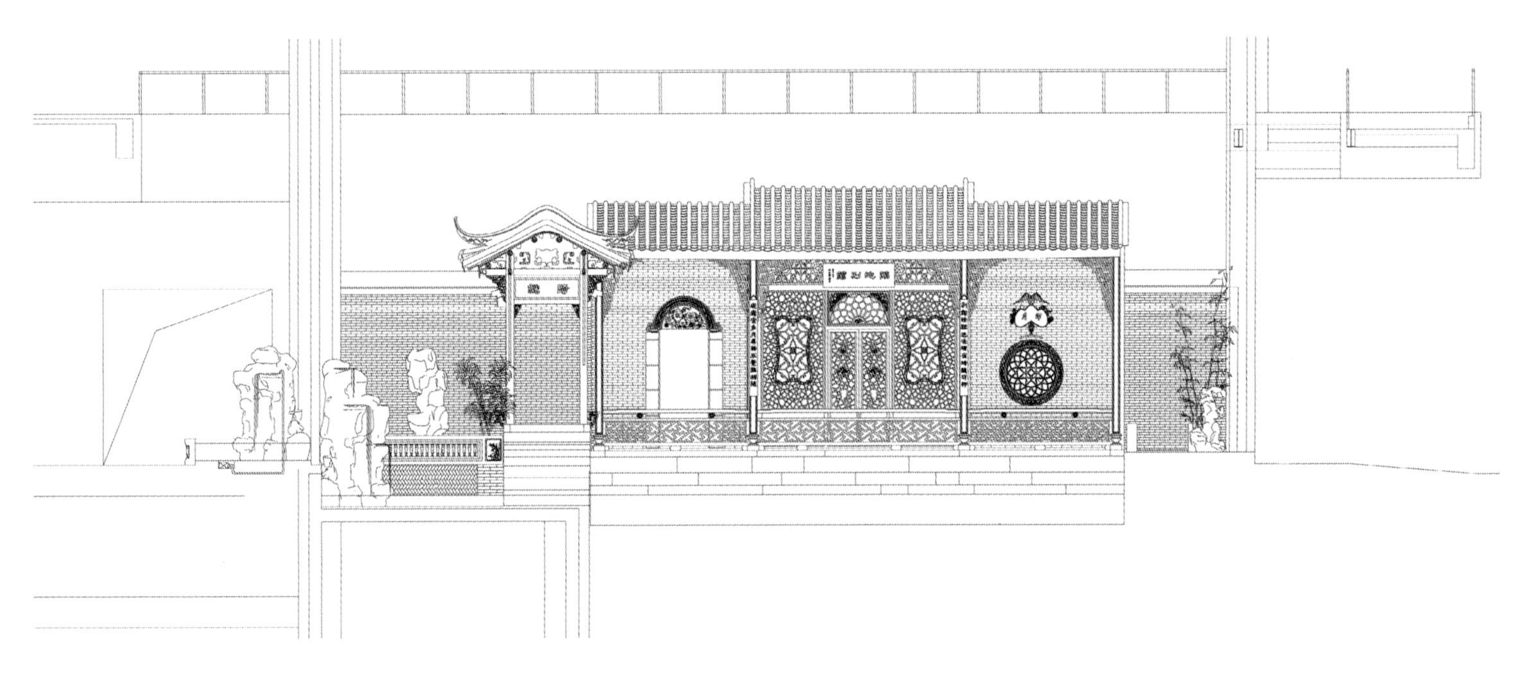

D－D剖面图

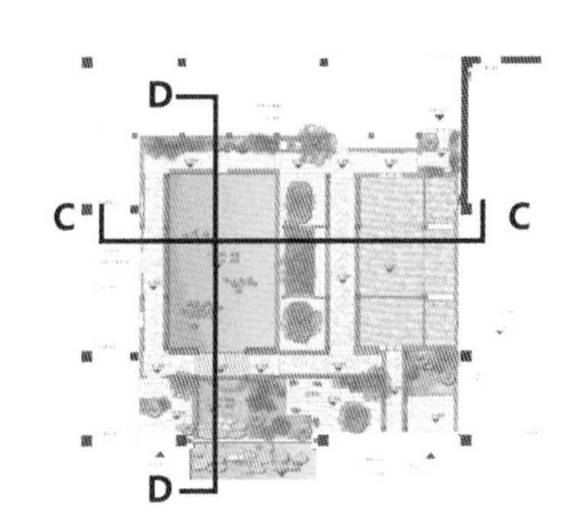

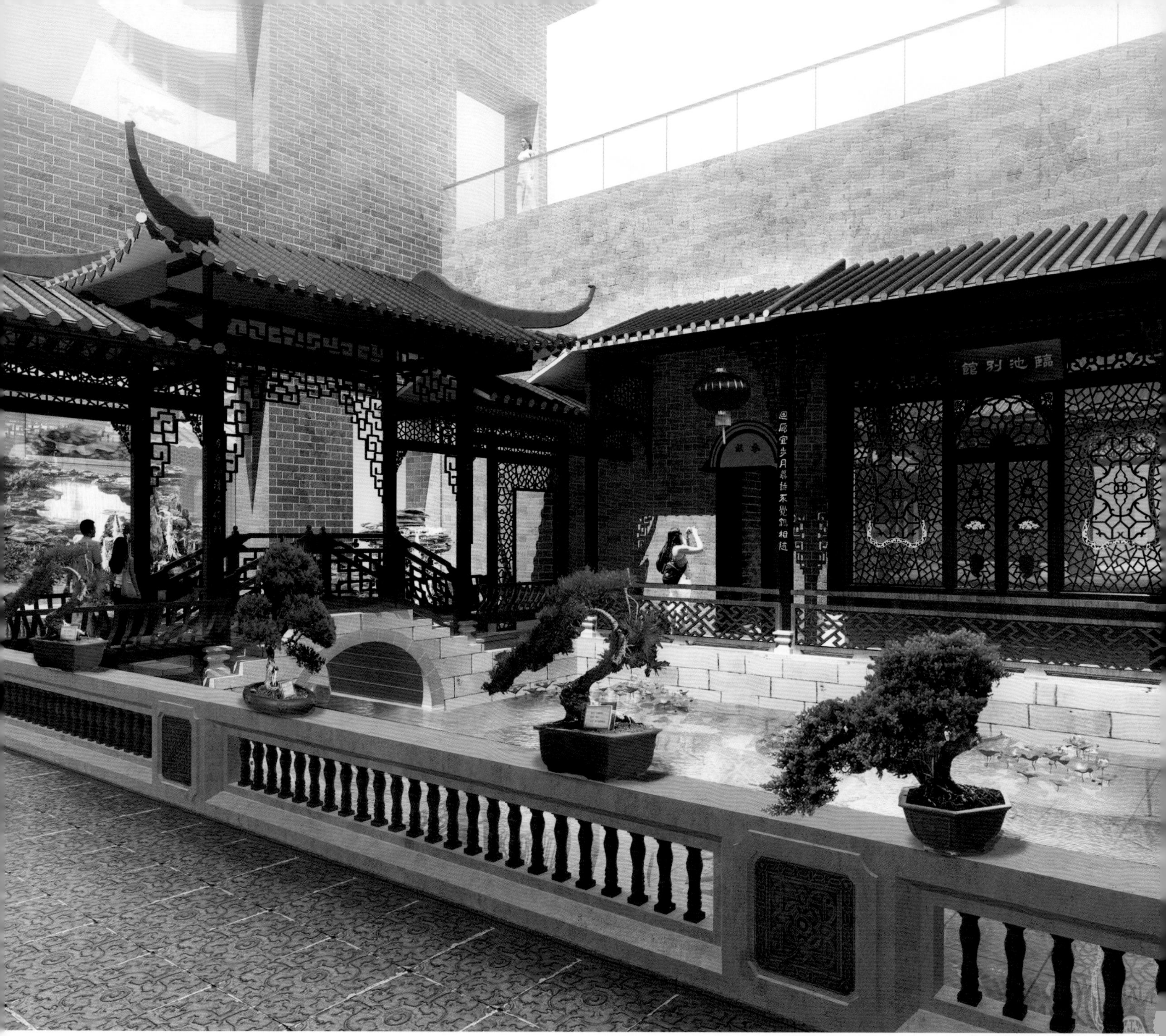

局部透视图

园区俯视图

主入口透视图

室外展区

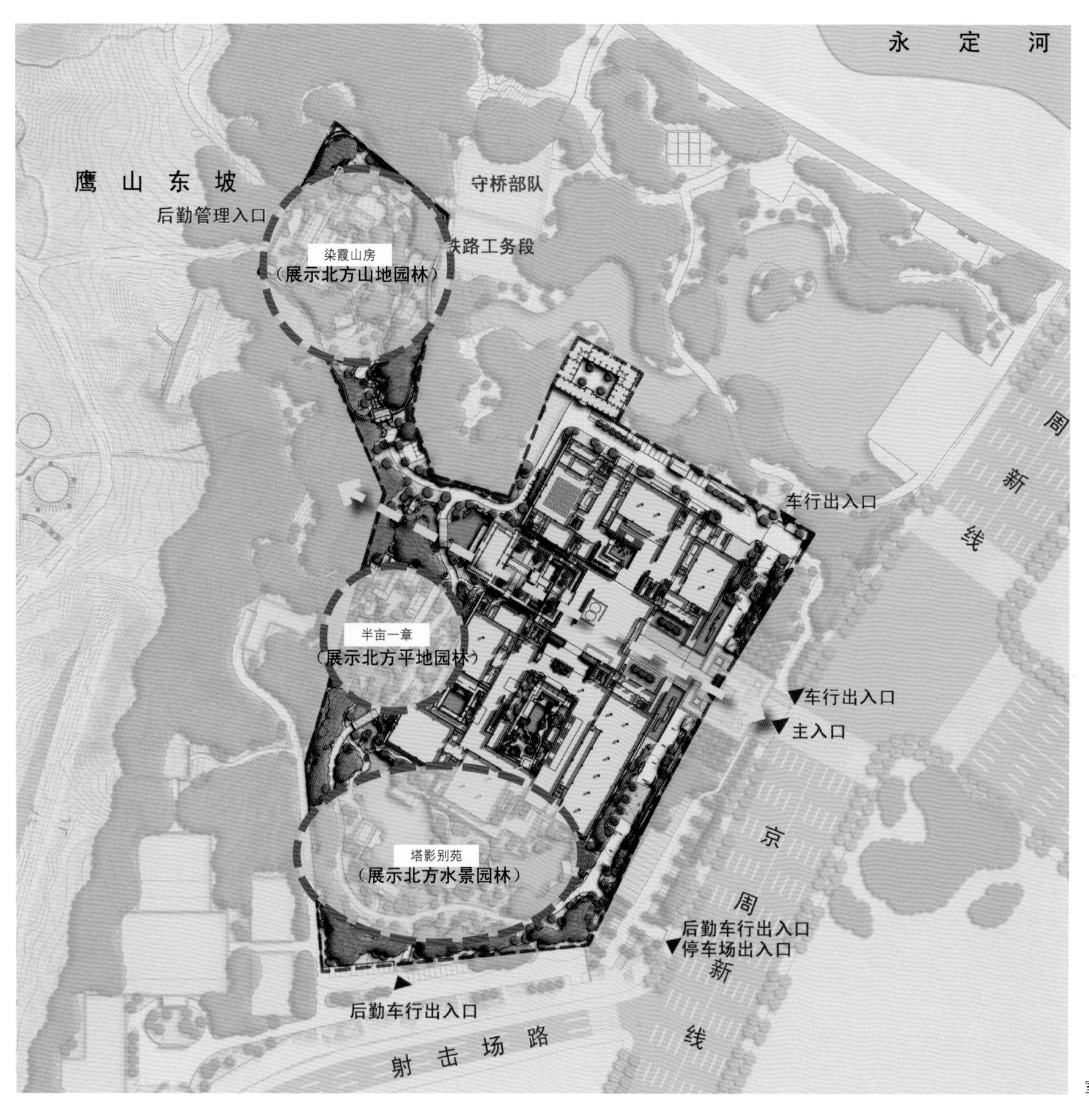
永 定 河
鹰 山 东 坡
后勤管理入口
守桥部队
铁路工务段
染霞山房
（展示北方山地园林）
车行出入口
周
新
线
半亩一章
（展示北方平地园林）
车行出入口
主入口
京
周
新
线
塔影别苑
（展示北方水景园林）
后勤车行出入口
停车场出入口
后勤车行出入口
射 击 场 路

室外展区分布图

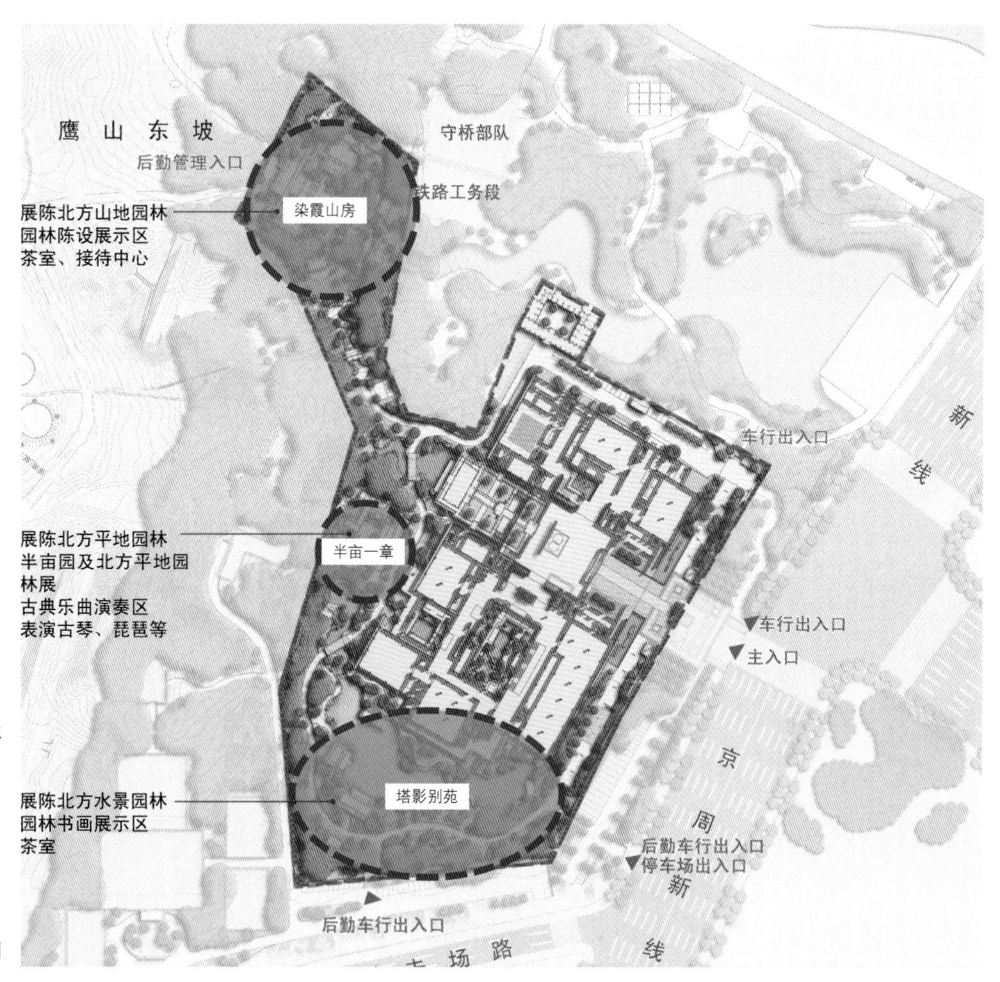

室内外展区与博物馆主体的紧密联系：精致的刻画、与展陈的互动、与博物馆功能的融合、园林文化与生活的加入。

室外展区功能分析图

室外展区与主馆建筑以对景、借景等手法加以联系。

视线对景

视线借景

室外展区与主馆建筑的联系分析图

染霞山房

结合鹰山东坡地形、地貌和植物情况，建设一处北方山地园林。利用现状地形高差与植被等要素，集中运用不同的传统山地造园技巧，在建筑布局、地形处理、山石步道、植物配置等方面，充分展示传统山地造园艺术成就，开旷与幽深结合，展现北方山地景观的基本特征。

平面图

类型：北方山地园林。

特点：建筑与地形的巧妙结合，不施彩绘，木本色装修。

面积：建筑占地1300m^2；建筑1400m^2。

参考园林：承德避暑山庄山近轩、秀起堂、颐和园赅春园等。

展陈：北方山地园林展、园林陈设展。

功能：茶室、接待中心。

室外展区中位置

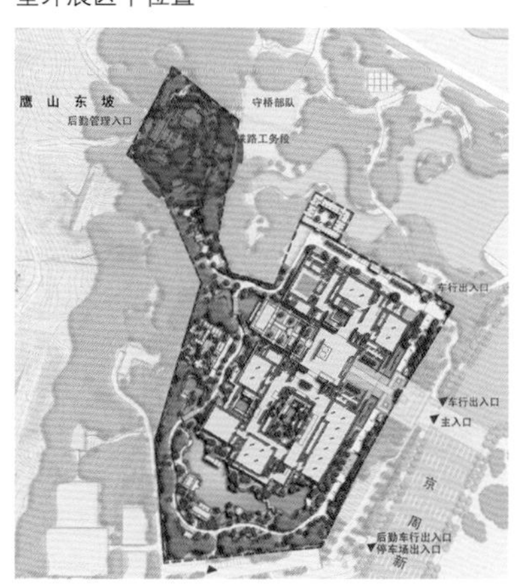

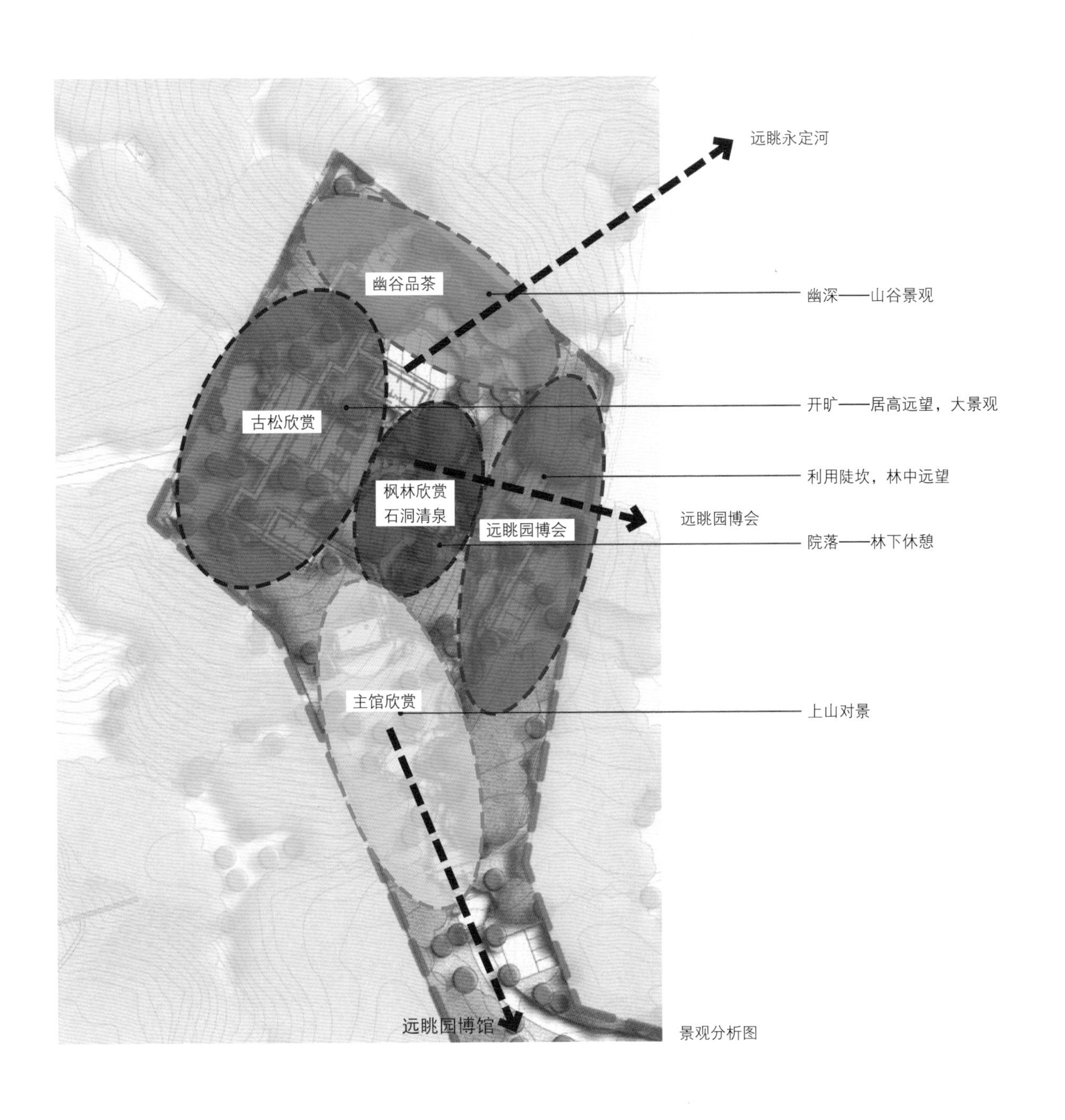
远眺永定河
幽谷品茶
幽深——山谷景观
古松欣赏
开旷——居高远望，大景观
利用陡坎，林中远望
枫林欣赏
石洞清泉
远眺园博会
远眺园博会
院落——林下休憩
主馆欣赏
上山对景
远眺园博馆
景观分析图

外二内一层建筑示意图

山泉示意图

山近轩复原效果图

古松示意图

色叶树林示意图

庭院示意图

木本色装修示意图（《乾隆观孔雀图》）

眺台图片示意图（《避暑山庄山近轩》）

山洞示意图（颐和园绮望轩）

叠落廊示意图（北海琼华岛）

爬山廊示意图（颐和园画中游）

山石磴道示意图（颐和园）

分析示意图

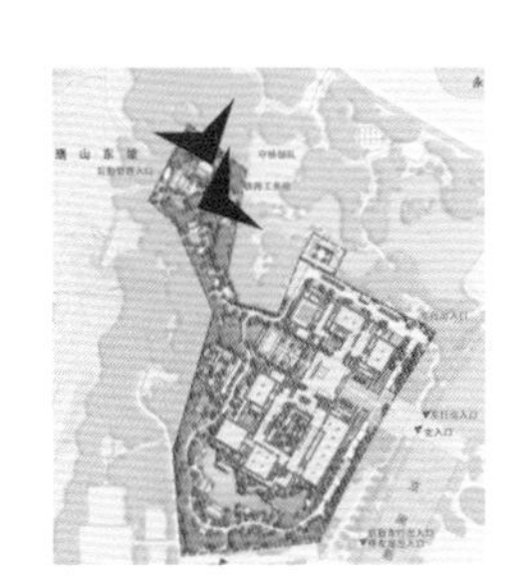

远观永定河、园博会、园博馆等，视线良好

坡地植物较稀疏

沟谷内植物较密

现代秋色叶树种

2011年11月1日现场考察，山地园林地块内现状植被：松、柏、酸枣、黄栌、火炬树等。坡地植被较稀疏，沟谷内植被较密

现状竖向图

设计竖向图

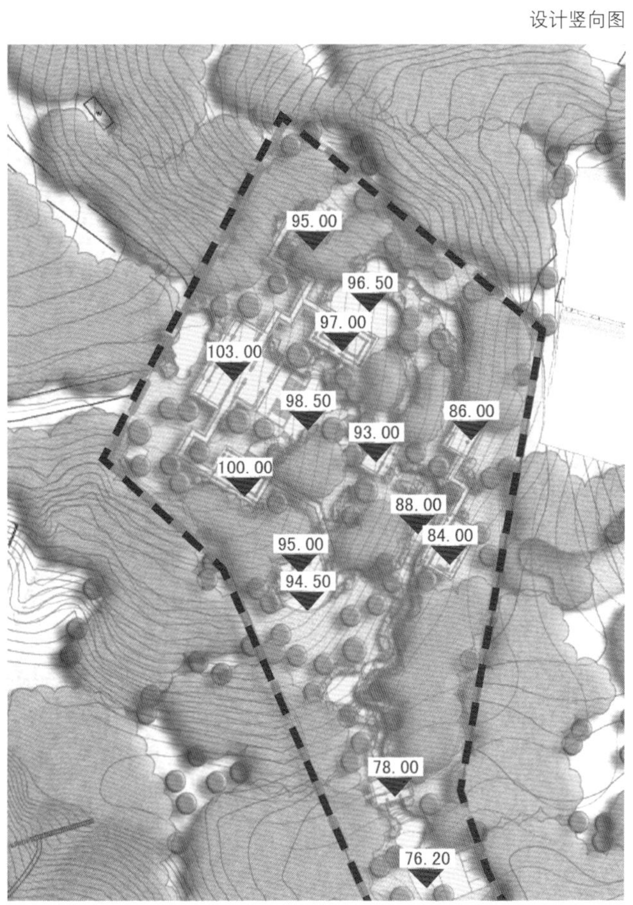

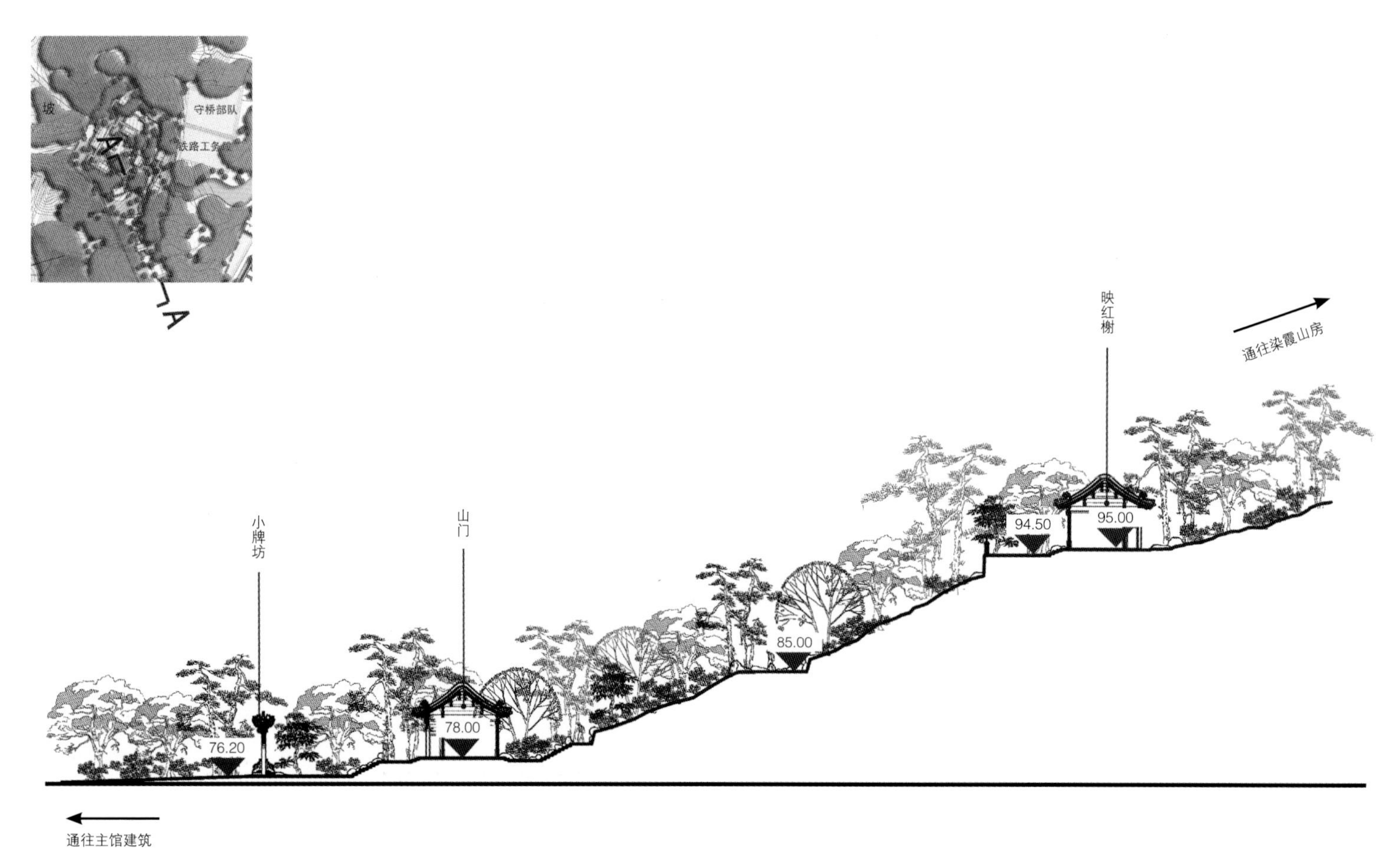
坡
守桥部队
铁路工务
A
A
映红榭
通往染霞山房
小牌坊
山门
94.50
95.00
85.00
78.00
76.20
通往主馆建筑

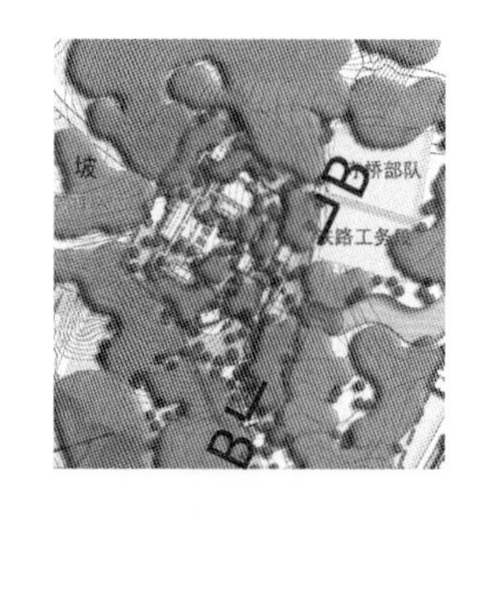
坡
桥部队
路工务
B
B

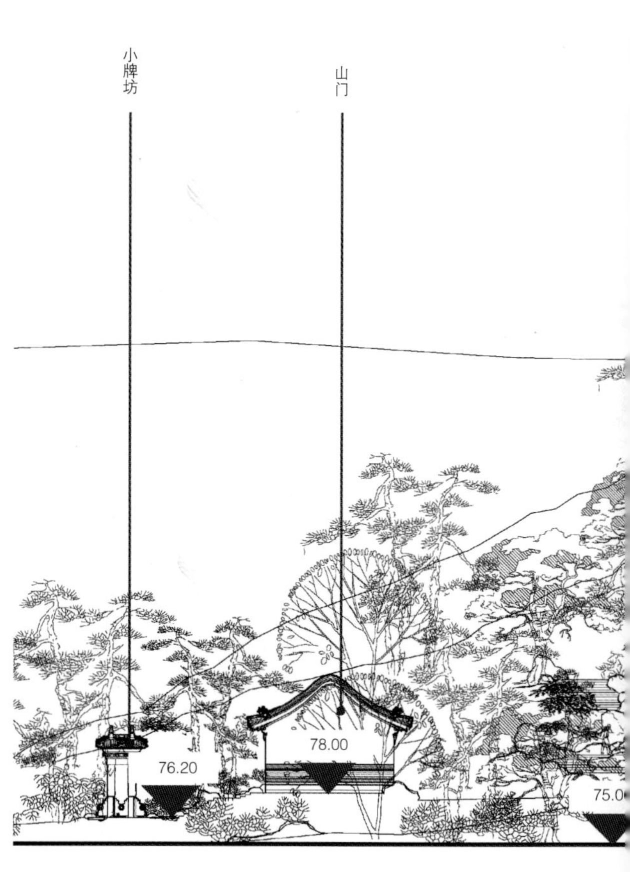
小牌坊
山门
78.00
76.20

景观剖面图

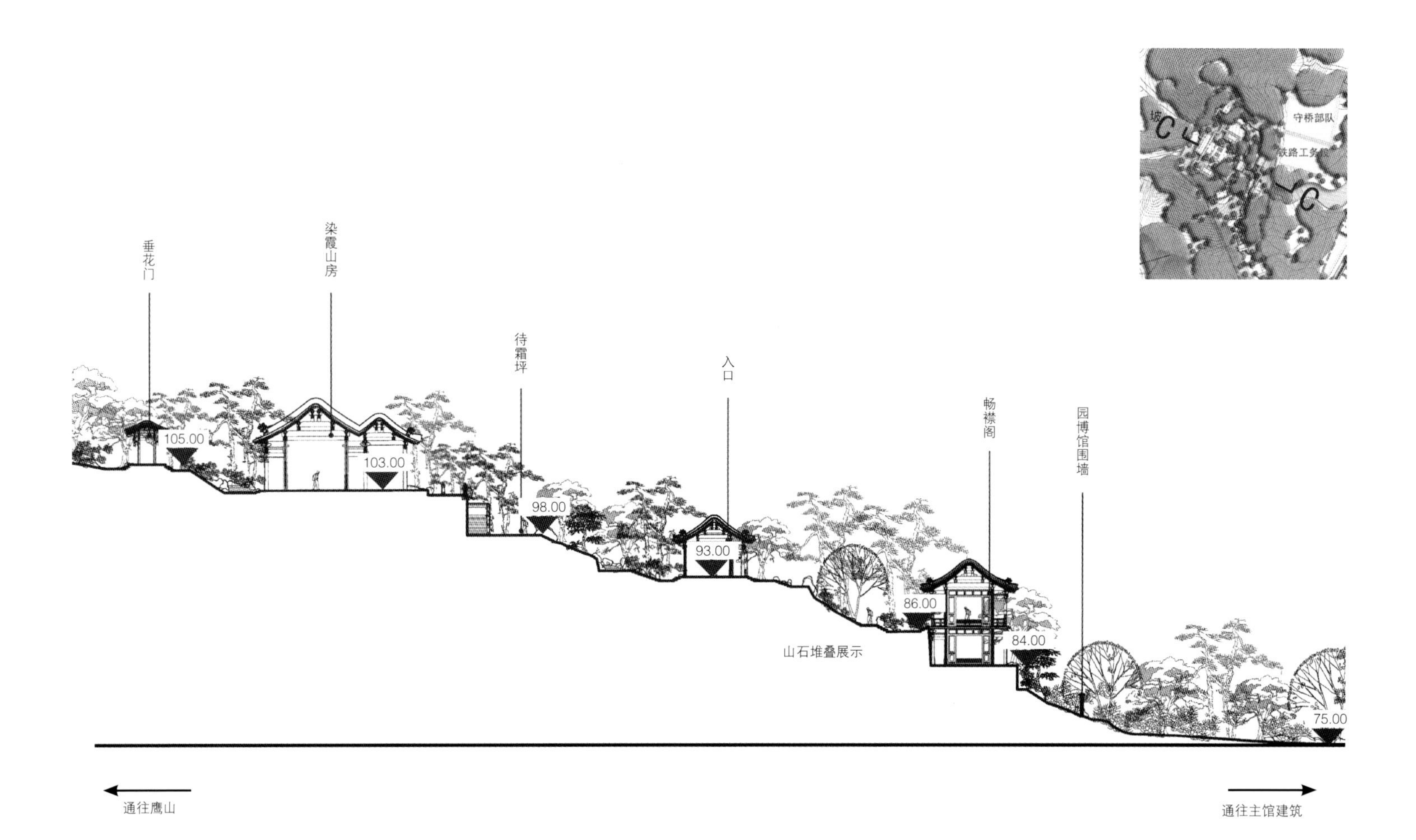
守桥部队
铁路工务
垂花门
染霞山房
待霜坪
入口
畅襟阁
园博馆围墙
105.00
103.00
98.00
93.00
86.00
84.00
75.00
山石堆叠展示
通往鹰山
通往主馆建筑

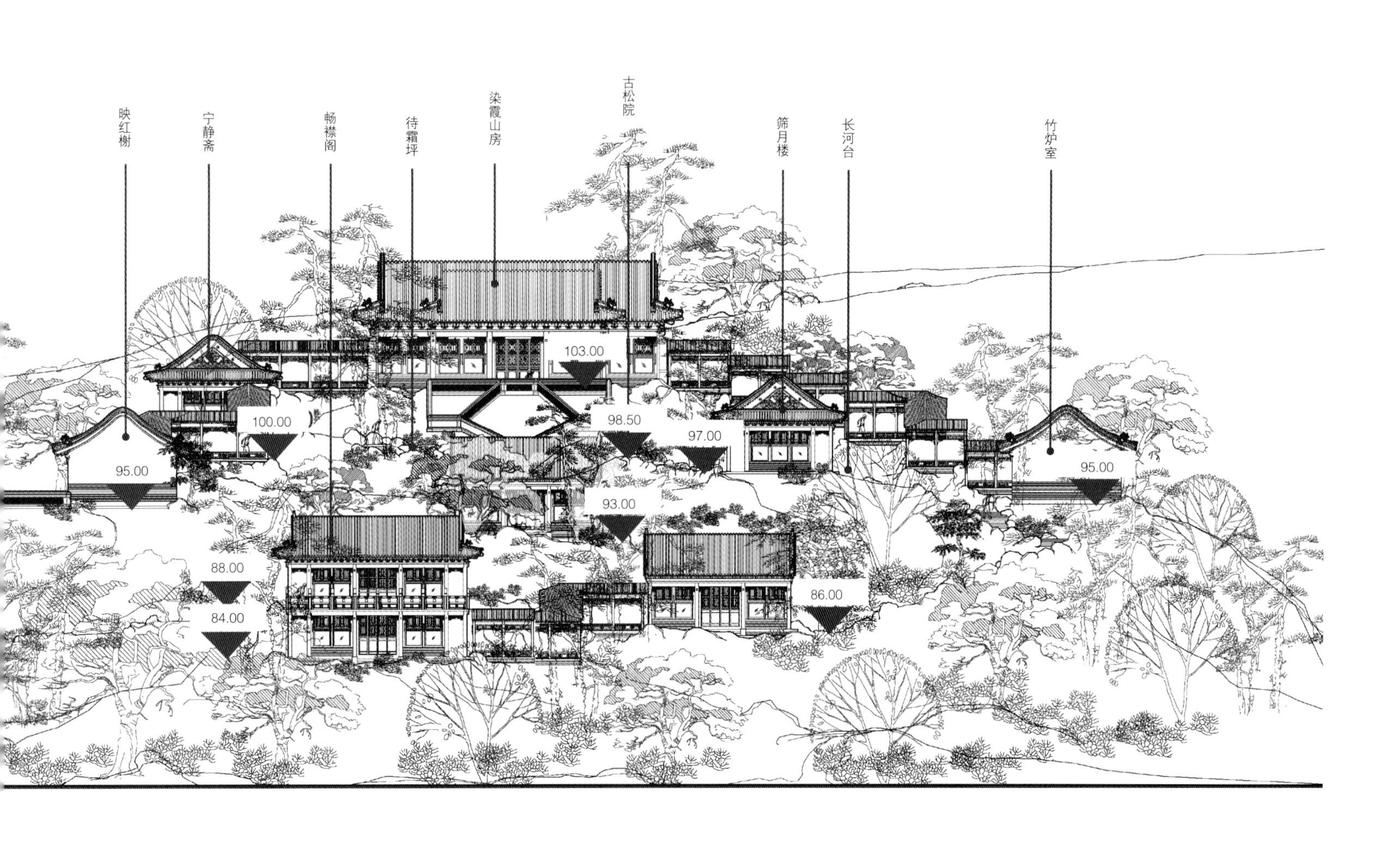
映红榭
宁静斋
畅襟阁
待霜坪
染霞山房
古松院
筛月楼
长河台
竹炉室
103.00
100.00
98.50
97.00
95.00
95.00
93.00
88.00
84.00
86.00

景观剖面图

鸟瞰图

半亩一章

取自原内城弓弦胡同（今黄米胡同）北方私家园林的代表半亩园，为局部复建。半亩园始建于清康熙年间，1984年被全部拆除。园中叠石假山誉为京城之冠，传为造园家李渔所创作。复原设计截取园中最具特色的云荫堂庭院，涵盖了丰富多变的园林建筑形式，局部二层，景区面积约1200m^2，是北方私家园林的典型代表。

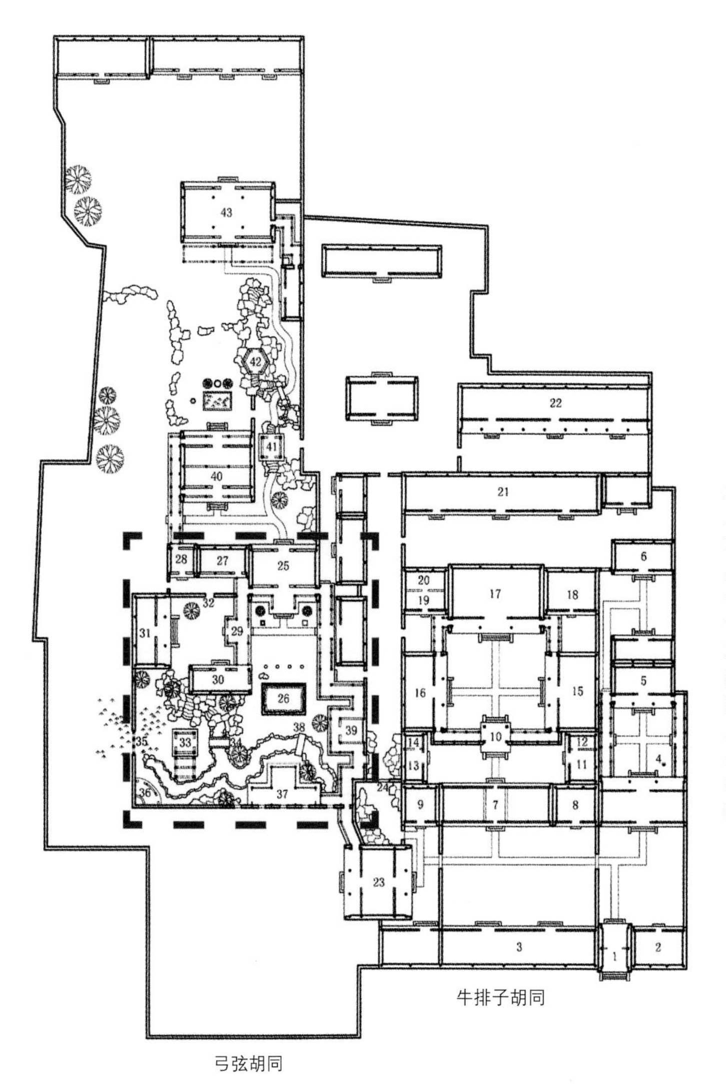

1.宅门 2.门房 3.班房 4.祖杆 5.五福堂 6.佛堂 7.穿门堂 8.账房 9.春雨山房 10垂花门 11.虚舟 12.愓龛 13.小凝香室 14.竹云山馆 15.东厢房 16.西厢房 17.受福堂 18.心面已修之室 19.伽蓝瓶室 20.花好月圆人寿 21.飞涛迁馆 22.九间房 23.水木清华之馆（研经室） 24.六角形园门 25.云荫堂 26.方池 27.凝香室（近光阁） 28.蜗庐 29.曝画廊 30.退思斋 31.海棠吟社 32.偃月门 33.留客处 34.石拱桥 35.潇湘小影 36.小憩亭 37.玲珑池馆 38.石板桥 39.斗室 40.拜石轩 41.云容石态 42.赏春亭 43.嫏嬛妙境

仿建范围

麟庆时期半亩园总平面图（《北京私家园林志》）

近光伫月

退思夜读

园居成趣

焕文写像

拜石拜石

嫏嬛藏书

半亩营园

半亩园老照片（《北京私家园林志》）

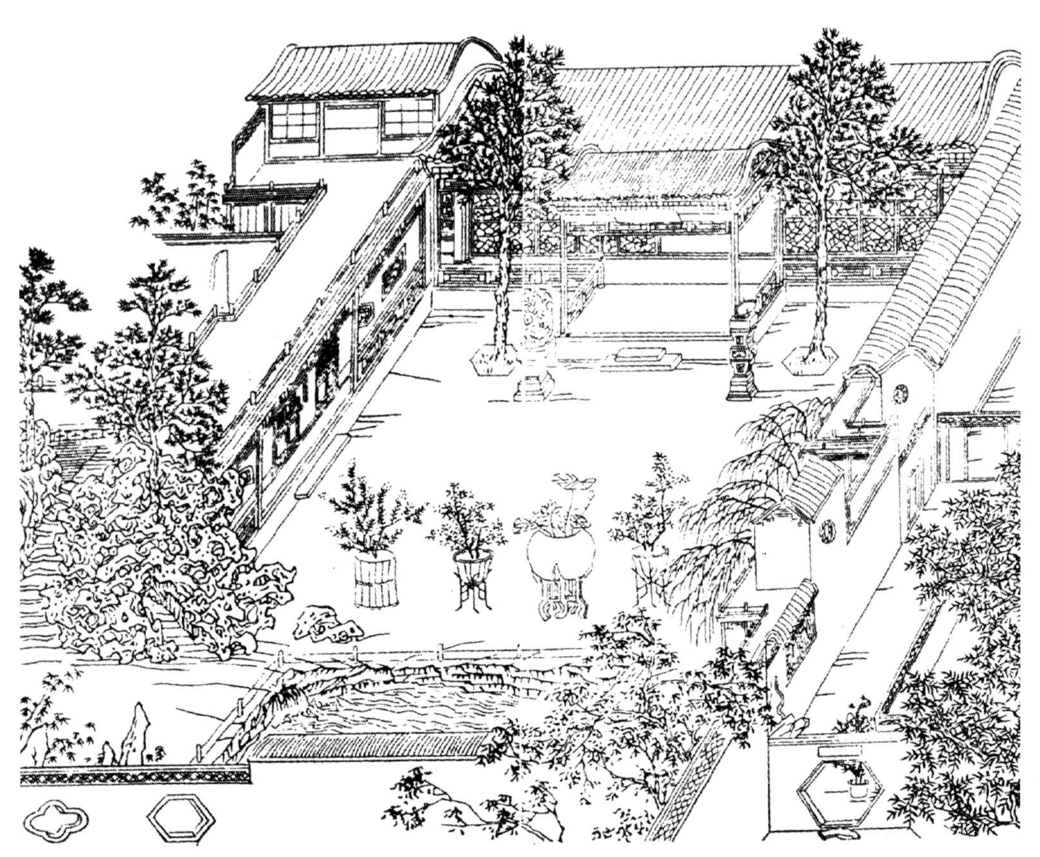

《鸿雪姻缘图记》

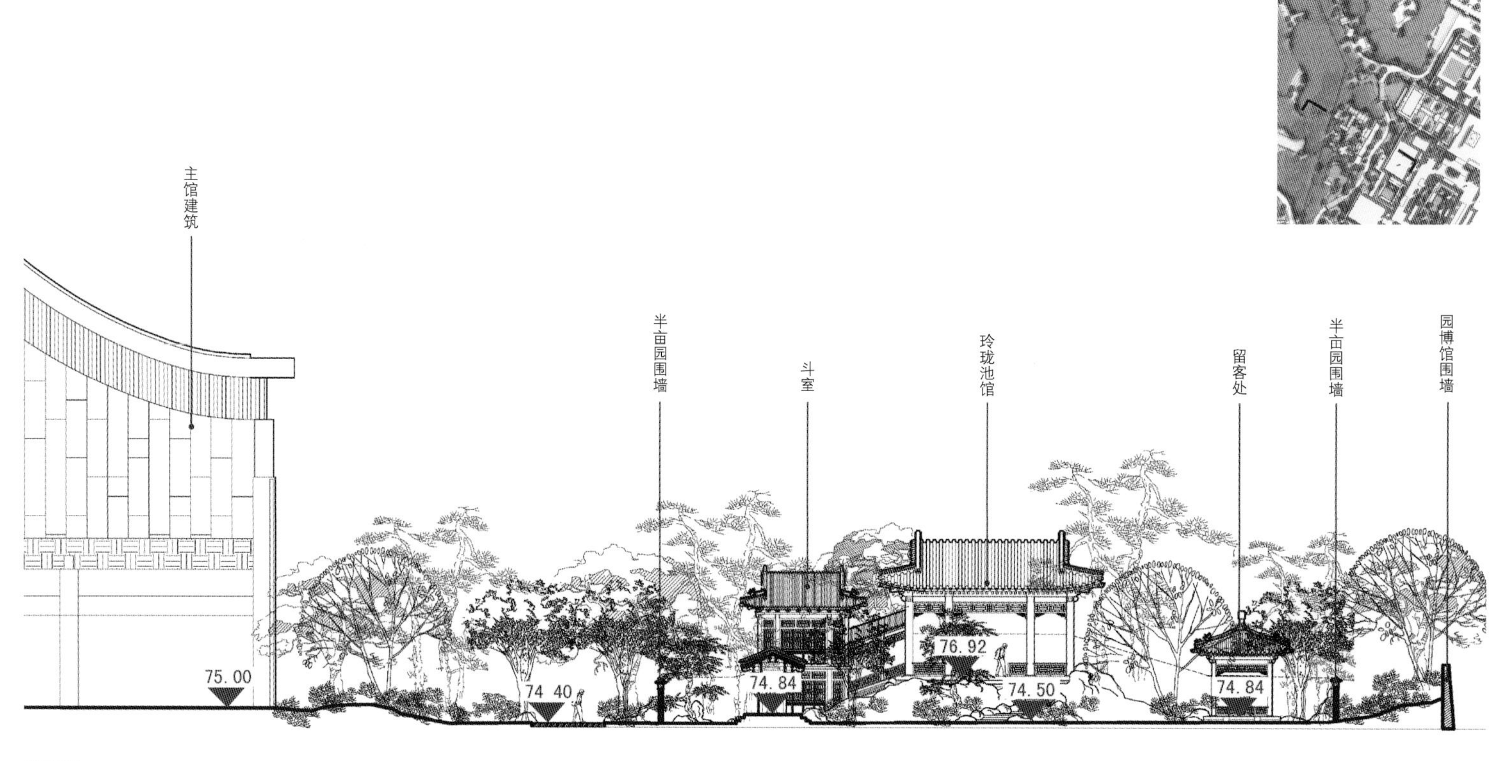

剖面图

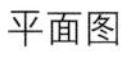

平面图

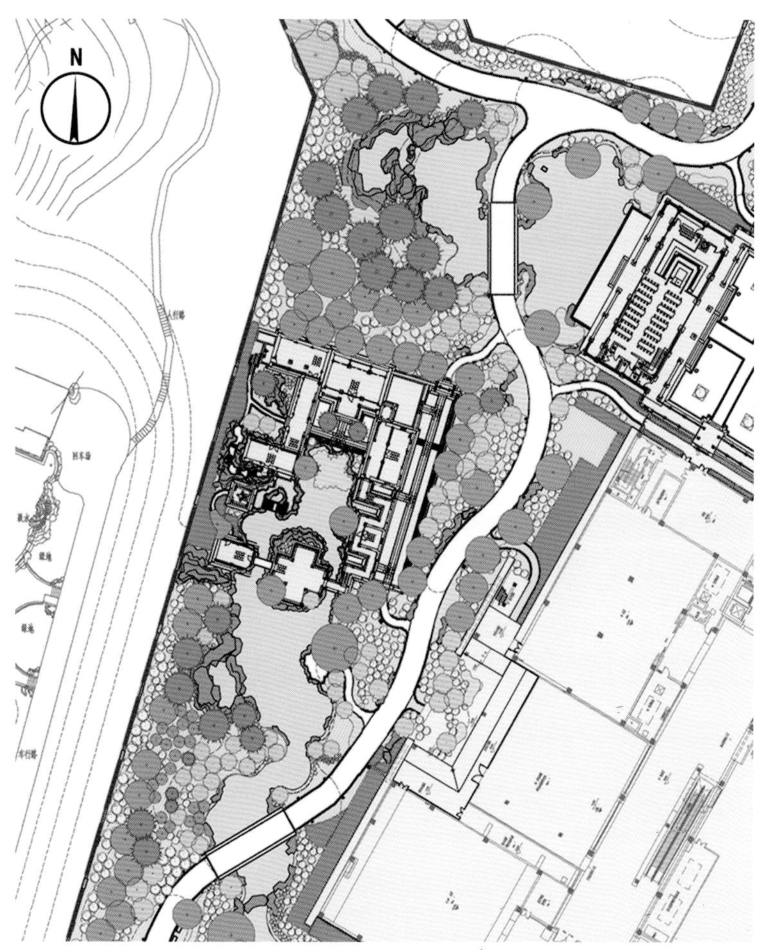

类型：北方私家园林的代表。

概况：原址位于北京内城弓弦胡同，今为黄米胡同。始建于清康熙年间，1984年被全部拆除。面积为2000-3000m^2。

特色：建筑空间与水体、山石相互渗透，充分体现“小中见大”的造园手法。园中叠石假山誉为京城之冠，为造园家李渔所做。利用屋顶平台借景园外，拓展视野。园居生活丰厚，其主人著述丰厚，出版有以园为名的丛书；收藏典籍八万五千余卷；文人汇聚；体现出传统园林的文化功能，具有浓郁的北方气息。

复原设计：仅截取园中最具特色的云荫堂庭院，面积约1200m^2，其他部分以放大的老照片为展示形式。栽种原址园林植物。

展陈内容与设计：半亩园历史，北方平地园林代表作品（模型、照片）；京式园林家具、小品，翰林学士书画；陈列原址所藏图书副本、大量奇石，以及插花、盆景等；结合休憩，古典乐曲演奏。

室外展园区中位置

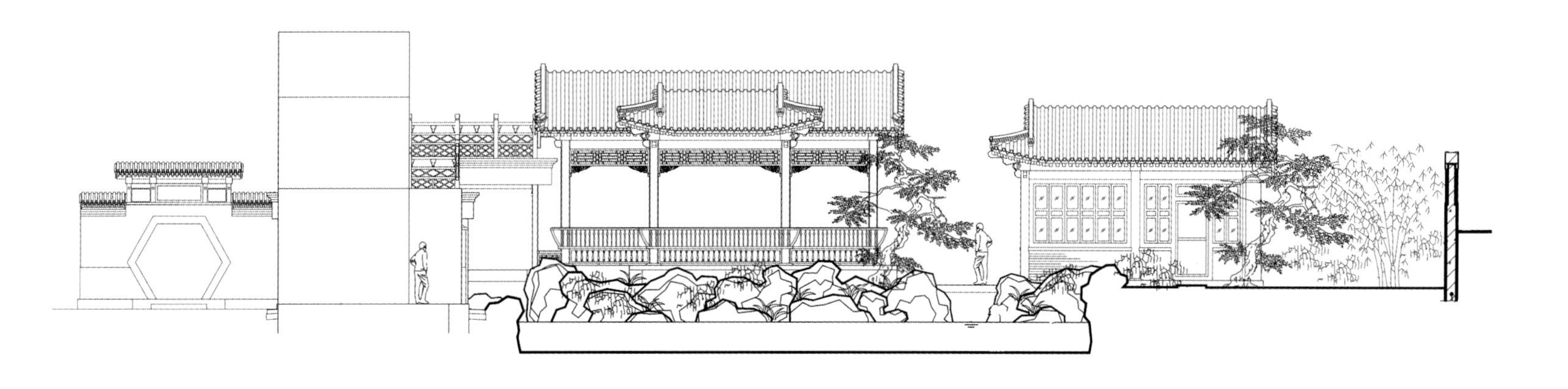

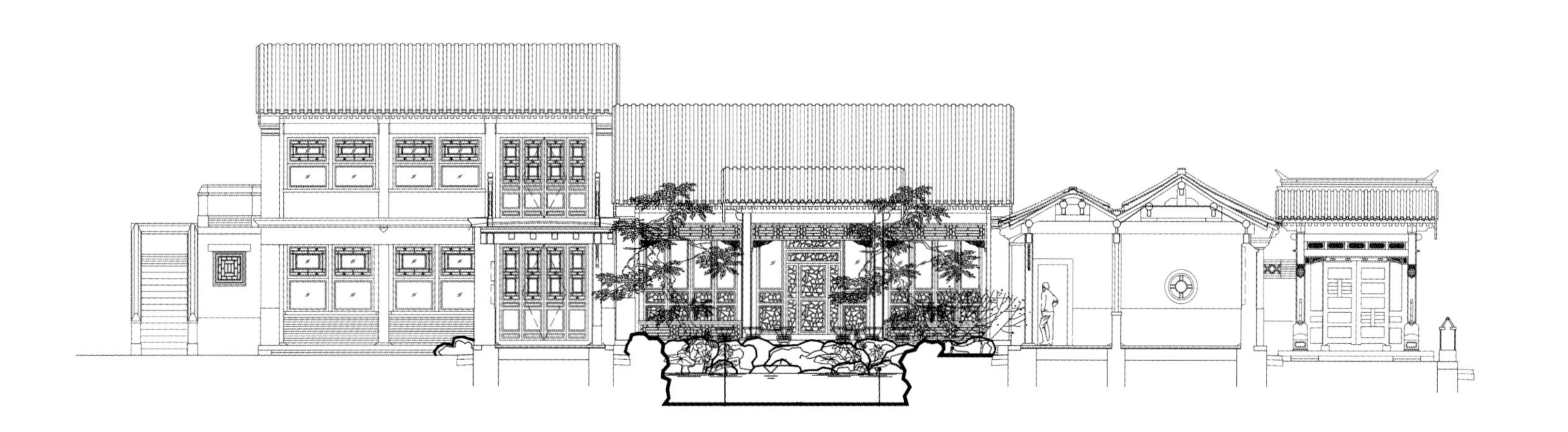

景观剖面图

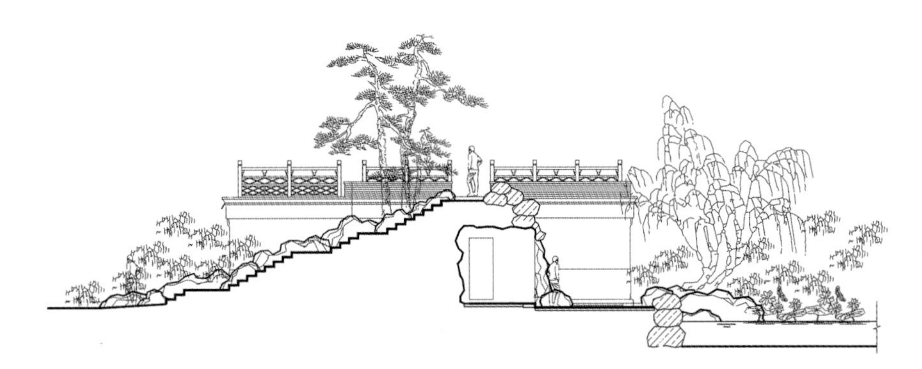

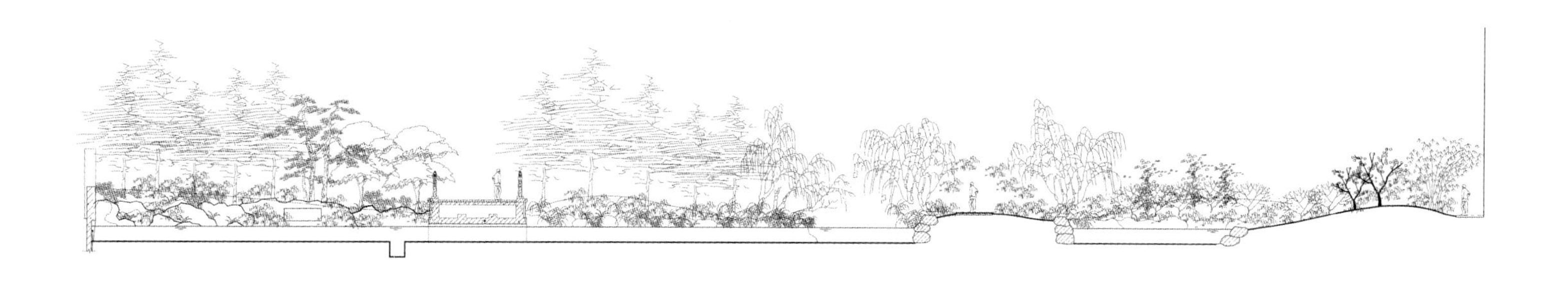

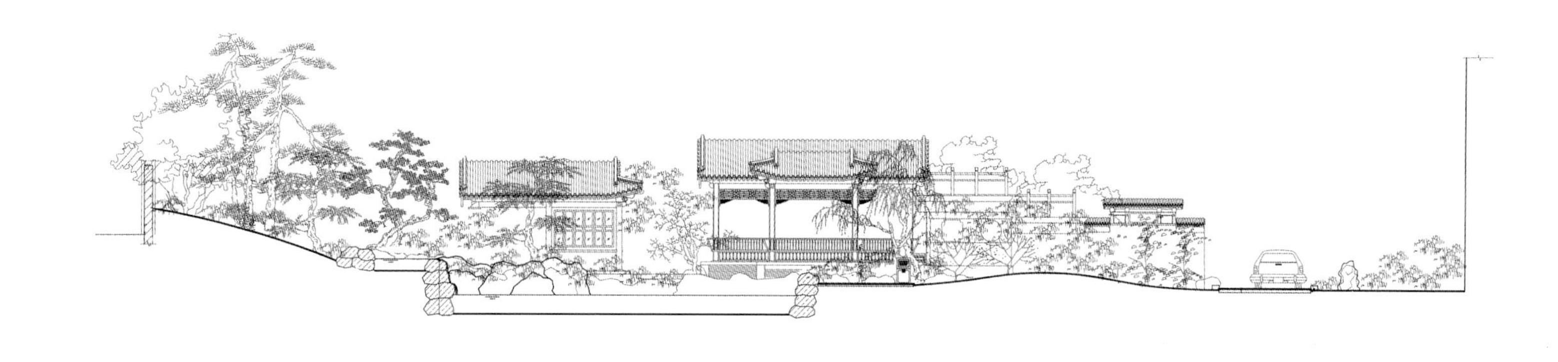

景观剖面图

鸟瞰图

塔影别苑

因环境而设计，利用鹰山为背景，结合人工营建的水系、建筑、植物等要素构筑一处北方水景园林。利用桥、堤、岸、舫的变化将周围景物融为一体，突出水景造园思想，巧于因借，利用水面将鹰山永定塔引入园中，倒映成趣。

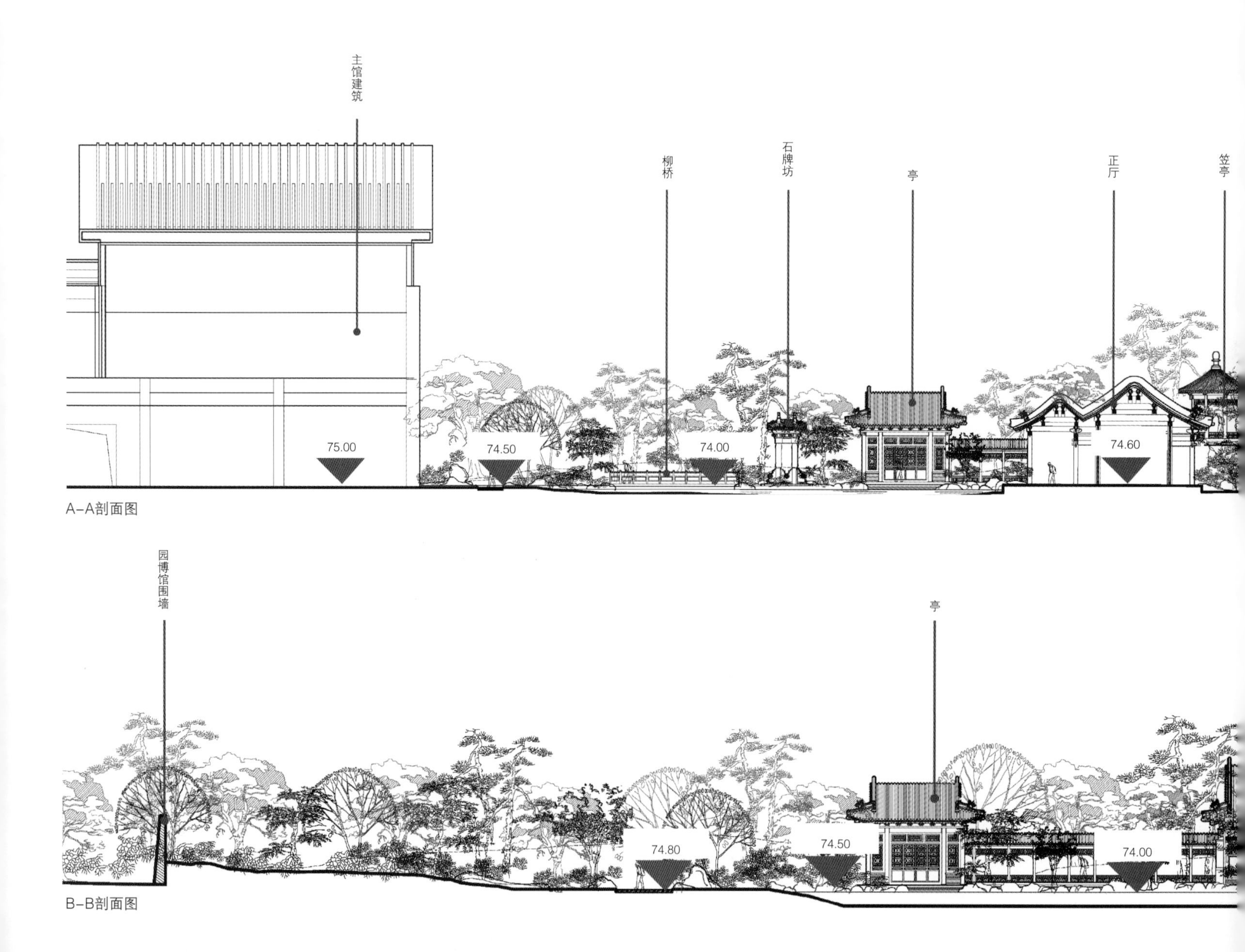

A–A剖面图

B–B剖面图

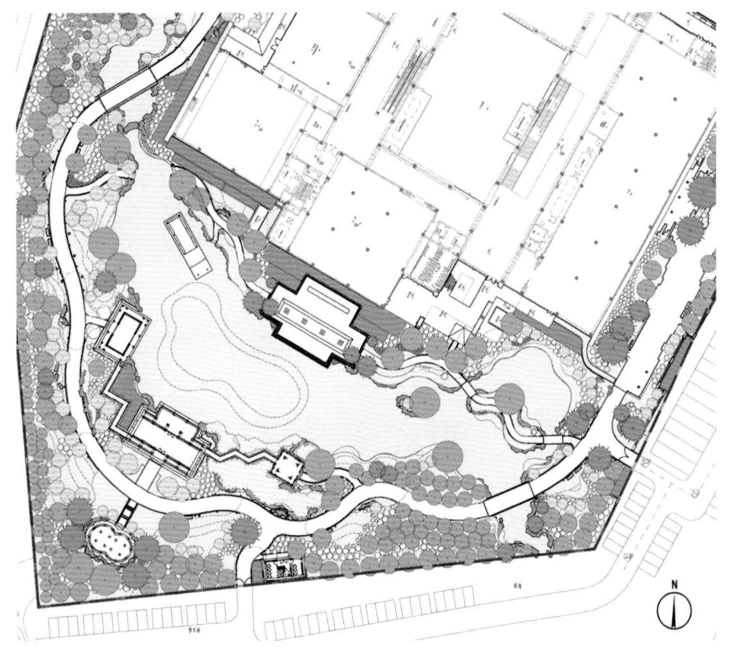

平面图

类型：北方水景园林。

特色：建筑与水景的巧妙结合。在北方园林风格中借鉴南方园林，仿中有创。

面积：建筑占地700m²。

参考园林：圆明园别有洞天、北海画舫斋、颐和园谐趣园等。

展陈：北方水景园林展、园林书画展。

功能：园林茶室等。

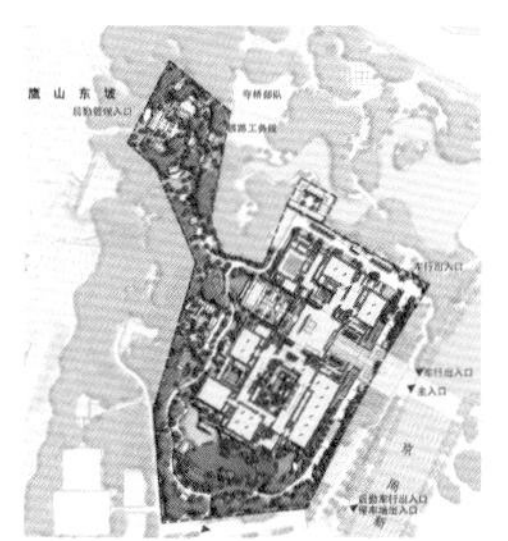

室外展区中位置

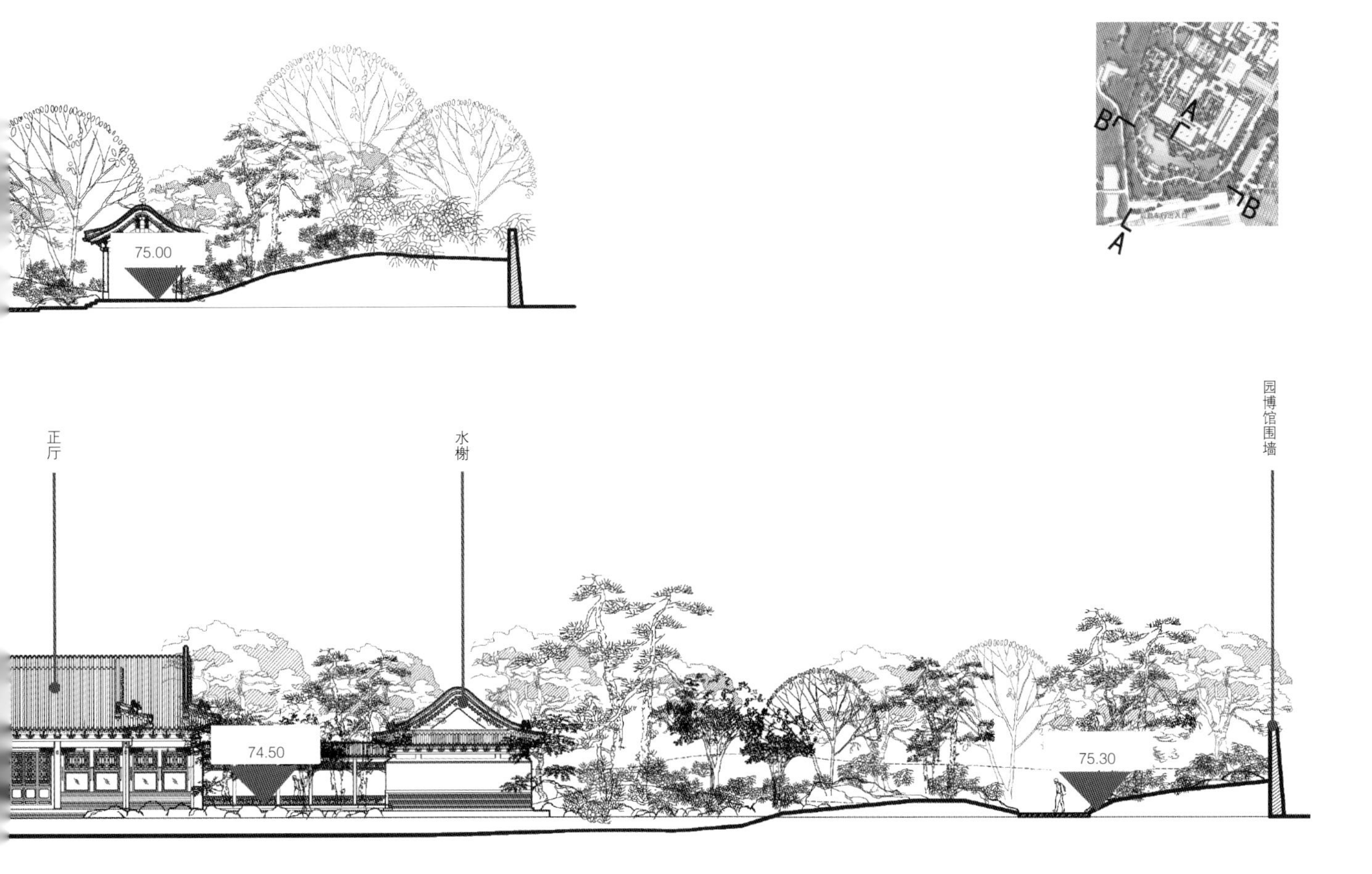

景观剖面图

鸟瞰图

营建特色

园林植物

植物是造园的基本要素，正是因为有着丰富的植物资源，中国被称为世界园林之母，可见植物对园林营建的重要性。中国园林博物馆室内外环境占地2.4hm^2。共涉及落叶与常绿乔木、灌木、竹类、藤本、花卉、地被及水生植物等七大类近二百种植物，是园林博物馆展示的重要组成部分。

根据不同的环境因子，展示乡土植物、传统植物、新优植物的应用手法，如皇家园林常见植物油松、白皮松、银杏、玉兰、西府海棠、楸树、木瓜、牡丹、荷花等；北方寺庙园林珍贵植物七叶树（菩提树）、金镶玉竹、玉镶金竹、白丁香等。南方私家园林常见植物罗汉松、广玉兰、榔榆、桂花、枇杷、梅花、紫薇、蜡梅、竹子等。还有山地园展示的乡土树种如侧柏、栾树、元宝枫、白桦、黄栌等，以及一些新、优、奇、特的植物，如广东园80余年树龄的炮仗花、来自颐和园百年以上树龄的宫廷古桂、来自戒台寺300年树龄的白牡丹，还有粗榧、山茱萸、文冠果、马褂木、菊花桃、垂枝樱、龙爪枣等等。它们或独立成景，或与环境相衬，形成一幅幅生动的画面。入口处的岁寒三友，主体建筑以墙为底、以树为画的山水画卷，构成充满诗情画意的园林景观。

五叶地锦　牡丹　荷花

二月兰　国槐　梅花

菊花桃　玉簪　白花山碧桃

山茱萸　粗榧　丽红元宝枫

龙爪枣　垂枝碧桃　金镶玉竹

黄栌　马褂木　银杏　红枫

白皮松　珙桐　二乔玉兰　文冠果

元宝枫　七叶树　金园丁香　油松

假山置石

对自然山水的眷恋与理解，形成了不同地区、不同石种、不同风格的山石艺术，成为中国园林艺术瑰宝。室内庭院畅园、片石山房和余荫山房均选用当地特色石材，畅园和片石山房选用南太湖石，材料均选自江苏当地，尤其以叠石为特色的片石山房在石材选择上更是精益求精。余荫山房则按照原来特色选用广东当地英石，以保证余荫山房材料和工艺的原真性。以展现北方山地园林特性的染霞山房借鉴了避暑山庄山近轩、梨花伴月，颐和园赅春园等，石材主要选用北方黄石，步道采用青石相得益彰；室外展区水体驳岸大部分采用青石，四季厅与半亩一章局部采用南太湖石与建筑水体结合；在春山秋水序厅以及展厅内则分别展示了南、北太湖石、笋石、萱石、灵璧石等传统石材与不同的掇山、置石手法，成为中国园林博物馆建设的一大艺术特色。

太湖石

北太湖石　水中月　英石
钢渣　黄石　笋石

太湖石

英石

青石

致谢 Acknowledgements

国家住房和城乡建设部
北京市市委
北京市市政府

北京市园林绿化局
（园博会组委会办公室）
北京市丰台区人民政府
（园博园筹备办公室）
北京市发展和改革委员会
北京市财政局
北京市规划委员会
北京市住房和城乡建设委员会
北京市机构编制委员会办公室
北京市科学技术委员会
北京市文物局
北京市人力和社会保障局
北京市市政市容管理委员会
北京市经济和信息化委员会
北京市交通委员会
北京市水务局
北京市商务委员会
北京市文化局
北京市审计局
北京市人民政府外事办公室
北京市安全生产监督管理局
北京市旅游局
北京市人民政府台湾事务办公室
北京海关
北京铁路局
北京市共青团
北京市公安局公安交通管理局
北京市城市管理综合行政执法局
北京出入境检验检疫局
北京市电力公司

北京林业大学
天津大学
中国建筑工业出版社

全国各省、自治区、直辖市住房和城乡建设厅与园林主管部门
中国风景园林学会
中国风景名胜区协会
中国公园协会
上海风景园林学会
南京市园林学会

国家图书馆
中国国家博物馆
故宫博物院
首都博物馆
中国抗日战争纪念馆
中国美术馆
中国科技馆
中国电影博物馆
中国地质博物馆
中国农业博物馆
中国航空博物馆
中国邮政邮票博物馆
中国钱币博物馆
中国汽车博物馆
中国消防博物馆
北京天文馆

北京市建筑设计院有限公司
北京山水心源景观设计院有限公司
北京建工集团有限责任公司
北京市花木有限公司
北京市金都园林绿化有限责任公司

北京市园林古建工程公司
北京方圆工程监理有限责任公司
北京中平建工程造价咨询有限公司
北京中平建华浩会计师事务所有限公司
苏州园林设计院有限公司
苏州园林发展股份有限公司
扬州古典园林建设有限公司
棕榈园林股份有限公司
北京清尚建筑装饰工程有限公司
北京天图设计工程有限公司
北京保发津樑装饰工程有限公司
北京方略博华文化传媒有限公司
中央新闻纪录电影制片厂
伟景行科技股份有限公司
北京水晶石数字科技股份有限公司

颐和园
天坛公园
北海公园
中山公园
香山公园
景山公园
北京植物园
北京动物园
陶然亭公园
紫竹院公园
玉渊潭公园
北京市园林学校
北京市园林科学研究所
北京市公园管理中心党校
北京市公园管理中心机关后勤服务中心

专家顾问名录（按姓氏笔画排序）

王凤武 王秉洛 王春城 王香春 王磐岩 甘伟林 左小萍 厉　色 龙雅宜 朱钧珍
刘　燕 刘秀晨 刘怀山 刘超英 刘景樑 齐　玫 孙筱祥 严玲璋 李　雄 李　蕾
李永革 李存东 李逢敏 杨雪芝 吴振千 何玉如 余树勋 宋春华 宋维明 张　宇
张光汉 张如兰 张佐双 张启翔 张治明 张树林 张济和 陈　敏 陈向远 陈俊愉
陈晓丽 陈蓁蓁 罗　铭 罗哲文 周干峙 周在春 周茹雯 周晓陆 郑孝燮 孟兆祯
赵知敬 胡运骅 柯焕章 柳尚华 宣祥鎏 姚　安 袁东升 耿刘同 郭晓梅 唐学山
曹南燕 崔学谙 董保华 韩　永 景长顺 程绪珂 谢辰生 谢凝高

中国园林博物馆工程建设

中国园林博物馆工程
百吨钢梁吊装合拢仪式

首都气派

WORLD

深柳堂